高等学校规划教材丨畜牧兽医类

U0240714

# 水产两栖爬行动物养殖学

主编●段彪

SHUICHAN LIANGQI PAXING

DONGWU YANGZHIXUE

西南师范大学出版社

国家一级出版社 全国百佳图书出版单位

**图书在版编目(CIP)数据**

水产两栖爬行动物养殖学 / 段彪主编. —重庆：
西南师范大学出版社，2013.10
　ISBN 978-7-5621-6479-1

　Ⅰ.①水… Ⅱ.①段… Ⅲ.①两栖动物－水产养殖②
爬行纲－水产养殖 Ⅳ.①S96

　中国版本图书馆 CIP 数据核字(2013)第 245768 号

## 水产两栖爬行动物养殖学

| 主　编 | 段　彪 |
| 副主编 | 向　枭　陈　建 |

**责任编辑**：杜珍辉

**责任校对**：莫　琼　荣　霞

**封面设计**：猪八戒 · 魏显锋　熊艳红

**出版发行**：西南师范大学出版社
　　　　　　地址：重庆市北碚区天生路 1 号
　　　　　　邮编：400715
　　　　　　市场营销部电话：023-68868624
　　　　　　http://www.xscbs.com

**经　销**：新华书店

**印　刷**：重庆川外印务有限公司

**开　本**：787mm×1092mm　　1/16

**印　张**：12

**字　数**：300 千字

**版　次**：2013 年 10 月　第 1 版

**印　次**：2013 年 10 月　第 1 次印刷

**书　号**：ISBN 978-7-5621-6479-1

**定　价**：23.00 元

　　衷心感谢被收入本书的图文资料的原作者，由于条件限制，暂时
无法和部分原作者取得联系。恳请这些原作者与我们联系，以便付
酬并奉送样书。

　　并有印装质量问题，请联系出版社调换。

**版权所有　翻印必究**

# 前　言

编者从 1997 年起一直担任水产养殖学专业《水产两栖爬行动物养殖》特色课程的教学工作,为解决当时本、专科学生的教材问题,1999 年编写了《水产两栖爬行动物养殖》校内使用的讲义,在 10 多年的使用过程中,内容上不断修改和完善。2011 年,编者获得西南大学本科教材建设项目资助,在该讲义的基础上全面重新整理改编成本书。

本书从生物学基础和养殖技术两方面,以无尾目的牛蛙,有尾目的大鲵,龟鳖目的中华鳖和鳄目的扬子鳄为主要代表,并对中国林蛙、棘胸蛙、乌龟养殖和绿毛龟的培育做了介绍。力图点面结合,详略适宜地反映水产两栖爬行动物养殖的最新进展,以期作为水产养殖学专业及相关专业本、专科学生教材,科技人员和业余爱好者的参考书。建议教学时数 36 学时,其中理论 27～30 学时,实验 6～9 学时。

本书绪论和第一、二、五、六、七、十章由段彪编写,第八、九章由向枭编写,第三、四章和实验部分由陈建编写,最后由段彪统稿。限于编者水平,书中难免有遗漏和错误,敬请读者批评指正!

段　彪

2013 年 7 月于重庆

# 目　录

# 绪　论

改革开放以来,随着我国国民经济的发展和人民生活水平的提高,人们对食品的结构提出了新要求,不仅要有特殊的风味,而且还要求有良好的保健效果。再者,我国第三产业尤其是旅游业的迅速发展,为我国名特水产品养殖的发展提供了大好的机遇。

生产实践证明,名特水产品养殖是我国水产业中发展最快的"三高"(高产、高质、高效)渔业。以江苏省为例,1991年全省名特水产品养殖产量0.57万吨,占全省水产品总量的0.45%,产值5.3亿元,约占全省水产总值的10%,1995年以上几项数据分别达到1.5万吨,0.5%,11亿元和13%。在2011年渔业统计年鉴中,2010年全国淡水养殖总产量23465343t,其中龟类25095t,鳖265721t,蛙80058t,分别占全国淡水养殖总产量的0.1%,1.1%和0.3%。

水产两栖爬行动物养殖学是淡水渔业中名特水产学的重要内容之一,是通过对水产两栖爬行动物生物学特性的了解,借鉴鱼类、虾、蟹,甚至畜禽的养殖经验,对经济价值高的两栖爬行动物进行人工驯养、人工繁殖和大规模饲养的一门新兴边缘学科。严格意义上讲,它不算一门学科,或者说是一门发展尚未成熟的学科,因为它仅仅是淡水养殖学的一部分。相对于鱼类养殖而言,两栖爬行动物养殖的难度较大,要求更高。一方面,基础设施(如温室及配套设施)投入大,风险高。另一方面,其科技含量高,它涉及两栖爬行动物学、生态学、生理学、水生生物学、微生物学、水化学、疾病学、营养学、建筑学和机械学等多门学科。并且,人们对两栖爬行动物的了解较鱼类要少得多,相对而言专业性更强。

## 一、基本内容

本书在较为系统地介绍了两栖纲无尾目、有尾目及爬行纲龟鳖目、鳄目的生物学特性的基础上,以各目中养殖技术较为成熟的牛蛙、美蛙、中国林蛙、棘胸蛙、大鲵、鳖、乌龟、绿毛龟和扬子鳄为代表,介绍了该类动物的养殖技术及方法。使读者基本掌握两栖爬行动物的养殖技术和新品种的研究开发方法是本书的目的。

## 二、发展水产两栖爬行动物养殖的意义

### (一)保护野生动物资源

近百年来,由于人类追求一时的经济效益,盲目捕猎,砍伐森林,开荒以及农药的大量使用,工业"三废"的大量排放,导致野生动物资源被严重破坏,不少珍稀野生动物灭绝或濒临灭绝,两栖爬行动物也不例外。如广布我国华南的虎纹蛙,是有名的食用蛙,现已处于濒临灭绝的境地,被列为国家二级保护动物。又如华南、华中和西南山区的棘蛙类,其数量也出现锐减之势,国家林业局第一次野生动物资源调查已将棘胸蛙列为重点监测物种。而因20世纪90年代"养鳖热"的摧残,之前几乎分布于全国的中华鳖如今在许多省份已无野生资源。扬子鳄作为国家一级保护动物,据最新资料,野生种群在500头以下。因此,保护野生动物已成为当代普遍性的问题,包括我国在内的许多国家都制定了严格的法律法规,并采取积极有效的措施,加强对野生动物的保护和管理。但是由于人们对野生动物食用和药用的习惯,偷捕现象时有发生,偏远山区还相当严重。事实上随着我国经济的发展,野生动物分布区不断缩小,野

生动物数量将不断下降,濒临灭绝的物种将不断增加。因此,积极地开展经济两栖爬行动物养殖是解决资源危机的有效途径之一。

（二）满足市场需要

两栖爬行动物的经济价值高,主要体现在以下几方面:

1. 食用

两栖爬行动物是变温动物,有冬眠习性,其肉含蛋白质高,有多种人体必需的氨基酸和微量元素,经过烹调后其味之鲜美胜过一般畜禽肉,加之有滋补功效,故人们喜欢食用。据统计,我国民间作为食用的蛙有 40 余种,而大鲵、中华鳖、乌龟等常是宴席上的佳品。

2. 药用

中国林蛙的雌性输卵管是传统名贵中药材"蛤士蟆油",蟾蜍生产的"蟾酥"以及山溪鲵属制成干品的"羌活鱼",大鲵等均可入药。《本草纲目》等古籍中早就录入鳖甲,龟板及龟鳖头、肉、血、胆等的药效。日本东京大学和岩谷公司研究确认,鳖制品具有抗癌作用。

3. 工艺品及工业原料用

牛蛙皮可利用其天然花纹制成钱包（夹）,鳄鱼皮是上等的制革原料,而龟壳可作为装饰品的原料。

4. 教学及科研用

蛙类及龟鳖类因其特殊的分类地位,在教学科研中常作为实验动物加以利用,如蛙类用作解剖材料。"蛙人"就是借鉴了蛙类在水中的运动形态。

5. 科学普及和观赏用

在博物馆、水族馆和公园中,大鲵、山溪鲵,各种龟鳖动物,扬子鳄等常用作观赏动物。尤其要提到绿毛龟是十分高档的观赏动物,1985 年,中国和日本政府送给美国前总统里根的生辰寿礼,不约而同地都是一对绿毛龟。

6. 捕食农业害虫

蛙类的食物绝大部分是昆虫,其中许多都是农业害虫,因此,蛙类在生态农业中占有举足轻重的地位,是生物防治的有效措施之一。

前已提及,经济的发展,人民生活水平的提高,导致营养价值高、味道鲜美的蛙类、龟鳖类等消费需求不断增加,而野生资源又不断减少,为了满足市场需求,发展水产两栖爬行动物养殖,活跃地方经济实属必然。

（三）推动渔业生产的产业化进程

我国淡水养殖历史悠久,常规鱼类养殖虽然很发达,技术完善,但多年来产业化程度较低。水产两栖爬行动物的养殖,譬如鳖的养殖,大大地推进了渔业生产的产业化进程,为水产养殖提供了较为合理的产业化模式。

# 三、国内外水产两栖爬行动物养殖概况

（一）国内

中国台湾地区在 20 世纪 20 年代、50 年代,内地在 60 年代先后从古巴、日本引入牛蛙,但未试养成功,除某些社会因素外,对牛蛙的习性缺乏了解,养殖技术落后等是主要的原因。近年来,牛蛙的养殖技术已渐成熟。中国林蛙是我国名贵中药,20 世纪 50 年代我国就开始了人工养殖研究,目前已形成一套较成熟的半人工放养技术。最近几年又陆续成功养殖了棘胸蛙、虎纹蛙以及引种的美国青蛙(猪蛙)。鳖的养殖在我国可从《养鱼经》中"内鳖则鱼不复去"的记载看出其历史之悠久,而唐代以后佛家多以龟鳖作为"放生"对象,养于"放生池"中,更说明了这一点。近代意义上的龟鳖养殖,中国台湾从日本侵占时开始,内地始于20世纪50年代,70年代以后逐步发展,80年代末到90年代初龟鳖养殖迅速发展,受日本快速养鳖模式的启示,我国采取了人工快速养鳖的工艺,即亲鳖人工培育→产卵→人工孵化→稚鳖强化育种→成鳖精养→商品鳖上市(亲鳖选留),大大地促进了养鳖业的发展。

### (二)国外

许多国家很早就开始养蛙,如美国养殖牛蛙、猪蛙和河蛙等大型食用蛙,甚至蛙类运输、销售的执照或养殖申请均由渔业局受理,还制定了牛蛙销售的卫生标准。古巴、法国、日本、菲律宾等国的牛蛙养殖和消费规模都很大。

鳖的养殖主要在亚洲国家,日本是当今养鳖业最发达的国家。该国养鳖业始于19世纪中后期,距今已有100多年历史。1970年前均是常温养殖,1970年以后改为锅炉加温,温泉水和工厂余热水等加温养殖,把常温养殖3~4年的养成期缩短到12~15个月,使日本养鳖业进入了一个全新的发展期。目前,日本已有大小养鳖场共165个,养殖面积30万平方米,近年年产量60万千克左右,平均1000~1300kg/667m²,投入产出比为1∶1.37。另外,韩国、泰国等国的养鳖业也较发达。

除我国外,日本、新加坡等国也在人工培育绿毛龟。

鳄类商业化养殖:美国的密河鳄,泰国及印度等国的湾鳄和食鱼鳄饲养都有较高的水平。

## 四、发展水产两栖爬行动物养殖应注意的问题

### (一)因地制宜,稳定地选择好饲养品种

从全国范围内看,目前已形成较大规模生产的水产两栖爬行动物,只有鳖、乌龟和牛蛙。各地尚在试养,但经济上已显示成效并有较好特色的品种如大鲵、棘胸蛙、美蛙、绿毛龟和鳄类等。在选择饲养品种时,必须经过调研,吸取其他单位的经验和教训,因地制宜地选择适合的品种,而且要先小规模试养,成功后再扩大规模,避免盲从造成损失。

### (二)以市场为导向,以经济效益为依据

在发展水产两栖爬行动物养殖时,要以市场为导向,以经济效益为依据,不断调整品种结构和生产规模,做到以销定产,适当考虑开辟新的销售领域。

### (三)确保苗种供应

名特水产品的苗种一直是炒作的对象。如20世纪90年代初鳖苗的炒作,给养殖单位造成了生产上或多或少的负面影响。因此,决心发展某种养殖品种时,必须从经费和技术上加大苗种繁育的投入,保证生产的持续发展和控制生产规模的主动权。

### (四)重视当地饲料供应的条件

饲料问题是决定引进品种的种类以及养殖规模的关键问题,生产者必须慎重对待。

### (五)依靠科技进步,不断提高养殖技术

发展水产两栖爬行动物养殖,既要以传统养殖技术为基础,又要不断研究、试验和提高特定品种的饲养技术。如快速养鳖大大缩短了养殖周期,但肉味又不如常温养殖鲜美,将两种技术有机地结合,前期室内控温养殖,后期常温露天养殖,就能较好地解决这一矛盾。

### （六）向集约化、规模化发展

根据近年来名特水产品养殖的发展经验，除个体户外，要真正把它转化为"三高"渔业，则必须向集约化、规模化发展，才能化解市场风险，成为水产业发展的一股推动力量。

### （七）重视生产中的经营管理和销售中的对外贸易

在生产中，一方面，要建立明确的生产指标责任制，使产量与生产者利益直接挂钩；另一方面，利用生态学知识，合理地立体利用养殖场地。在销售中，除积极开拓国内市场外，应注重外贸出口，争取外汇收入。

### （八）积极争取主管部门的支持

争取主管部门的支持，企业可以在选项论证、养殖技术和政策倾斜、财政贷款和提高知名度等方面获得利益。

# 第一章　蛙类的生物学

在蛙类养殖过程中,往往涉及形态、生理和生态等生物学基础知识。因此,在介绍经济蛙类养殖技术之前,了解蛙类的基础生物学知识是必要的。

## 第一节　蛙类的形态特征

### 一、成体的外形特征

#### (一)头部

三角形,与躯干部一般没有明显的界线,无法在外形上区分枕与颈的界线。头端较尖,游泳时可减少阻力。分类学上的头长指吻端到上下颌关节后缘的距离,与解剖学上的实际头长有一定差异。头宽是指左右两颌关节间的距离。头顶部分平坦、宽阔(如角蟾)或隆起(如浮蛙)或有骨质脊(如黑眶蟾蜍)。口为蛙类的捕食器官,一般都宽大,除捕食外很少张开。我国产的蛙类下颌均无齿,上颌缘有或无齿。当口闭合时下颌的颐骨部分可以帮助鼻孔关闭。

蛙类的头部有三对感觉器官:眼、鼻和耳。

眼位于头侧,一般头顶隆起而窄者,两眼间距也窄,位于头部背侧;反之则宽,眼位于头两侧。眼的正下方分别有上眼睑和下眼睑,与下眼睑相连的是向内折叠的透明瞬膜,半陆生或水生蛙类潜水时,瞬膜上移遮盖眼球。上眼睑外侧的游离缘如有垂直向下的帘状皮肤褶,则称为帘褶(如白颌大角蟾);如有肉质锥状突出则称为锥状疣(如宽头大角蟾)。纵立瞳孔一般见于锄足蟾科,横置瞳孔常见。

外鼻孔位于上颌背侧前端,或近吻端(如斑腿树蛙)。外鼻孔一般具鼻瓣,可随时开闭,以控制气体的进出。

鼓膜位于眼后方,圆形或椭圆形,能够传导声波,使蛙产生听觉。有些种类的鼓膜不明显。

由眼前角到上颌端为吻,吻背面两侧的线状棱称为吻棱,吻棱下方为颊部。

大多数种类的雄性头部腹面的咽喉部位有囊状突起,称为声囊。声囊是一种共鸣器,能扩大喉部发出的声音。某些种类的声囊在外形上能观察到,称为外声囊(如黑斑蛙),在外形上不易观察到者称为内声囊(如中国林蛙)。在舌的两侧或近颌角处有一圆形或长裂形的孔,即为声囊孔。

#### (二)躯干部

鼓膜之后为躯干部,一般短而宽,也有较纤细的,在胯间尤为明显。一般地,后肢短,适于掘土的种类胯间粗圆(如蟾蜍、狭口蛙等);后肢细长,适于树栖、跳跃或游泳能力强的种类胯间细窄(如湍蛙、树蛙等)。骶椎横突大者,坐时整个背部成平直状(如锄足蟾科),骶椎横突小者,坐时在骶部拱起,这在蛙属中是很常见的。在体后端略靠近背处有泄殖腔孔。

（三）四肢

附肢两对。前肢短,由上臂、前臂、掌和指组成。前肢主要起支撑身体前部及协助捕食、游泳时平衡身体的作用。后肢长大,分为股、胫、跗、蹠、趾5部分。蛙类的游泳、跳跃主要靠后肢。

前肢具四指,后肢具五趾,第三指与第四趾最长,各指趾的长短顺序(即指序)可用阿拉伯数字表示。例如指序3、4、2、1表示第三指最长,第四指次之,第二指再次之,第一指最短。指趾末端通常有很大的变异,如尖舌游蛙的指趾呈尖状,棘蛙类的指趾膨大呈圆球状,雨蛙、树蛙等的指趾末端呈吸盘状。一般地说,末端呈吸盘状者,沿着吸盘的游离缘有一条水平的马蹄形横沟,将指趾端分隔成背腹面,但蛙科某些种类有吸盘而无横沟。有些种类的吸盘腹面形成半月形的肉垫,其中含有丰富的腺体,如雨蛙、树蛙和湍蛙等。指间一般无蹼,仅峨眉树蛙等少数树栖种类具指间蹼。趾间一般有蹼,但不同种类,甚至同种的不同性别发达程度也不一样,如大蹼铃蟾的雄性趾间蹼较雌性的发达。趾的两侧都有蹼且均达到趾端,蹼的游离缘不凹入作缺刻状者,称为全蹼,如棘腹蛙、棘胸蛙;如果蹼缘的缺刻深,在第二、三、四趾的两侧缺刻深度相等,则可根据蹼与趾长的比例确定为半蹼、1/3蹼和1/4蹼等;如果只有趾的两侧有皮肤褶,则称为缘膜。缘膜一般较窄,仅在趾的基部相连成蹼迹。蹼的发达程度与其生活习性有密切的关系,树栖种类以及游泳能力强的种类一般具全蹼,有利于在水中游泳或在树枝间滑翔。

在指和趾底面的活动关节间有肉垫状的突起,称为关节下瘤,掌或蹠基部仍有明显隆起的突,内侧者称为内掌突或内蹠突,外侧者称为外掌突或外蹠突。在生殖季节,雄性第一指内侧常出现瘤状肿块,称为婚瘤。

（四）皮肤

蛙类皮肤上常具有一定轮廓、形状及一定部位的增厚部分,称为褶或腺。如背侧褶、耳后腺、颌腺及胫腺等。此外,还有排列不规则,分散或密集成堆的隆起,隆起大而表面不光滑的称为瘤粒;隆起小而光滑的称为疣粒;更小的称痣粒;有的则形成小刺状。

## 二、蝌蚪的外形特征

蝌蚪是蛙类个体发育过程中的一个阶段,具有一系列适应水中生活的特征。刚孵出的蝌蚪,口部尚未出现孔道,不摄食,眼与鼻孔依次出现,借头下部的吸盘固着于水草上,头侧有外鳃执行呼吸功能。细长的尾具分节的肌肉,上下有薄膜状的鳍,是蝌蚪在水中游泳的推进器。不久口出现,吸盘消失,外鳃萎缩,随着咽部皮肤褶与体壁的愈合成为鳃盖,体表仅保留一个出水孔,出水孔位于体左侧或腹面中部或腹面后方,是分类的依据。呼吸功能由鳃腔内的鳃执行。随着肺的发生,蝌蚪可游到水面直接呼吸空气。蝌蚪皮肤上也有鱼类同源的侧线作为感觉器官。肛门位于腹面体尾交接处,部分开口于下尾鳍基部右侧,部分开口于下尾鳍基部的中央。

蝌蚪的口结构复杂,包括以下几部分:口部中央有上下角质颌,颌的游离缘有锯状突起,口周围有宽的上唇和下唇;唇缘有唇乳突;两侧口角处常有副突;唇上还有细小密集排列成行的角质唇齿。唇齿的行数与排列方式常用唇齿式表示,如黑斑蛙蝌蚪的唇齿式为Ⅰ:1—1/Ⅱ:1—1,表示上唇齿第一排完整,第二排中断,斜杠后表示下唇齿第一、二排完整,第三排中断。若有变异时,如左侧无唇齿式则写成 0—1。

# 第二节 蛙类的生态特性

## 一、生态类型

根据蛙类在繁殖季节、活动旺季的栖息场所或繁殖场所将蛙类的生活类型分为 3 种,即水栖型、陆栖型和树栖型。

（一）水栖型

1.静水生活型

在平原或山区的稻田、水塘内生活的类群,与在流溪内的生活类群比较,有明显区别的,反映在活动力或第二性征方面。静水生活的种类很多,一般来说体型较粗壮,后肢适中或短,蹼发达或适中,没有发达的指趾吸盘。不同的种类有不同的垂直分布,在海拔较低的地区常见的有黑斑蛙、金线蛙、沼蛙等,体壮,后肢发达,善于游泳;其次如在峨眉山海拔 1000m 左右的浅水塘边生活的弹琴蛙,体较粗短,后肢及蹼适中;西南高山区静水塘内或其附近的大蹼铃蟾、微蹼铃蟾,体粗壮,后肢短,雄性大蹼铃蟾有极发达的蹼,但微蹼铃蟾的蹼不显著。分布在海拔 3000～4500m 处西北草地高原沼泽地带的倭蛙,体扁平,后肢短,经常伏居在水底的石块下,蹼发达,可在水中游泳,这种扁平的身体,在其他静水栖居的蛙类中是极少见的。静水栖居者的第二性征,除了具有一般的婚垫及声囊以外,由于没有水流的冲击来影响它们的交配活动,因此缺乏加强拥抱的外形特征。两性体形大小的差异不显著,仅金线蛙的雄性较雌性小。

2.流水生活型

在山区海拔 2000m 左右水流较缓的小溪内或在流溪的水塘内有分布广泛的棘蛙群,如棘腹蛙、棘胸蛙、双团棘胸蛙、花棘蛙等。这些蛙类栖居在坡度不大的水域中,水流速度比较缓慢,但大雨暴发以后水的流速可能剧增,溪的两岸植被丰富,溪底多泥沙。棘蛙群体型极粗壮,后肢长短适中,强而有力,全蹼,游泳能力极强,它们很少离开水域,体色多为棕色,与它们的居住环境相适应,因水中少有绿草而多为泥沙,第二性征向着强烈的拥抱方式发展。雄性体大,前肢极为粗壮,婚瘤也极发达,雄性胸部或胸腹部有棘,这些特点与繁殖习性可能有极大的关系。它们都是在流溪内或小瀑布下石洞内产卵,产卵时,雌雄两性必须到为流水所冲击的溪边产卵;交配时雄性强有力地拥抱着雌性,并借助于棘加强与雌蛙的固着力,保证不被水流冲散。这类蛙一般都有内声囊,发声低浊而大。

在较开阔的水底栖息的有隆肛蛙。隆肛蛙体扁,后肢发达,在生态与一般体形上与棘蛙群的亲缘关系较为接近。但没有棘蛙群的第二性征,外形上除了雄蛙在肛部有隆起的囊状褶以外,其他方面与雌性没有差别。

生活在山溪内的还有无指盘臭蛙,虽在体形上与其他有指盘的各种臭蛙极相似,但在生态环境上不完全相同。后者多生活在比较开阔的山溪内,溪底清澈,多为卵石块,臭蛙就伏居在为流水所冲击的具有青苔的石块上,或在溪沟两旁的灌木丛及草丛中。体形较扁,后肢长,一般都超过体长的 1.6 倍,全蹼,指趾端均有吸盘,在水中的游泳能力很强,可在流水中逆流而上。体色多为绿色,在青苔上或水边草丛中不易被发现。第二性征方面没有棘蛙群加强拥抱的极粗壮的臂及棘；一般雄臭蛙的胸腹部有小白刺，在繁殖季节时很显著；婚瘤较大，前臂略粗；两性在体形上的差异较大，雄性都比雌性小，花臭蛙的雄性更小，具外声囊；其他种类多为内声囊或没有。

3. 湍流生活型

坡度较大，溪面较开阔，溪底清澈，水流颇急的石下或石上经常发现湍蛙类，也能发现绿臭蛙或安氏臭蛙。湍蛙的体形较一致：体扁，后肢细长，为体长的 1.6～1.9 倍，全蹼，一般有较大的吸盘，可将扁平的身体贴附在急流内的石上或石下。雄蛙体形比雌性的短小，后肢较大，大多数种类无声囊。体色变异大，棕色或绿色，有时有斑纹。

在流水中生活的臭蛙、湍蛙等，具有身体扁平、后肢发达、雄性比雌性小等特征，这些特征有利于减少水对它们的冲击阻力，从而保证它们能在水中游泳自如。

（二）陆栖型

除了在繁殖季节时到水域中去产卵以外，产卵前后一般都不到水中或极少在水中生活。

1. 溪边生活型

在较高的地带，海拔一般在 2000m 以上的山溪附近的草间或草皮下、石块下，栖息着多种锄足蟾科动物。它们与平原或低山区草丛中生活的其他蛙类的主要不同点是其产卵习性。如史氏短齿蟾、宽大角蟾等都是在流溪石下产卵。它们行动较为迟缓，蹼不甚发达。锄足蟾科体色棕红、暗棕或暗绿，在一般情况下很难发现其成体，只有翻开石块，拨开草皮才能找到它们。除了角蟾的第二性征不甚明显以外，其他均有属的特征，如齿突蟾属雄性腺侧有一对或两对小刺团，猫眼蟾属则多腺体（少数的种有刺），髭蟾的上颌缘有角质刺。

2. 草丛生活型

在不同海拔高度水域附近的草丛中有各种不同类群的蛙类，在平原常见的有泽蛙、饰纹姬蛙等；海拔较高的地带有昭觉林蛙及粗皮姬蛙等。体形及色泽都没有一致的特点，一般来说体形适于跳跃者，后肢较大，但蹼不发达，没有突出的游泳能力。体色多为土棕色或草绿色，有斑纹如草间的阴影。活动时期较长，产卵前后均能在草丛中发现。加强拥抱的第二性征一般都不显著，这与其在静水水域内的产卵习性有关。林蛙的婚瘤特别发达，这可能与跳跃的能力强有联系，经常发现雌性胸侧有被婚瘤压破的伤痕。日本林蛙有时体呈黄色，与干枯落叶相似，具有一定的适应意义。

3. 土穴生活型

严格说来绝大多数种类进入休眠期，都将穴居于土洞或深埋在水底的泥沙内。典型的土穴生活类型，它们的体形一般肥壮，后肢粗短，不善于跳跃，蹠突特别发达，有游离刃，适于挖掘洞穴，也会在离地面不高的树洞内栖息。繁殖季节以外很少在草丛中能发现它，最突出的例子是狭口蛙类。身体的皮肤厚，富含腺体，主要是防御干旱。蟾蜍也可看做是穴居生活型，腹面都有大腺体，腺体的形状大小，虽有种的差别，但都能分泌大量黏液，紧贴在雌性的背上。除此以外，某些种类的雄性指末端具骨质突及发达的蹼。

（三）树栖型

指经常在树上生活的种类，少数种类也常生活在低矮的灌木丛或草丛中。营树栖生活的在我国有两大类群，即雨蛙科和树蛙科，二者都为树栖，具有趋同的适应性特征：如指趾端有吸盘，末两节间有介间软骨、吸盘腹面腺体以及胸腹部的腺体（成扁平疣），可以使成体牢固地贴附在附着物上，在自然状况下，多贴附在树叶上。体色以绿色为主，有很显著的适应意义。

二者的产卵习性迥然不同,雨蛙在静水水域内产卵,不成卵泡状,而树蛙则在水域外产卵,成卵泡状。树栖性越强的身体越细长而扁平,后肢及吸盘越发达,并且多向增加身体的表面积方面发展:指趾间都有发达的蹼,肛部及前后肢的外侧有皮肤褶,可以从树枝高处向低处滑翔,如黑蹼树蛙、红蹼树蛙等。在较低矮的树丛中生活的种类,体形不如前者细长,后肢亦较短,如雨蛙及经甫树蛙、杜氏树蛙等。树蛙的第二性征比较明显,雌性的体形及后肢均较雄性的长大,吸盘也较大,可能是由于雌性在繁殖季节时,不但自己爬上树枝,而且还背着雄性;雄性体小而扁平,可以减小阻力。雨蛙都在水中产卵,两性间体形大小差异小,均有咽下单外声囊,鸣声很大。树蛙一般多为内声囊,少数有外声囊,鸣声一般都有弹音。

## 二、摄食生态

蛙类成体一般都是肉食性动物,而且通常只取食活饵。蝌蚪是杂食性动物。但对具体的物种而言,其食谱并不很宽,这与其生态地位有关。

### (一)蝌蚪的摄食生态

1.摄食习性及生态适应

总体而言,蛙类的蝌蚪属杂食性动物,但不同物种,食性不同。

(1)草食性

生活在池塘或湖泊沿岸的很多种类属于草食性。它们用角齿把柔软的植物组织啃下食用。如棘胸蛙蝌蚪取食溪边水草或水中水绵。

(2)滤食性

生活在水面或水底的蝌蚪,大多是滤食者,它们滤食细菌、小型原生动物和有机碎屑。在呼吸时,泵动水流通过口进入鳃,再从出水管出来,以此过滤水中的食物。锄足蟾的蝌蚪以群集成团的形式合作取食。

(3)同类相残或肉食性

有些种类的蝌蚪互相残食,棘胸蛙的蝌蚪除以溪流中死亡的动物尸体为食外,也啃食同类的尸体。雨蛙在小水体中产卵,食物供给有限,于是蝌蚪取食同种或异种的卵或小蝌蚪,以保证物种的延续。

2.蝌蚪的食物组成

蝌蚪的食物组成十分复杂,从已详细分析过的中华大蟾蜍、黑斑蛙、泽蛙和姬蛙等蝌蚪来看,共计有21科34属50余种藻类植物。牛蛙蝌蚪食物组成由藻类、芜萍、浮游动物和有机碎屑等组成。总的来讲,大多数蝌蚪以植物性食物为主,动物性食物为辅,并且在人工驯化后有一定程度的改变,这为养殖提供了有利条件。

3.蝌蚪的食量

对棘腹蛙和牛蛙蝌蚪取食面团的研究结果为,日食量占体重的1%～3%,身体越小取食量占体重的比例越大,个别高达6%。棘胸蛙取食蚯蚓的日食量占体重的比例也一样,0.5g者最大取食量为体重的10%,1.32g者为1.25%,1.97g者仅为1.0%。

### (二)成体的摄食生态

1.捕食行为

无尾两栖类的成体是捕食性动物,通常只捕食活的动物,主动寻找或被动等待猎物,距离较近时突然举头张开下颌,迅速伸出倒生的舌头一挥,这个长而柔软、富含黏液的舌头便会包住猎物,迅速缩回口中吞进胃内。整个过程在一瞬间完成,舌头伸出只需 0.05s,显然,视觉在捕食中起重要作用,但海蟾蜍能取食盘中的狗食,虎纹蛙取食动物尸体,这说明嗅觉器官也能帮助摄食。

**2.摄食时间**

蛙类在一年中的活动时间及昼夜捕食时间因当地气候条件和物种本身的生态特性而异,根据其昼夜活动节律,可分为夜行性和昼行性。中国林蛙一般在白天捕食,夜间无论有无月光均不捕食,中华大蟾蜍是夜行性动物,捕食主要在晚上 22:00 至翌晨 7:00,白天也有少量捕食。

由于能量代谢和动物身体大小有关,个体越大,单位体重所需的能量随体重增加而减少,所以小型无尾类的取食比亲缘关系相近的大型种类更加频繁。

**3.成体的食物组成**

国内很多学者对蛙类的食性做了大量的研究,调查研究的蛙类近 40 种。如长白山地区的中国林蛙捕食动物 50 多种,其中 90% 以上是昆虫。中华大蟾蜍捕食动物达 4 纲 12 目 48 种以上,昆虫出现频率高达 94.67%,包括粘虫、蝼蛄、金龟子、蚜虫、甲虫、瓢虫、蝗虫和步甲虫等农业害虫。

不同的蛙类食性差异有时较大,同一物种的食性因地域不同、体形大小不同,也有显著的变化。其主要原因有:

(1)地理差异

不同的地区有不同的动物群落,不同栖息环境的动物群落也不同,因此不同地区,不同栖息环境的蛙类捕食的动物种类可能不一样,这是造成食性变化的主要原因。如舟山群岛上的无尾类食性与大陆的有很大差异,它们主要以岛上的优势种群蚂蚁和蜂类、蛛形纲为食,而鳞翅目昆虫很少捕食,因为鳞翅目昆虫在海岛上远比大陆少。

(2)蛙类本身差异和选择性

蛙自身的大小、活动习性及对食物的选择性(喜好程度)会造成食性的变化。

(3)季节变化

一般来说,蛙类的食性是依年份、季节而变化的。如江苏赣榆县的中华大蟾蜍,在 5～7 月主要捕食金龟子,7 月以后转为主要捕食夜蛾、步甲虫和蝇类,因为此时金龟子已显著减少。

**4.成体的食量**

蛙类的食量与自然界的食物丰盛度、本身的捕食能力及新陈代谢水平有关。棘胸蛙在自然界一般摄食量占体重的 9%,最高达 12.8%;中国林蛙在饱胃时,胃占体重的 16.3%,空胃时仅为 1.6%。国外曾报道牛蛙日食量是体重的 0.7%,这一数值可能偏低,也不排除在特定自然条件下种群平均取食量只有这么大的情况,目前国内人工养殖时发现其日食量占体重的 10%～20%。

## 三、休眠

蛙类对抗恶劣环境最有效的对策是休眠,降低新陈代谢速率,进入不食不动的昏睡状态。蛙类的休眠包括在冬季低温下的冬眠和在夏季高温下的夏眠。我国绝大部分地区处于温带,生活于我国的两栖动物所面临的恶劣环境主要是冬季低温,它们采取的越冬对策是冬眠,故我们仅介绍蛙类的冬眠。

（一）冬眠的时间和长度

生活在东北地区的中国林蛙因冬季漫长，气候寒冷，一年有长达 5 个月之久的冬眠期。中华大蟾蜍在扬州有 3 个半月左右的冬眠期，在长沙仅 2 个月，可见无尾类的冬眠期长度不同，同一种类从南到北冬眠期有延长的趋势。

花背蟾蜍自 11 月上旬开始至翌年 4 月初才结束冬眠，中华大蟾蜍的冬眠自 11 月上旬入眠，次年 2 月下旬出蛰，可见，进入冬眠的时间从北向南有逐渐推迟的趋势。

蛙类进入冬眠前，往往有一个积极捕食，为越冬贮积营养的阶段。花背蟾蜍越冬前白天、晚上均捕食，而在其他时间白天一般不捕食。蛙类一般在体内营养积存到一定程度时才进入冬眠，否则会推迟进入冬眠的时间。同种中最早进入冬眠的个体常是捕食能力强，平常贮积营养多的个体，最迟进入冬眠的是平常捕食能力较差的个体。

（二）冬眠地点

越冬前，蛙类迁到特殊的地方准备冬眠，中国林蛙从 9 月末到 10 月初由山上向山下移动，准备入河冬眠。一般地，蛙类选择河流或池塘水域，或土壤洞穴中，或碎屑杂物下冬眠，这些地方保温性能较好。不同种类在不同的地方冬眠，中华大蟾蜍一般在池塘水底冬眠；花背蟾蜍多在沙土洞穴中，少数在杂物堆下冬眠；棘胸蛙选择开口于水流的侧下方或背水下方的石块洞穴中冬眠。

（三）冬眠的群聚性

很多无尾类冬眠时有群聚的习性，如棘胸蛙、虎纹蛙和花背蟾蜍等。更有趣的是中华大蟾蜍，冬眠时大多是雌雄相互拥抱成对沉入深水区越冬，同性之间即使相抱后也会马上分开。蛙类群聚冬眠的生物学意义在于，有效地利用新陈代谢所产生的热量保持一定的体温，减少热量散失，从而降低个体抵抗寒冷所需的新陈代谢水平，减少体内物质消耗，有利于安全地度过漫长的冬眠期。

（四）冬眠的生理生态特性

1. 形态生理

冬眠期的形态生理指标包括肥满度、脂肪体系数、肝系数、生殖腺系数和水系数等。一般地，肥满度冬眠前最高，以后逐渐降低，中华大蟾蜍出蛰时最低，而中国林蛙出蛰繁殖结束时最低。脂肪体系数冬眠后降低较多，中华大蟾蜍可下降 53.76%，其肝系数也降低到冬眠前的 59.9%，由此可见，无尾类冬眠期所需的能量大部分由脂肪体和肝脏供给。很多蛙类冬眠后并不摄食，而是马上进入生殖期，因此，生殖腺在冬眠期间发育。棘胸蛙经冬眠后，雌性生殖腺系数增加率为 32.52%，雄性为 11.48%。

2. 生理生态特征

虎纹蛙冬眠期 $CO_2$ 呼出量不到活动期的 1/3，中华大蟾蜍的血糖水平虽随冬眠时间的延长而下降，但较其他季节都高，比 5 月高 50%～60%，比 8 月高 100% 以上，造成高血糖的原因可能是：①冬眠期热能代谢仅为活动期的 56.56%，故血糖消耗少，有可能保持冬眠前夕的较高血糖水平；②肝糖原的分解补充了血糖的量；③血糖是冬眠的主要能源，保持较高血糖水平是对寒冷缺食环境的有效对策。

## 四、繁殖生态

物种的延续，种群的扩大都是通过繁殖来实现的。动物的生殖对策有两种，一种是产生大量的个体,但不加保护,幼体在达到性成熟以前大量死亡,大多数无尾类属于这一类;另一种对策是成体产生的幼体较少,但幼体受到良好的保护,在达到性成熟前死亡率较低,只有少数无尾类采取这种对策。

无尾类是体外受精,受精卵很快开始胚胎发育,在几天内发育成蝌蚪,类似鱼类一样地生活。经过一段时期的生长发育,蝌蚪逐渐长出四肢,尾部慢慢萎缩消失,完成变态后由水生转向陆生生活。

### (一)繁殖季节

蛙类的繁殖季受光照、温度、降水、地理位置和食物等生态因子的影响,但对不同种类而言,各种因素的重要性也不一样。在永久性水体繁殖的温带蛙类,温度似乎是很重要的环境因素,一般集中在春、夏季进行繁殖;在暂时性水体中繁殖的蛙类,多分布于沙漠或热带雨林,其繁殖严重地受降水的影响;在水体外繁殖的蛙类,它们把卵产在潮湿环境中,降水和温度是繁殖活动很重要的启动因子。我国无尾类在特定的时间内繁殖,随种类、地理位置而异。通过对60余种无尾类的统计,繁殖多在4~7月进行,大部分的在5月,少量的在10月至翌年的1月。

### (二)繁殖特性

#### 1.雌雄差异

蛙类是两性动物,一般地,两性之间存在着较为显著的差异,主要表现在体型大小、体棘、婚瘤、声囊、婚刺,指的长短、蹼的发育程度、体色和雄性线等。有些种类的性征只有在繁殖期才出现,而在非繁殖期消失,有些种类则只要达到性成熟则终生保持。不同的种类,其性征差异也很大,在以后各章中会详细介绍。

#### 2.性比

性比的差异很大,如中国林蛙报道的雌雄比例为2∶1或1.15∶1,而东方铃蟾的雌雄比例达到1∶15.46,虎纹蛙性比为1∶1。

#### 3.性成熟年龄

根据报道的常见蛙类性成熟年龄看,长的4~5年,短的几个月。这是由它们的生物学特性决定的,是长期与自然环境协同演化的结果。大多数性成熟年龄集中在2~4年。

#### 4.抱对产卵

蛙类主要通过鸣叫招引异性来配对,通过抱对促使雌雄排精和排卵同步,完成体外受精。产卵时间因种而异,如日本林蛙一般在3∶00~8∶00产卵,而虎纹蛙以20∶00~23∶00较多。产卵的地方与其生活类型相一致,如大树蛙产卵呈泡状悬挂于水边的树枝或草丛上,棘腹蛙产卵于山间溪流平缓处。

蛙类卵巢中的卵粒大小一致,同时成熟,每年一次产完,称一次产卵型。如黑斑蛙、日本林蛙、中华大蟾蜍等。多次产卵型的卵巢呈季节性变化,卵巢内同时怀有几种大小不同的卵粒,分批成熟,分批产出,如泽蛙、棘胸蛙等。无尾类每次产卵的数量差异很大,如牛蛙多达几万粒,而 *Smunthillus* 属仅产1粒,卵数的多少一般与产卵次数及卵粒大小,成体有无护幼行为有关。

影响受精的因素一般包括产卵介质的种类及其条件、性比、温度及湿度四个主要方面。

# 第二章 牛蛙的养殖

## 第一节 养殖场地的建设

人工养殖牛蛙可以利用江河、湖泊、溪流、洼地、水库、池塘和稻田等进行放养,这种模式除要求有防止牛蛙逃逸和蛇等敌害侵入的设施外,其余均可从简。但要获得较高的经济效益,必须采用适度规模的精养方式,这就要求建设设计结构科学,利用率高的养殖场。

### 一、场址选择原则

牛蛙适应性强。我国河北省中部以南地区,只要有水源和食物,牛蛙均能生长繁殖。但要建设牛蛙养殖场,不仅要考虑牛蛙所要求的温度、水源和食物条件,还要考虑其生活习性的其他方面的要求,并考虑生产管理和销售成本等社会经济效益。现概括如下。

#### (一)牛蛙的生活习性要求

根据牛蛙的两栖性、野生性、变温性和食性,其养殖场应选择在环境僻静、冬暖夏凉、植物丛生、浮游动植物及昆虫资源丰富、临近水域的地带。工厂、铁路或公路交通干线等人类活动频繁、声音嘈杂、震动严重的地方都不宜选为牛蛙养殖场,否则既不利于卫生防疫,又会严重影响其抱对和排卵,甚至不能抱对、排卵。若选择空旷地带作牛蛙养殖场,必须尽可能地种植树木、瓜果等,这样既提高了场内的绿化程度,为牛蛙生长繁殖创造良好的生态环境,又有利于增加昆虫等饵料资源。

#### (二)地形

养殖场最好建在向东南方向倾斜的坡地上。这种地形在秋天、冬天和春天,阳光直射面大,光照较强,地温、水温上升较快,对牛蛙及其饵料的生长繁殖有利。在夏季,易受东南季风的影响,既利于降温,又能使水面波动,增加水中含氧量,对牛蛙,尤其是蝌蚪的生长十分有利。

#### (三)水源水质和排灌条件

我国淡水水域辽阔,只要未被污染的淡水水源都能用于养殖牛蛙。不同的水源,其理化性质,如水的温度、盐度、含氧量、pH 等的不同,对牛蛙的存活、生长与繁殖有不同程度的影响。因此,要注意水源的水质是否适合牛蛙的生活,尤其要调查水源是否被城市下水道污水、工矿企业排放的污水或农药、化肥等污染。

养殖池的水位应能控制自如,池水更换、排灌方便。养殖场宜建在暴雨时不涝,干旱时能及时供水,水源及水质有保障的地方。如果用水和农田灌溉系统相联系,一要注意水源的污染问题,二要考虑两者是否有矛盾,并做好相应准备,以免在天旱或排涝时两者不可兼顾而带来不必要的损失。

**(四)土质**

养殖场最好建在黏质土壤上,这样建成的养殖池不必担心防水渗漏。在其他土质条件下建场,会增加灌水成本,或建水泥池以防渗漏,从而需增加成本。

**(五)交通运输**

有一定规模的养殖场,种源、产品、饵料的运输量较大,为了保证运输途中成活率,节省时间和运输费用,养殖场宜建在交通便利的地方。如牛蛙种苗场,应尽量建在需要大批种源的养蛙场附近。

**(六)电力**

牛蛙养殖过程中安装诱集昆虫的黑光灯、排灌、饵料加工等都离不开电力,养蛙场应建在有电力供应之处,否则应自备发电机或用柴油机作动力。

**(七)饵料**

牛蛙养殖场应建在饵料丰富的地方(如大量的昆虫和浮游生物等天然饵料),或有丰富而廉价的生产饵料的原料的地区(如畜禽水产品的下脚料等)。否则应建立动物性饵料生产场地。

此外,牛蛙养殖场场址的选择还要考虑其规模大小所要求的建场面积是否满足。

总之,牛蛙养殖场场址的选择应综合考虑各方面因素,在满足牛蛙生产所需基本条件的前提下,做到投资少、产出多、收益高。

## 二、养殖场需具备的基本条件

牛蛙养殖场的建设可以因地制宜、因陋就简,但一个规模养殖场必须具备如下基本条件。

**(一)设置御障**

牛蛙善于跳、爬、游、钻,所以必须设置御障,既能防止牛蛙逃逸,又能防止天敌侵袭。

**(二)不同用途和规格的养殖池**

考虑到牛蛙的繁殖特性、变态习性,需要分设种蛙池(产卵池)、孵化池、蝌蚪池、幼蛙池和成蛙池。牛蛙有大吃小、先变态的幼蛙吃蝌蚪、先孵出的蝌蚪吞食未孵化和正在孵化中的卵等特性,孵化池、幼蛙池和成蛙池要有多种规格,以便将不同发育期的牛蛙在每个生长阶段都能分池饲养,从而减少不必要的损失。

**(三)良好而充足的水源**

牛蛙抱对、排卵和排精、受精卵的孵化在水中进行,蝌蚪的生活也在水中,即使变态后幼蛙也不能长期离开水源而生活于陆地上。水质的好坏,不仅影响牛蛙的生存,而且影响其生长和繁殖。因此,良好而充足的水源是养蛙场必备的基本条件之一。

**(四)排灌方便**

养殖池要做到旱能灌水、涝能及时排走过多的水,使水位控制在适宜的水平。

**(五)动物性饵料繁育场地**

一个规模养蛙场,对动物性活饵料的需求量很大,除设置黑光灯诱集昆虫,利用小鱼、小虾等天然饵料外,还应人工养殖一些牛蛙喜食的动物性饵料,以弥补天然饵料之不足。

（六）配套设施

牛蛙养殖场应具备工作用房、简易宿舍、存放用具的仓库、电力设施、水泵等。如无电力供应或经常停电,应备有发电机。

## 三、养殖场的布局设计

养蛙场的建设规模,根据生产需要、资金投入情况等来确定。在总面积一定条件下,各类建筑的大小、数量及比例必须合理,使之周转利用率和产出达到较高水平。

牛蛙养殖池根据用途可分为种蛙（产卵）池、孵化池、蝌蚪池、幼蛙池、成蛙池。对于自繁自养的商品牛蛙养殖场,场内所建前述各种养殖池的面积比例大致为5∶0.5∶1∶10∶20。对于种苗场,可适当缩小幼蛙池和成蛙池所占的面积比例,相应增加其他养殖池所占的面积比例。各类蛙池最好建多个,但每个蛙池的面积大小要适当。过大则管理困难,投喂饵料不便,一旦发生病虫害,难以隔离防治,造成不必要的损失；过小则浪费土地和建筑材料,还增加操作次数,同时过小的水体,其理化和生物学性质也不稳定,不利于牛蛙的生长、繁殖。养殖池一般建成长方形,长与宽的比例为（2～3）∶1。

养蛙场还要注意布局合理,使之既便于生产管理,又为牛蛙的生长、繁殖提供良好的环境条件。

## 四、养殖池的建筑

（一）种蛙池

又叫产卵池,用于饲养种蛙和供种蛙抱对、产卵。

牛蛙抱对、产卵需要较大的水面活动空间,因此,产卵池的面积宜大。具体设计、建筑产卵池时,其面积的大小要考虑生产规模、便于观察和操作等因素。一般地,每个产卵池的面积以 10～15m² 为宜。这样便于观察产卵和采卵（收集卵块）,但至少要保证每对种蛙有 1m² 左右水面。如果条件允许并确有必要,产卵池建成面积达 600～1200m²,但为便于观察产卵和收集卵块,宜建成窄长方形（宽约 2m）。

产卵池的建筑要注意环境要近似自然的生态状况。牛蛙临近产卵至抱对、产卵期间,喜栖息在水中有水草、岸上有野草、阴凉的水陆两栖环境中,抱对时要求环境安静,产卵池宜建在养殖场中较为僻静的地方。池的四周需留有一定的陆地,陆地面积占水面的1/3～1/2。池周陆地或小岛上要种植一些阔叶乔木或高粱、豆类、瓜果等作为荫蔽物。池中种植一些金鱼藻、马来眼子菜、水浮莲或水葫芦等水生植物,用以净化水质,使产出的卵能附着在水草上而浮于水面,便于收集卵块。池边应建造一些洞穴,以利于牛蛙栖息、藏身和越冬。

产卵池池底以高低不平,有深有浅较好,但必须保留1/3以上的水面为产卵适地。产卵适地的水深,必须经常保持在 0.10～0.13m,以利于种蛙抱对、产卵和排精。池中其他地方水深一般为 0.5～0.8m。为此,池的周围和陆岛靠水处筑成斜坡,坡度为1∶2.5。

牛蛙的产卵池可采用土池或水泥池,从使用效果上看土池只要蓄水条件好,是较为理想的。如果采用鱼池作为产卵池,在放进种蛙之前,要彻底清池,清除野杂鱼和其他蛙类。

此外,产卵池与其他养殖池要用御障隔离开来。对产卵池饵料台、排水和注水管道的建筑要求参考幼蛙池和成蛙池。

规模较小的养殖场也可以不设立专门的产卵池,而以成蛙养殖池和商品蛙养殖池代替。

### (二)孵化池

牛蛙卵在孵化期间对环境条件的反应敏感,又容易被天敌吞食,宜设置专门的孵化池。

孵化池面积约 $1\sim2m^2$。池壁高 0.6m,水深 0.4m 左右。孵化池的具体数量一是依据亲蛙的产卵数量而定,二是要便于将不同时期产的卵分池孵化。因为不同时期(相差 5 天以上)产的卵同池孵化,先孵化出来的蝌蚪会吞食未孵化的卵和孵化中的胚胎。

孵化池的注水口与排水口应设于相对处,注水口的位置高于排水口。排水口用弯曲塑料管从池底引导出来,如果池水水位过高,则池水通过排水管溢出池外,从而调节水位。排水口宜罩以 $40$ 目/$10^{-4}m^2$ 的纱网,以免排出卵、胚胎或蝌蚪。孵化池上方宜设置遮阴棚。在孵化时,水面上放些浮萍等水草,将卵放在草上既没入水中,又不致落入池底而窒息死亡,同时有利于刚孵出的蝌蚪吸附休息。也可以在离池底 0.05m 处搁置 $40$ 目/$10^{-4}m^2$ 的纱窗板,将卵放在纱窗板上方,不沉入池底。

孵化池有水泥池和土池两种。以水泥池的孵化效果为最好,其壁面要光滑,以便于转移蝌蚪。土池不仅常使下沉的卵被泥土覆盖而使胚胎窒息死亡,而且难以彻底转移蝌蚪,其使用效果较差,但因投资少、简便易行而在很多地方应用。

孵化规模小的情况下,可以不用孵化池,而用孵化网箱、孵化框、水缸和水盆等作为孵化工具。

### (三)蝌蚪池

也称转换池,用于饲养处于不同发育时期的蝌蚪。

蝌蚪池可以采用土池,或用水泥池。水泥池便于操作管理,成活率较高,但要注意池底宜铺一层约 0.05m 的泥土。土池一般水体较大,水质比较稳定,培育出的蝌蚪较大,但因管理难度大,敌害较多,所以成活率较低。土池要求池埂不漏水,池底平坦并有少量淤泥。无论采用水泥池还是土池,蝌蚪池池壁宜有较大的坡度(约 1:10),以便蝌蚪变态成幼蛙后登陆。

蝌蚪池的大小以 $5\sim20m^2$ 为宜,池深 $0.8\sim1m$,蓄水深 $0.5\sim0.6m$。分设注水口、排水口和溢水口。排水口设在池底,作换水或捕捞蝌蚪时排水用。溢水口设在距池底 $0.5\sim0.6m$ 处,以控制水位。注水口在池壁最上部。进水口、溢水口和排水口也都要装置网目较密的铁丝网,以防流入杂物或蝌蚪随水流走。池水每 $3\sim5$ 天更换 $1/4\sim1/3$,以保持水质清新。

蝌蚪池中放养一些水浮莲、槐叶萍等水生植物,便于蝌蚪休息。池上搭遮阴棚。池中设置 1 至数个饵料台,使放饵料的塑料网面离水面约 0.1m。由蝌蚪变态为幼蛙之前,在池的四周或一边的陆地上用茅草或木板覆盖一些隐蔽处,让幼蛙躲藏其间,便于捕捉。要及时把幼蛙移入幼蛙池中饲养,以免其吞食蝌蚪。同时在池四周加围网,以防幼蛙逃逸,也可设置永久性御障。

蝌蚪池须设若干个,以便分批饲养不同时期的蝌蚪。一般而言,刚孵出的小蝌蚪密度可按 5000 尾/$m^2$ 水面放养;随着蝌蚪长大,养殖密度应逐渐疏散,到孵化后 30d,蝌蚪长到 0.04m 左右,可养 2000 尾/$m^2$ 水面;到了 60d 至蝌蚪完成变态,可养 $500\sim1000$ 尾/$m^2$ 水面。在不同的饲养管理条件下,蝌蚪的养殖密度有较大的变幅。

### (四)幼蛙池

幼蛙池用于饲养由蝌蚪变态后 2 个月以内的幼蛙。幼蛙池不宜太大,以免管理困难。通常为便于投饵等管理,宜采用长方形。一般地,幼蛙池的面积为 $20\sim40m^2$,也可达数千平方米,但管理上较为困难。幼蛙池可以根据生产规模,建成数个,视幼蛙生长情况,随时调整,做到大小分养,以免发生恃强凌弱、以大吃小的现象。

池深0.6m。刚变态的幼蛙入池后,保持水深0.15m即可。随着幼蛙的生长水深需逐渐加深。每个幼蛙池都要设置注水、排水管,以便控制水位。

幼蛙池采用土池或水泥池。土池面积大,池底有淤泥,难以捕捞,虽然其具有缺陷,但造价低,仍有可取之处。

因牛蛙幼体吃活饵,在池中应设陆岛或饵料台,其上种一些遮阴植物或搭遮阴棚,供幼蛙采食、休息。池中陆岛上还可架设黑光灯诱虫,以增加饵料来源。此外,池的四周也应留陆地,供幼蛙栖息、捕食。陆地面积应占水面面积的1/4以上。陆地上种植多叶植物、藤本瓜菜、杂草和花卉等,水中种植一些水生植物,既为牛蛙提供良好栖息环境,又能招引昆虫增加幼蛙的饵料。为方便幼蛙休息、采食,池壁及陆岛入水处宜建成斜坡(坡度1:2.5)。

牛蛙有穴居习性,如是水泥池,可以在池壁设置一些人工洞穴,这虽然会给捕捉带来难度,但有利于牛蛙安全越冬等满足其生活习性的要求。

幼蛙池周围还应设置御障。

**(五)成蛙池**

也就是商品蛙饲养池,是牛蛙养殖场的主要部分,其大小、注排水、适宜生态环境的建造等与幼蛙池相仿,在此不再重复。但面积可增加,池深0.5~1m为宜。为强迫成蛙采食,可取消陆岛,以饵料台代替。

成蛙池四周要设立防止牛蛙逃逸的御障,其标准和要求应高于幼蛙池和蝌蚪池。

以上介绍了规模化牛蛙养殖场各类养殖池建筑的基本要求。但对规模较小的牛蛙养殖场并不强求各种规格的养殖池齐全,可以一池多用,如幼蛙池、成蛙池和种蛙池可以互相代用。当然,为避免牛蛙自相残食,要将不同大小的牛蛙分池饲养。对于规模较小,或是房前屋后,庭院少量养殖牛蛙,也可以只建一个成蛙池,让牛蛙在其中自然生长和繁殖。

## 五、御障的建筑

牛蛙善于跳、爬、钻、游,有大吃小、幼蛙吃蝌蚪的现象,因此,建筑牛蛙养殖场,不仅场区四周应设围墙,以防牛蛙逃逸和天敌入侵,而且幼蛙池、成蛙池和种蛙池的周围也应设隔离御障,以做到真正分池饲养,避免其自相残食。由于牛蛙成体善跳、爬,会掘土打洞,因此,围墙必须高出地面1.5m,埋入地下0.3m,上端设向内折的遮栏。这些是建筑御障最基本的要求。蝌蚪池的御障,其建筑要求可低些,因其只在蝌蚪开始变态后短期起作用,变态成幼蛙后应尽快转移至幼蛙池,其间幼蛙的跳、钻能力尚不发达。

根据建筑御障所采用的材料,可将其分为如下几类。

**(一)砖围墙**

用各种砖建造围墙,一般地基为三七墙、地上部分二四墙即可。围墙顶的内侧要作宽0.1m的砖檐,以确保防逃效果。围墙要根据需要设置门、窗,门能关严,窗口应钉以铁丝网或塑料窗纱,防牛蛙逃逸。砖围墙坚固耐用,性能好,但费用较高。

**(二)竹木围墙**

用长1.8m的薄木板(厚0.03~0.04m)或竹片,竖立钉在两根各宽0.05m、厚0.04~0.05m、长1~2m的木条之间,制成一个板垣或竹垣。将若干板垣或竹垣竖立围在池堤上

（埋入地下 0.3m），每隔适当距离用木柱或水泥柱加以固定。固定方法一是在同一固定位置的板垣内外各设一支柱，将板垣夹着固定在中间；二是在每个固定位置只设一根支柱，将板垣用铁丝牢牢绑扎在支柱上。板垣与板垣之间的接合处，一定要紧密相接，用铁丝扎牢或加板钉在一起。竹木围墙的顶端内侧要做宽 0.1m 的出檐，并开设门、窗。

竹木围墙可因地制宜，就地取材，一般造价低廉。用竹垣制成的围墙防护效果较差，不及砖墙或板垣制成的围墙，要经常检查是否有破损洞隙。竹木围墙一般坚固程度较差，使用 1～2 年就逐渐损坏，需重建。

### （三）铁丝网围墙

用网孔孔径 0.01m 的铁丝网，沿池堤围之，并竖立坚固的木柱、水泥柱，以固定铁丝网。铁丝网应埋入地下 0.3m 或用砖砌地基，高 1.5m，铁丝网顶端应向内倾斜。

用铁丝网作围墙，不但费用较高，而且牛蛙易被网眼等处扎伤，甚至致死，因此，用铁丝网作牛蛙养殖场的御障并不合适。

### （四）塑料网围墙

将塑料网上端用绳绞口，在池周每距 2～3m 打一根木桩，将网布固定。网布底端宜深埋入地下 0.2m，顶端向里倾斜。

塑料网围墙造价低，操作简单，机动性大，但坚固度较差。适宜于蝌蚪池的防护。

### （五）石棉瓦或塑料瓦（板）围墙

建筑方法与竹木围墙相同。建池较容易，造价不高，比较牢固，但互相衔接不牢固，常出现缝隙逃蛙现象。

无论建造何种围墙，须开适当大小的门，以便工作人员出入。从围墙到池边之间应相距 1m 左右，既可供牛蛙栖息，又可生长杂草和栽种花卉引诱天然饵料—昆虫类供牛蛙捕食。

## 六、水泥池的处理

凡是用水泥制品新建的牛蛙养殖池，都不能直接注水放养牛蛙，必须经过脱碱处理方可使用，否则，会使牛蛙受伤害，导致死亡。实际上新建水泥池需要脱碱处理，并不是其表面会渗出碱水，而是新建水泥池的表面对氧有强烈的吸收作用，使水中溶氧量迅速下降，进而酸碱度（pH）增加，钙的浓度增高并易形成碳酸钙沉淀。这一过程持续较长时间，使池水的溶氧量（DO）和 pH 不适于牛蛙的生长。因此，新建的水泥池在放养牛蛙之前必须经过脱碱处理。脱碱处理的方法有：

1. 水浸法

将新建水泥池内注满水、浸泡 1～2 周，其间每两天换一次新水，使水泥池中的碱性降到适于牛蛙生活的水平。

2. 过磷酸钙法

新建水泥池内注满水，按每 1000kg 水溶入 1kg 过磷酸钙，浸泡 1～2d 即可。

3. 醋酸法

用 10% 的醋酸（食醋也可）洗刷水泥池表面，然后注满水浸泡 5d。

4. 酸性磷酸钠法

新建水泥池内注满水，每 1kg 水中溶入 20g 酸性磷酸钠，浸泡 2d。

若小面积的水泥池，急需使用而又无脱碱的药物，可用薯类擦拭池壁，使淀粉浆粘在池壁表面,然后注入新水浸泡 1d 便可。

经脱碱处理后的水泥池,在使用前必须洗净,方可正式投入使用。

# 第二节　牛蛙的人工繁殖

## 一、种蛙的选择

### (一)牛蛙的雌雄鉴定

牛蛙无外生殖器,雌雄异体,由于雌雄蛙有不同的内生殖器官和性腺分泌不同性激素,因而雌雄牛蛙具有一些可区别的特征,见表 2—1。

表 2—1　雌雄牛蛙的主要区别

|  | 雌蛙 | 雄蛙 |
|---|---|---|
| 前肢 | 第一指基部不发达,与前肢其余三指无明显差异 | 第一指特发达,其内侧具有肉垫(婚瘤) |
| 鼓膜 | 稍大于眼睛直径 | 其直径约大于眼睛直径 1~2 倍 |
| 咽喉部颜色 | 白色或灰白色,杂以暗灰色细纹 | 鲜黄或金黄色 |
| 背部颜色 | 褐色或淡褐色斑点不明显 | 暗绿色或暗褐色斑点十分明显 |
| 叫声 | 一般不叫,繁殖季节偶尔发出"咔咔"声,低沉且短暂 | 发出犹如小牛般的声音,叫声洪亮 |
| 个体大小 | 较大 | 较小 |

牛蛙上述性别特征在幼蛙时不明显,体重达 250g 左右时才逐渐明显。

### (二)选择种蛙的注意事项

种蛙是人工繁殖的物质基础,没有大量的优质种蛙,牛蛙的繁殖和大量人工饲养就成了空话,因此,无论是从别处引进种蛙还是自育种蛙都应保证质量。选择种蛙时主要注意如下几点:

1.选择种蛙的时间。牛蛙一般在 2 龄时达到性成熟,在每年的 4~5 月开始抱对产卵,因此选种可在前一年晚秋(即冬眠前)进行,也可在春节后(即 2~4 月份)选择。种蛙一经选定,就要将雌雄分开,精心饲养。为提前种蛙产卵时间,除投喂质量好的饲料外,寒冷时还要对种蛙培育池加盖塑料薄膜提高池内温度,或采用其他控温措施,使冬眠期缩短或不冬眠。如需购买和运输种源,则应从温度、运输距离等方面考虑,近距离少量引种,各季节均可进行,大量引种和长途运输,则宜在春、秋两季,此时温度较低,运输较为安全。

2.选择的种蛙应生命力强,善跳跃、性情活泼,体质健壮、体色鲜艳,有光泽,无伤病,雌蛙腹部膨大,体重 350g 以上,雄蛙 300g 以上。

3.雌雄种蛙血缘关系应较远,不能将血缘关系过近的雌雄种蛙配对,否则受精率、孵化率和蝌蚪成活率较低。

4.种蛙的年龄为 2~4 龄。没有达到繁殖年龄或个体太小的种蛙,往往其繁殖率差,产卵量小,产卵次数多的个体,产卵量高则卵的质量差、受精率低。个体太大,年龄在 5 龄以上的老年蛙,受精率、孵化率也很低。

5.应注意与其他蛙的区别。牛蛙的蝌蚪和成蛙比我国常见蛙及蝌蚪均大,可资区别。

在湖南、广东等地养殖的虎纹蛙,体型也较大,易于混淆,不过各发育阶段的虎纹蛙约小于牛蛙,此外,虎纹蛙的皮肤更为粗糙,有纵向排列的明显肤棱,体表有深色虎斑,可与牛蛙区别。

（三）雌雄种蛙的比例

关于牛蛙的放养性比,目前看法不一,但多认为雌蛙应多于雄蛙或与雄蛙数量相当,其比例(1～3)∶1,具体采用何种比例应视其具体情况而定。一般小规模生产的性比为1∶1。雄性过多会造成雄蛙之间的互相拥抱或争雌中互相搏斗,雄性不足则会因精液不够造成抱对失败而降低受精率。当大规模生产时,雌雄性比可放宽到(2～3)∶1。也有的采用3∶2或8∶5。这是因为:同一个群体内的雌蛙不可能在同一时间内产卵,而雄蛙排精后,在短期内仍可再次正常抱对排精,因此减少雄蛙的比例,仍可获得正常的受精率。种蛙放养密度以1只/$m^2$为宜,密度过大,产卵时会因互相干扰而中止产卵。

## 二、种蛙的培育

种蛙必须进行科学的饲养管理,精心培育,才能确保其健康生长和有良好的繁殖性能,这对后代的生长有重要意义。

（一）影响种蛙繁殖性能的因素

1.营养条件

这是影响牛蛙繁殖性能最重要的因素。据研究,牛蛙营养状况的好坏、繁殖性能的高低,可以根据其脂肪体和卵巢的发达程度来衡量。

脂肪体内贮存的脂肪,不仅是牛蛙冬眠期维持生命和体温的能量来源,也是卵子和精子形成过程的营养来源。因为雌蛙在产卵后立即开始下次卵的发育,即使在冬眠期和早春牛蛙还没有摄食时,这一过程仍在进行,脂肪体的营养供应作用十分重要。秋季营养条件不良,脂肪体贮存营养少,不仅影响种蛙的安全越冬,也影响卵细胞和精细胞发育,到春季即使加强培育其不利影响也难以消除。当然,春季不注意精心培育、营养条件差,种蛙的性细胞发育会受到严重影响,甚至停止。显然,对种蛙培育采取"产前紧、产后松"的做法是不可取的。研究发现,同样是已达性成熟的雌蛙,在生殖季节卵巢发育正常的个体,其脂肪体也很发达,有些个体因饵料不足,脂肪体全被吸收,卵巢仍呈萎缩状。

在正常情况下,雌蛙个体大,卵巢大,产卵量也多,反之,个体小,卵巢小,产卵量也少。但是,如果饵料不足或高密度饲养,即使个体大,也因卵巢小而不会产卵。饵料供应不足,个体难以长大;个体大的牛蛙如果饵料不足,则脂肪体被吸收、卵巢呈萎缩状。牛蛙高密度养殖,则活动少,而使大量脂肪积累于皮下,虽然个体大,但雌蛙卵巢小如拇指而不能产卵,雄蛙虽叫声很大而无抱对的强烈要求。综上所述,牛蛙营养状况和繁殖性能的优劣不能仅看个体大小,还应看其脂肪体和卵巢的发达程度。

2.温度

水温不仅会影响牛蛙达到性成熟的时间,而且也会影响性成熟牛蛙抱对与产卵的时间。牛蛙性腺发育的适宜温度为10～32℃,低于10℃或高于35℃都不能很好发育或发育停止。在适温范围内,随着温度的升高,性腺发育速度加快。例如在南京地区牛蛙需两年才能性成熟,但在冬季进行保温养殖,年龄达 1 足龄即可性成熟。已经性成熟的牛蛙在室内保温养殖可使产卵期提早 1~2 个月。

3.水质

种蛙在性细胞发育过程中需要清新的水环境,水的 pH 应适中,水中不含有毒物质。尤其是某些放射性或使细胞发生突变的化学污染物,会使后代种苗生活力下降或畸形,应引起重视。

4.光照

据研究,牛蛙在完全黑暗的情况下性腺不能发育成熟。因此,种蛙的养殖应保证一定光照时间,这对于后备种蛙的培育尤为重要。

(二)种蛙培育技术

种蛙的培育从严格意义上讲,应是从变态后的幼蛙开始,即将幼蛙作为后备种蛙培育。后备种蛙培育一是要加强饲养管理(尽量多喂鲜活饵料,相应减少人工饵料);二是养殖密度宜稀,其他饲养和管理与相应阶段的牛蛙相同。因此,在此仅介绍选择出的成年种蛙的培育技术要点。

1.种蛙池

种蛙选择好后放养在标准的种蛙池,其建筑要求等参考本章第一节。

2.种蛙的放养

种蛙的放养密度一般 1~2 只/m²。雌雄种蛙的放养比例,应根据具体情况而定。一般小规模生产的性比为 1∶1。当进行大规模种蛙培育时,雌雄性比可按(2~3)∶1 放养,也可采用 3∶2 或 8∶5 的放养比例。但雌雄放养比例不得高于 3∶1,否则会影响受精率。

3.饲养

种蛙摄食量大,要求饵料种类多、营养丰富而全面、尽量多投喂动物性活饵。一般每只每日投饵量为体重的 10%,动物性饵料不应少于 60%。种蛙在发情时摄食量减少,抱对时基本停食,之后摄食量恢复正常,要根据这些特点酌情增减投饵量,使饵料既不浪费,又能保证种蛙的营养需要。

4.管理

种蛙管理应做好调节水位及水质、保持安静、除敌害、防病和越冬保温等工作。

为了保持良好的水质,应经常向种蛙池注入新水,一般每周 1~2 次。适宜水温为 23~30℃,可通过调节水位来维持适宜水温,但在抱对产卵期间水位应保证有足够的产卵适地(1/3 以上水面保持水深 0.10~0.13m)。牛蛙抱对时要求环境宁静,切忌嘈杂,否则会影响抱对、排卵、排精。因抱对中的种蛙处于繁殖兴奋状态,对天敌入侵反应不灵敏,御敌能力大为降低,而蛙卵更易为鱼类、其他蛙类等动物吞食。因此,应注意防、除敌害(如蛇、鼠等),发现病蛙应及时隔离治疗。种蛙越冬期保温养殖,不仅可确保安全越冬,而且可使种蛙提前产卵。

# 三、牛蛙的产卵和受精

牛蛙自然产卵、受精过程的完成,必须借助雌、雄拥抱配对(简称抱对)。雄蛙没有交配器,雌雄进行体外受精。抱对可刺激雌蛙排卵,否则即使雌蛙的卵已成熟也不会排出卵,最后被退化、吸收。抱对还可使雄蛙排精与雌蛙排卵同步进行,使受精率提高。因此,抱对对牛蛙的产卵和受精极为重要。

### （一）抱对与产卵

牛蛙在清明前后当水温稳定在17℃以上时，性成熟的牛蛙便进入繁殖时期，从4月上旬一直延续到9月。首先雄蛙开始鸣叫，在夜晚这种叫声在性成熟的雄蛙间此起彼伏。一般雄蛙发情略早于雌蛙10d左右，如果发现鸣叫频率增加，每小时叫100~120次并伴有追逐行为时，说明雄蛙急于求偶，此时雌蛙一旦进入卵子成熟期即会进入发情期，并徘徊于浅水中或岸上，依恋在雄蛙周围，有时也会发生"咔咔"的应和声，少食或拒食，出现雌雄蛙在水面相互追逐，直至雄蛙跳上雌蛙背上并用前肢婚瘤紧抱雌蛙腋下。雌蛙在经过一段时间（数小时至数天）的抱对刺激后，雌蛙腹腔借腹部的肌肉收缩以及雄蛙搂抱时前肢有节奏的松紧动作将卵子连续排出。雌蛙排卵时，除臀部外的其余部分全沉浸入水中，后肢伸展呈"八"字形，通常是两个卵子从泄殖孔排出，雄蛙则同时排精，并用后肢做伸缩动作拨开刚排出的卵子，使之成单层薄片状漂浮于水面，完成体外受精，直到将卵产完后雄蛙方才从雌蛙背上下来。受精后的卵外面有层卵胶膜包裹，以便胚胎安全发育成蝌蚪，产卵时间随产卵多少而不同，一般10~20min。产出的卵既小又软，似果酱状，不注意很难认出卵粒，卵块直径约0.3~0.4m，几分钟后，卵粒即变成胶质小球粒形浮于水面或附着在水草上。对产出的蛙卵可根据卵盘大小、卵粒直径和吸水状况等鉴别其质量，成熟不良的卵，卵盘分散，平均卵径较小，色泽不鲜艳或呈大团，吸水不分开，这种卵往往受精率低。成熟卵的卵盘分布均匀，吸水膨胀快，卵盘较大，卵粒大小整齐，卵径较大，动物极呈青黑色，有光泽，受精率高。如卵色暗而无光泽，胶质黏性不强，下沉于水底，为过熟卵，这种卵受精率低。

自然产卵受精时间多集中在黎明，并持续到早上，个别在中午12：00以前，雨天产卵较少，一旦生态条件不合适，则会出现滞产和难产，当卵子在输卵管或泄殖腔中滞留时间过长，则会造成卵胶膜浓缩，形成不能分离的团状而难于产出，即使产出也成团状，不能受精，这种蛙需人工助产即催产。

一只生长发育良好的雌蛙，每次可产卵9000~10000粒，有的可高达2万粒。

### （二）人工催产与人工授精

牛蛙在正常情况下可自然繁殖，即自行抱对、产卵和受精，但有时因气候等原因或牛蛙生长发育不良，体质衰弱而不能顺利产卵和受精，或需提早产卵或大规模生产要集中产卵以获得规格一致的苗种，均可进行人工催产和人工授精。

#### 1. 人工催产

人工催产主要是注射激素类药物，常用的药物是绒毛膜促性腺激素（HCG）、促黄体素释放激素类似物（LRH-A）及成蛙的脑垂体。

摘取脑垂体及其注射液配制的方法：用剪刀剪开蛙的二口角，从口角后缘将头剪下，蛙头剪断处露出一骨孔，将蛙头腹面翻转向上，用剪刀下半片的尖端伸入枕骨大孔，斜向眼球左右各剪一刀，用镊子翻起剪开的副蝶骨片，即可见到腹脑面神经交叉后面有一堆白色物，其中有一粒粉红色的半粒芝麻大的颗粒，这就是脑垂体。用镊子将其取下来，放在盛有1~15mL蛙类生理盐水（0.7%）的玻璃皿中，将注射器套上大号针头，或不套针头，将脑垂体和水吸入注射器中，然后换上中号针头，把注射器内水分和垂体挤出来，使脑垂体破碎，再换上更小的针头，将垂体与水分吸入，再挤出来，如此反复数次就制成了脑垂体悬液，可供注射用。也可将脑垂体研磨，加入生理盐水混匀后，取上清液使用。催产药物的使用方法是：一般体重350~500g的种蛙，每1000g体重用蛙脑垂体6~8个，加LRH-A 25μg，或HCG 600IU，也可单用

LRH-A 30 μg/1000g,HCG 1200IU/1000g,各种药物均用生理盐水作稀释液。药物的用量大小和水温高低有关,温度低,蛙体大,剂量可适当大一点,雄蛙一般不注射,但为促进雄蛙抱对,可注射雌蛙量的一半。注射方法有腹腔、皮下和肌肉注射等。腹腔注射时,术者右手握住雌蛙,在其腹部下 1/4 处,按 45°角倾斜进针,穿过皮肤和腹肌,注入药液即可,切忌过深,以防伤及内脏。皮下注射时,针头从大腿背部插入皮肤,并伸向背侧的皮下组织注入药液,肌肉注射的部位同皮下,但针头必须深入腿部肌肉。

经过上述处理过的蛙可放入产卵池中,一般 48h 即可产卵。也可人工采卵,即将雌蛙背部朝着右手心,使人的手指部分刚好在蛙前肢的后面握住,另一手抓住后肢。尤其对大的牛蛙应使其伸展,然后用左手从蛙体由前向泄殖孔轻轻挤压移动,即可使卵排出。若仍无效,可进行第二次注射催产药物,但药量应比第一次适当减少。

2.人工授精

在生产或科研工作中,常需要将获得的卵子进行人工授精。方法是当采得卵子的同时,立即将雄蛙麻醉或杀死,剖开其腹部,取出精巢,放在滤纸上滚动,除去血液及其他黏附物,在小研钵或培养皿中剪碎精巢,然后加入 0.5g 生理盐水或池水 15mL,静置片刻后倒在卵子上,用尾羽轻轻搅拌,使精卵充分接触,搅拌 1～2min 后,放入孵化容器内进行孵化。

(三)影响产卵的主要因素

在生产实践中常发现牛蛙不产卵或产卵推迟现象,这主要与下述因素有关。

1.水温　牛蛙只有在水温稳定在 20℃以上时方开始发情产卵。水温偏低,产卵时间延迟,水温如超过 33℃,种蛙一般不再产卵,也不大声鸣叫。

2.营养状况　营养正常的性成熟蛙,在外界环境条件适宜时就会发情产卵。如营养不良,蛙体消瘦,其产卵时间要推迟 15～30d,甚至不产卵。但在高密度的人工饲养条件下,蛙体脂肪堆积过多,这类蛙也往往不产卵,如停食一段时间,则可能产卵。

3.水质状况　种蛙产卵最好的水质条件应是水质清新,水中有机物质含量少。如果此条件适合,产卵时间提早;如果不适宜,则会推迟产卵时间,水中缺氧,种蛙往往离开水体到岸上有水草的地方产卵。

4.环境状况　产卵池应保证一定大小的水面和足够的陆地。产卵池太小,会延迟产卵时间,放养密度过大,造成互相干扰,也会推迟产卵时间。另外,池周围陆地有野草,池边有水草可供蛙卵附着,则产卵时间也较早,反之,也会使产卵时间延迟。

5.种蛙转入产卵池的时间　在产卵季节,应尽早将种蛙转入产卵池,让其早适应,早产卵,种蛙入池太晚,由于需要一定时间适应新环境,产卵时间自然会推迟。若产卵季节经长途运输从外地引入种蛙,更应及早入池,否则种蛙可能推迟产卵甚至不产卵。

6.疾病　牛蛙患病时不仅影响生长,而且发情、产卵等均不能正常进行。因此,凡引起疾病的很多原因均可能影响牛蛙的繁殖过程。强行对病蛙进行人工催产将会加剧病情,只有消除病因,促使病蛙尽快康复,才有可能使牛蛙繁殖。

# 四、人工孵化

(一)牛蛙的胚胎发育特点

牛蛙的卵为圆形,直径 1.3～1.6mm,动物极呈黑色(约占 3/5),植物极为乳白色,刚产出的卵浮在水中,有的植物极在上,有的动物极在上。卵子受精后,细胞质开始流动,卵黄偏于植物极,使植物极较重而转向下方。因此,受精卵经过一段时间能自动转位,使动物极全部在上。如植物极仍在上的,则为未受精卵。

牛蛙的胚胎发育是指由受精卵开始发育到两鳃盖闭合、外鳃完全消失、仍以卵黄为营养的蝌蚪时期为止(从严格意义上讲,上述过程只能称为早期胚胎发育。蝌蚪经生长发育后变成幼蛙,然后达到性成熟等发育过程,通常称为胚后发育)。其过程可分为 24 个时期。

下面分 5 个阶段介绍这一过程的特点:

### 1.卵裂阶段

即受精卵经过多次分裂形成一个多细胞胚体。这一阶段特点是受精卵分裂、本身不生长,分裂的次数越多则细胞体积越小。

第一次卵裂为纵裂,即从动物极开始经过植物极将受精卵分为 2 个分裂球。第二次卵裂为纵裂,把 2 个分裂球分成 4 个体积相等的分裂球。第三次为横裂,把 4 个分裂球分成 8 个,靠近动物极的 4 个较小,位于植物极的 4 个较大。第四次为纵裂(两个纵裂面),形成 16 个细胞,但分裂球的形状已不是均匀一致的。第五次为横裂(两个分裂面),形成 32 个细胞的胚胎,共四层,每层八个。从此次分裂起,以后的分裂就不同步了,也失去了细胞排列的规律性。

### 2.囊胚阶段

从第六次卵裂开始,由于动物极细胞分裂快,植物极细胞分裂慢,在动物极一端出现囊胚腔,并随着细胞分裂而迅速增大,腔内充满液体(剖开才可见)。

### 3.原肠胚形成阶段

囊胚的细胞继续分裂、生长,动物极细胞向下包围植物极细胞(外包),植物极细胞内陷,最后动物极细胞将植物极细胞全包,形成一个空腔即原肠腔。原肠腔是未来的消化道。其开口即为将来肛门的位置。这时的胚胎称之为原肠胚。

### 4.神经胚形成阶段

原肠胚背部的外胚层细胞加厚形成神经板。神经板两侧增厚并隆起形成神经褶,最后靠拢合并成为神经管。同时胚前后拉长,后期胚体长约 2.4mm。

### 5.器官发生阶段

从尾芽期起,前面阶段所形成的胚层开始分离而成为初级器官原基,进而形成固定的次级器官原基,开始明显分出各种组织,各器官逐步分化定型。

至心跳期胚胎大部分孵化出膜。人工孵化关注的重点就是从受精卵到蝌蚪孵化出膜的这一过程及其所要求的条件,然后采取相应的技术措施来促进和保证这一过程的顺利进行。

蝌蚪孵化出膜后,胚胎的发育仍在进行,外鳃、口唇、眼角膜等器官仍在分化之中。

## (二)影响胚胎发育的因素

受精卵的胚胎发育,首先决定于卵子的质量,而适宜的外界条件对于胚胎发育也是不可缺少的。对胚胎发育影响较大的因素有:

### 1.水温

温度是牛蛙胚胎发育的控制因素。一般地,水温在 25～30℃最适宜孵化,卵经 2d 左右即可孵出小蝌蚪。水温在 18～33℃胚胎能正常发育,但所需时间随温度的升高而缩短,即温度升高,发育速度随之加快。18～20℃约需 4d 才能孵出;22～25℃约需 8d 孵出;水温 28℃时,从受精到脱膜只需 2d 时间。水温低于 18℃或高于 35℃,则造成胚胎畸形,水温低于 15℃或高于 37℃,则胚胎不能发育,孵化率显著降低。

长江中下游一带,牛蛙一般在 4 月下旬开始产卵,5 月上、中旬进入产卵高峰期。这段时间气候多变,要使环境温度经常保持在最适孵化温度是困难的。因此,在繁殖季节,特别是繁殖早期,宜在孵化池上加盖塑料薄膜等保温设施,以避免夜晚和寒潮的低温影响,保证孵化水温维持在 25℃左右(气温高的晴天可在中午前后揭开塑料薄膜,以免温度过高)。在炎热的夏季孵化牛蛙,宜对孵化池采取遮阴等措施,以防水温过高。

2.水质

孵化用水要求清洁,不含有毒物质,有机物含量低,pH 为 6.5～7.5。否则,会影响牛蛙的胚胎发育。一般池塘、江河、水库等未污染的水可用于牛蛙孵化。但要通过勤换水或流水方式来降低和排出水体中的有害物质,保持水质良好,同时使水体中的 DO 得以恢复,此外,水中盐度应在 0.2%以内。氯对受精卵有致死作用,故不宜用自来水。

3.溶氧

牛蛙的胚胎发育在水中进行,其呼吸作用是通过卵膜与周围的水体进行气体交换实现的。其耗氧量较大,耐缺氧的能力差,并且随着胚胎发育,耗氧量逐渐提高。在蝌蚪出膜以前,水中相对溶氧量一般应保持在 $340g/m^3$ 以上;如果低于 $200g/m^3$,胚胎就不能正常发育,甚至死亡;低于 $120g/m^3$,胚胎完全停止发育而死亡。在蝌蚪孵出至鳃盖完成期以前应保持在 $500g/m^3$ 以上。

4.机械震荡

牛蛙卵外面的胶膜充分吸水膨胀后变得稀薄,弹性很差,卵块容易黏结成团,卵块受搅拌、震荡等机械作用力都会使牛蛙胚胎受损,内部结构移位,致使胚胎畸形或降低孵化率。但只要小心操作,使卵和胚胎内部结构不致受损,牛蛙的受精卵和早期胚胎可以搬迁异地孵化,不会引起发育异常。

5.敌害生物

牛蛙在孵化过程的胚胎,易被野杂鱼、蛙、水生昆虫等生物所吞食,因此,应特别注意防范。

此外,牛蛙胚胎发育过程中应使卵块浮于水中,防止其沉入水底,以确保胚胎发育所需的氧气和光照条件。保证孵化中的胚胎接受自然光照,其中的白光和黄光对胚胎正常发育十分重要。

(三)孵化设备

牛蛙卵的孵化可建造专门的孵化池,也可在池塘等水体内设置孵化网箱或孵化框进行孵化。

孵化网箱用 40 目/$10^{-4}m^2$ 聚乙烯纱网固定在网箱架上做成,其长、宽、高分别为 0.1～0.15m,0.7～1m,0.5～0.8m。孵化前,先在箱内盛卵,然后将箱沉入适当水体孵化,箱底入水深 0.1～0.2m。

孵化框的形式基本上和孵化网箱相同,只是用 0.015～0.02m 厚的木板钉成 0.3～0.4m 高的框架,框底用 40 目/$10^{-4}m^2$ 聚乙烯网钉紧。孵化时盛卵浮于池中,入水深度 0.1～0.15m。

如果卵少,也可用缸、盘、盆等容器盛水(水深 0.05～0.1m)孵化。

(四)孵化技术

1.采卵方法

在产卵季节,应坚持巡池,及时发现并收集卵块转入孵化器内进行孵化。采卵时,先剪断黏附着卵块四周的水草,最后剪下卵块下面的水草,然后用光滑的盆、提桶等容器将卵块与附着水草及适量水一同移至孵化容器中。如果卵块过大,可剪成若干块,分次搬运。在采卵时应主要注意如下几点:

(1)不能用手抓或用网具等粗糙物捞运蛙卵。

(2)倒卵时,动作应轻,高度应低,否则孵化率极低。

(3)不能将不同产时期的受精卵装入同一孵化容器内孵化。

(4)不能使受精卵块成堆,否则处于中心位置的受精卵会因缺氧而停止发育。

(5)卵块在搬运和孵化时,应使动物极(色较深)朝上,利于吸收热能,植物极朝下。

(6)不能将水搅浑,泥浆水有脱黏作用,被泥浆水浸过的卵粒,其胶质膜溶解后便沉入水底而停止发育。

**2.孵化条件及管理**

当受精卵在孵化器中正常孵化时,只要条件适宜,约2d后蛙卵即出现摇动,3~4d可孵化出蝌蚪。发育过程一般要经过卵裂期、囊胚期、原肠胚期、神经胚期、尾芽期、出膜期等阶段。刚孵出的小蝌蚪不会取食,常吸附在溶化的卵胶膜或水草上,依靠卵黄为营养,4~5d卵黄被耗尽,外鳃退化为内鳃,肠道发育完全,能摄食外界的藻类、米糠、麦麸等食物,约经10~15d长成约0.03m后即可从孵化池移入蝌蚪池内饲养。为了保证受精卵有较高孵化率和在孵化池内正常发育,应尽量注意和提供所需条件。

(1)温度。牛蛙胚胎发育的温度为18~33℃,最适温度为22~28℃,发育快慢与温度高低关系密切,温度较低,胚胎发育所需时间就长。水温高于37℃或低于15℃,胚胎不能发育,低于18℃或高于35℃,畸形率显著增加,为满足受精卵对温度的要求,应做好孵化池的防寒保温和遮阴防晒工作。

(2)pH。孵化池水的pH应保持在6~8,高于8或低于6时,胚胎在30~80min即可死亡。

(3)DO。蛙卵发育过程耗氧量大,水中DO最好保持在300~400g/m³以上,DO低于200g/m³,胚胎不能正常发育。

(4)水质清新。水中有机物质含量应低,不能含有毒有害物质。在孵化期间,孵化池或插网箱的水体禁止施肥。水质较差时,可通过勤换水或流水方式来降低孵化过程中胚胎代谢物及卵块胶膜的腐败物浓度。

(5)防止敌害生物和物理因素的影响。孵化期间,应严防鱼、蛙、水生昆虫等生物进入孵化池或容器中伤害蛙卵或蝌蚪。还应遮雨防风,防止卵块被打散后受损下沉,影响胚胎发育。

在孵化过程中应做好记录,以便积累经验。应记录孵化温度、入孵(产卵)时间、出孵时间、入孵卵数、受精卵数、孵化的蝌蚪数等。

卵粒数可用体积或面积来估计。用体积估计的工具是一个500mL的量筒和一个10mL的量筒。将卵块用捞子滤出游离水分后,倒入大量筒测得总体积,再取出卵块的一小部分用小量筒测得其体积,精确计数其卵粒数,求得单位体积卵块的卵粒数,据此可估计总卵粒数。

用面积估计则首先尽可能精确地测得卵块的总面积,并从中选取卵粒分布密度适中的一小块面积实际计数卵粒数,求得单位面积的卵粒数,并据此求出总卵数。

在计数单位体积或面积卵粒数时可同时计数未受精数。受精卵植物极(乳白色)朝下,动物极(青黑色)朝上。未受精卵则两极朝向并无一定。若浮于水中的卵块,凡植物极朝上的卵粒都是未受精卵,人为将卵块颠倒上下方位,经过一段时间后植物极朝上的卵粒也是未受精卵。

蝌蚪数量可用体积或质量估计，原理同卵粒数的估计。即先测得总体积或质量，从中取有代表性(蝌蚪分布密度适中)的少部分，实际计数并获得单位体积或质量的蝌蚪数，据此估计蝌蚪总数。

受精率(％)＝受精卵数×卵粒总数×100

这一指标可反映种蛙选择、培育等的状况。

孵化率(％)＝出孵的蝌蚪数×受精卵数×100

这一指标可反映收集、搬运、投放卵块及孵化管理的好坏。

3.出孵和出苗

牛蛙胚胎发育至心跳期，胚胎即可孵化出膜，即孵化出蝌蚪，这一过程即为出孵。刚孵出的蝌蚪全长 5～6.3mm，幼小体弱，以吸收卵黄内营养为生，并不会取食，游动能力差，主要依靠头部下方的马蹄形吸盘吸附在水草或其他物体上休息。因此，刚孵出的蝌蚪不宜转池，不需投喂饵料，不要搅动水体以便其休息。蝌蚪孵出 3～4d 后，两鳃盖完全形成即开始摄食，从此可每天投喂蛋黄(捏碎)或豆浆，也可喂单细胞藻类、水蚤类、草履虫等。

蝌蚪孵出 10～15d 后，即可转入蝌蚪池饲养或出售，即出苗进入蝌蚪培育阶段。

# 第三节　牛蛙的人工饲养

## 一、蝌蚪的饲养管理

蝌蚪孵出后以吸收卵黄囊营养为生，此时不必投饵，3d 后应喂少量蛋黄，以后便能吞食藻类、米糠等饵料，当长至 0.03m 长后(10～15d)可移入专门的蝌蚪池内进行培养，也可在网箱内饲养，由于蝌蚪阶段全部生活在水中，既能利用池中的浮游动物作食物，又能摄食人工投放的饵料，因此对水质、饵料种类和投饵方式都有特定要求，加之蝌蚪生长速度较快，蝌蚪池中的密度也应有相应变化，现将蝌蚪阶段的主要饲养管理方法分述如下：

### (一)蝌蚪放养的主要环境条件

1.蝌蚪池或网箱的规格与要求

蝌蚪池水源应充足，注排水方便，水质无污染，池形规整，培育小蝌蚪阶段面积以 40m² ，水深 0.6～1m 为宜，大蝌蚪阶段以 100m² ，水深 0.8～1.2m 为宜。池周砌墙以防天敌，池上搭棚或种植葡萄苗以遮阴，池内可放养少量水浮莲等供蝌蚪栖息。此外池壁坡度宜小(约 1∶10)，以便蝌蚪吸附其上休息和变态后登陆。蝌蚪池内可设立临时将池子分成若干个小池的隔离装置，以备大小蝌蚪分级饲养，或者在一个场内有足够数量的独立蝌蚪池。

网箱由聚乙烯网片缝合而成，面积以 5～10m² 为宜，网目应大小适宜，一般 10～30d 时，网目为36～100 目/10⁻⁴ m² ，30d 至变态时可用 16 目/10⁻⁴ m² 。网箱可用敞口式或加盖密闭式，入水深度为 0.6～1m，无论何种方式均应能防止蝌蚪或变态后的幼蛙跳出或钻出网箱，网箱内也应放养水浮莲或凤眼莲以作遮阴、蝌蚪吸附休息或隐蔽的地方。

2.清池消毒、培肥池水

已使用较久的蝌蚪池应在放养前一个月将池水排干，挑走淤泥，并用生石灰、漂白粉等消毒，杀灭病原体和敌害生物。如果饲养蝌蚪以天然饵料为主，还应提前培肥水质，让蝌蚪入池能获得量多质好的适口饵料。培肥池水的方法是：在蝌蚪放养前 3～5d 用腐熟粪肥 300kg/

$667m^2$，或杂草$400kg/667m^2$沤肥培育，3～5d后浮游植物逐渐增多，5～7d后，浮游动物大量增殖，蝌蚪入池便有大量适口饵料。如果水质已培肥，则颜色为黄褐带绿，混浊度较小，水中硅藻、金藻、黄藻较多，还有部分绿藻。此外，黄褐色、混浊度较小、油绿色、混浊度较小均为肥水，前者水中主要含硅藻，后者则主要含隐藻和绿球藻，一般用发酵后的粪肥水施于池水中多呈此种颜色。若为瘦水，水较透明；较肥水，则呈草绿带黄，较混浊；病水，为红色带棕，混浊，水中含有大量的红色甲藻，蝌蚪吃后不消化，且污染水质，使蝌蚪中毒，对此种水应及时清池，调整水质。

**3.水体的其他条件**

水体应深浅合适，一般保持$0.4～0.6m$深，如果是小蝌蚪或水温较低时，水位宜低，相反则应高，水中DO应高于$300g/m^3$，盐度小于0.2％，pH为6.6～8.2。

**（二）放养蝌蚪时的注意事项**

（1）蝌蚪入池前要在孵化池培育10d以上，体长最好达$0.03m$规格，否则容易死亡。

（2）蝌蚪入池前一定要试水，避免残留消毒药物等对蝌蚪的毒害。方法是，从池中取一盒底层水，放几十尾蝌蚪试养1～2d，如正常蝌蚪则可大批量入池。

（3）检查池中是否藏有敌害生物，一旦发现，应及时清除，并有防止再度进入的措施，否则，蝌蚪不能入池。

（4）放养池的水温应与蝌蚪原所在孵化池的水温相差不超过3℃，否则会使蝌蚪不适或导致死亡。

（5）蝌蚪入池前应投喂定量饵料，即每3000尾蝌蚪喂一个蛋黄，以提高其成活率。

（6）控制入池蝌蚪的密度，一般10～30d，$500尾/m^2$，30d以上者$100～150尾/m^2$为宜。

**（三）蝌蚪培育过程中的日常饲养管理**

**1.投饵技术**

**（1）饵料种类**

蝌蚪对动物性与植物性饵料不加选择都能摄食。如麦麸、米糠、糖饼、豆饼、菜籽饼、稀饭、豆浆、豆渣、玉米粉、鱼粉、鱼虾、动物内脏以及瓜果、蔬菜等植物性饵料均可，但蝌蚪对不同饵料的喜好也不同，经常更换饵料，可使蝌蚪增加食欲，提高饵料利用率，获得较全面的营养，长期吃单一饵料，蝌蚪发育不良，故可采用人工配合饵料投喂。由于蝌蚪口小，较大的饵料还应切碎或粉碎后投喂。凡腐烂、变质的饵料均不能饲喂。干性粉末饵料拌湿后投喂，防止在胃肠内发酵产生气泡病。此外，饵料种类与蝌蚪的生长发育关系很大，现已证实，饲喂充裕的高蛋白动物性饵料，可以缩短蝌蚪的变态周期，提早性成熟，而植物性饵料可促进蝌蚪生长，因此这两类饵料应合理搭配。有人认为，7～30d蝌蚪的动物性饵料要占80％左右，30d至变态，动物性饵料占45％左右，植物性饵料约占55％。

**（2）投饵方式**

投饵方式可以是全池均匀泼洒（如培养的浮游生物、豆浆等），也可以每2000～3000蝌蚪设一个面积$1m^2$左右的饵料台。饵料台有利于观察摄饵情况及清除残饵。

**（3）投饵量的控制**

投饵与水温、蝌蚪日龄、体重成正比关系，并受外界环境条件的影响。一般来说，一周龄蝌蚪可按体重的5％投喂豆浆、玉米粉等，10d后投饵量增加至8％～10％，30d以后投饵量为$210～1200g/$千尾。如投下的饵料很快即被吃完，就应增加投饵量；反之，如每天都吃不完，则应减少投饵量,投饵次数一般 1~2 次/d,上午 9:00~10:00,下午 16:00~17:00。投饵量与投饵次数均应灵活掌握,如池中浮游动植物多的,应少投饵;蝌蚪一旦长出前肢,则以吸收尾部为营养,尾部开始萎缩,此期间饵料可减半,有雷阵雨时要少投或不投饵,早晨蝌蚪浮头特别严重,甚至出现个别蝌蚪死亡时,要控制投饵。

**2. 分级饲养**

大小蝌蚪间也存在残食现象,在密度较大和食物来源不足时,大蝌蚪残食小蝌蚪现象尤为严重,因此,应每隔 3~5d 或根据蝌蚪规格大小明显悬殊的状况,及时分池饲养。

**3. 控制水温水质**

蝌蚪的最适水温为 23~30℃,35℃以上影响生长,38~40℃时全部死亡。因此,发现水温高于 35℃,则要及时换水,最好用无毒井水调节,换水量为 1/4~1/2,以防止水温差异太大。池水始终应符合蝌蚪生长发育的需要,pH、DO 维持在所需范围内,严防水质变坏或污染。发现水面有悬浮杂物、浮膜、死蝌蚪应及时捞出,并在饲养期间每周加注新水一次,每次升高水位 0.10m 左右。及时清理饵料台,并定期对池水和饵料台等消毒处理。

**4. 控制变态**

在正常情况下,蝌蚪经 70~80d 饲养可以完成变态,此时应及时将其转入幼蛙池饲养,并按幼蛙的饲养管理方法饲养。凡是 3~6 月孵出的蝌蚪当年可全部变态成幼蛙,7 月中下旬以后孵出的由于后期温度逐渐下降,难以完成变态。如果勉强变态,则个体较小,体质较弱,难以顺利越冬。因此,繁殖较迟的蝌蚪应尽量控制其变态,以蝌蚪形式越冬,到次年 3~4 月份完成变态,此种越冬蝌蚪由于生长充分,个体较大,变态后的个体也大,体质好、摄食能力强,只要有大量适口饵料投喂,其生长速度往往超过越冬前变态的幼蛙。此外由于蝌蚪比幼蛙容易越冬,因此同批蝌蚪的成活率自然也大有提高。

控制蝌蚪变态的主要措施是:

(1)高密度饲养。当蝌蚪长到 0.03~0.04m 时仍不分池,在较小的生长空间内,蝌蚪变态时间相应推迟。

(2)控制投饵。高密度饲养条件下,势必引起蝌蚪的饵料不足,为缓解这一矛盾,可投一些植物性饵料,但必须控制其投饵量。这也可推迟变态时间。

(3)控制温度。在有条件时降低水温,如注入井水,这样可减慢蝌蚪生长速度,延缓变态时间。

**(四)蝌蚪的越冬管理**

蝌蚪比幼蛙和成蛙的耐低温能力强,致死温度为 0℃。只要池中有水,一般能安全越冬。为提高越冬期内蝌蚪的成活率,应注意以下事项:

**1. 使池水保持在 1m 以上**,这样底层水温仍可保持 3~5℃,即使表层水结冰、积雪,蝌蚪也能安全越冬。

**2. 做好补水、增氧工作**

如水位下降、底层污泥发酵而缺氧时,应及时注水、充气,或在越冬前清除污泥以减少耗氧。如冰封期较长,应及时向水中增氧,如无增氧设备,则可在冰面上挖掘一定数量的冰洞,并经常清除新冰块,使冰下水与空气接触,增加池水的 DO。如冰面上有积雪,应经常清扫,以增加日光透射,使适于低温的浮游植物生长繁殖,通过光合作用增加水中 DO。

**3. 加注井水或搭塑料薄膜棚保温**

井水的温度在冬季约为 17℃,因此可用井水调节水温,使之保持在一定范围内。塑料棚有保温作用,且可受阳光照射而迅速升温,故可使蝌蚪安全越冬。不过在此种越冬条件下,蝌蚪并非处于完全冬眠状态,尤其是在晴天水温升高时,蝌蚪也会活动和摄食,因而应进行人工投饵,以增强其抗寒能力和促进生长发育。

4.温泉水及人工加温越冬

温泉水能使蝌蚪池水温升到15～30℃,若建成可恒定温度的温室,蝌蚪则可在此条件下正常生长发育、变态,但必须保证有足够的饵料。目前常见的人工加温方法(工业余热水、锅炉及其他热源等)已使蝌蚪和各种规格的牛蛙不仅能安全越冬,而且在低温季节能正常生长发育。

## 二、幼蛙与成蛙的饲养管理

牛蛙变态后,能上陆地生活,且食性也发生了变化,不再捕食不动的饵料,只能摄取活食,因此,人工饲养必须掌握此特性,变态后立即驯食,使之养成食死饵料的习惯,以保证规模养殖时有充足的饵料供应。此外,由于人工投饵,沉入水下的饵料不再被牛蛙摄食,加上蛙的排泄物和其他代谢产物增多,养殖水体极易变坏,进而影响牛蛙的生长发育,因此,变态后的牛蛙饲养管理与蝌蚪阶段有明显区别,但幼蛙与成蛙的饲养管理方法基本相似,现一并扼要介绍。

(一)饲养管理的要点

1.幼蛙与成蛙对养殖场地的要求

(1)养蛙池的位置、水源和水质。牛蛙喜欢安静、隐蔽的场所,因此,蛙池应选在较为安静的地方,而且应水源充足、清洁、无污染、排灌方便。

(2)养蛙场应大小适宜、结构合理,并采用野外精养方式,可因地制宜决定场地大小,如果人工建造精养池,则应小而多,以便有足够的池用于分级饲养,每池大小可几平方米至数十平方米不等。防止漏水,注排水方便,排水口低于注水口,建造水泥池时,池底应光滑,防止牛蛙擦伤,池深约1.2～1.5m。

(3)应有遮阴、隐蔽和陆栖生活的条件。野外放养,牛蛙易于找到此种条件。而人工构建的精养池应搭遮阴棚或池周围栽种葡萄,池中可放养水浮莲等植物,既利于牛蛙隐蔽、栖息,又可改善水质。如果水中有饵料台、无陆地或其他栖处,则应降低池中水位,使牛蛙能落于池底,切忌使牛蛙长期浮于水中,消耗体能,不利于其生长。

(4)建筑围墙。牛蛙善跳、游、钻、爬,故必须设置防逃围墙,同时围墙有防止天敌入侵的作用。

2.驯食

牛蛙变态后只能摄取活食和运动着的饵料,这是牛蛙两眼间距较大,不能形成双眼视觉的原因,牛蛙的这一食性保证了牛蛙摄取食物是新鲜的,这也可能是自然条件下和野外放养时牛蛙很少发病的原因。但是,牛蛙的这种食性限制并不很严格,人们通过一定的方法可使牛蛙摄食死饵,这种食性驯化对于大量养殖牛蛙是十分重要的。常用的食性驯化方法有如下几种:

(1)以活食带动死食

将小杂鱼(体长不超过0.02m,体高不超过0.005m)或小泥鳅或蝇蛆或其他活饵料置于饵料盘内,再在盘内同时放入与活饵形态、大小基本类似、适口性好的死饵,使饵料盘一半沉入水中,一半露出水面,使饵料刚好接触水面,水深度适宜,过深则死饵难于被带动,过浅则小杂鱼等易于死去,由于活食的活动与挣扎可带动盘中人工饵料(如鱼条、动物内脏、颗粒饵料等),牛蛙见饵料处于动态之中,即会当作活饵而吞食,当很多牛蛙发现时,便会一拥而上抢食、争食。此种方法驯食,应逐步减少活食,增加死食,最后完全采用人工静态饵料。整个驯食过程10~15d。

此外,用昆虫也可驯食,方法是:在饵料台上0.3m处安一盏紫外灯或黑光灯(30~40W),也可用60~100W的白炽灯,傍晚时分开灯,可诱引昆虫落入加有静态饵料的饵料台中,既可带动死饵料被牛蛙摄食,又可补充饵料不足。

(2)以动带静

凡采用除活饵料的各种方法使静态饵料出现动感的驯食方法均属此类。例如:在饵料台上装制一个不停活动的震动器,可带动静态饵料,此法较复杂,成本较高;有人在饵料台上方吊一个能一滴一滴滴水的水桶,水滴会使静态饵料出现动感而达到驯食的目的;将饵料台建造一定的坡度、牛蛙捕食或运动时会使死饵滑动而被采食;浮性饵料由于质轻、浮性好、人工刚投入水中时,易被牛蛙误认为活食而吞食,当牛蛙多次尝到此饵料的美味后,只要坚持定时、定点投饵,牛蛙也会养成摄食死饵的习惯,此外,还未驯食的与占总数量约五分之一已驯食好的牛蛙同池饲养,由于受已驯食蛙的带动,也可使未驯食蛙摄食静态饵料。各种方法中,只要能调动部分蛙的运动,便会促使水动、饵料动,其结果无疑又会促进牛蛙的摄食运动。经过一段时间的驯化,牛蛙便可形成条件反射,摄食静态饵料。根据此原理,养殖者也可设计适合本地条件的驯食方法。

要使驯食获得成功,还应注意以下事项:

(1)驯化池不宜过大,池底应有一定坡度,无任何隐藏物,只设饵料台,以迫使牛蛙接受驯食。

(2)驯食时间宜早,在变态后便进行,这样易于建立起条件反射,成功率高。

(3)死饵料大小应适宜,以幼蛙一口吞下为宜,最好是浮性饵料。活饵料也应根据大小而有所选择,刚变态的幼蛙个体小,不能吞食鱼苗,最好用蝇蛆等。

(4)驯食应定时、定点,经过一段时间后,这将成为牛蛙进食的条件反射。密度也应适宜,放养20g左右的幼蛙,以50~150只/m²为佳。

(5)幼蛙一旦驯食成功,应长期坚持,因为幼蛙对驯食的记忆力不牢固。不宜频繁变化饵料,牛蛙对不适口的、未适应的饵料有拒食现象,有时候即使吃了也会吐出,如欲改变饵料,最好是每次少量更换,逐步过渡到适应新饵料。

3.幼蛙和成蛙的放养密度和分级饲养

无论已驯化或未驯化食性的牛蛙,均应按个体规格大小,分池饲养,密度适当,一般来说,体重100g以下的幼蛙,可放养100~200只/m²,而100g至性成熟时,可放养20~80只/m²。

4.日常饲养管理

(1)定时、定点、定量投饵。幼蛙爱活动,吃食无定时,故1天上、下午各喂一次。成蛙一般白天吃食少,晚上觅食多,可在每天黄昏时投饵一次。但在夏天,尤其是投喂漂浮性不好的饵料时,由于饵料易于腐败和沉入水中,无论幼蛙、成蛙均应少量多次投喂,以2h内能吃完为度。每天的投饵量(鲜活饵)为体重的5%~15%,折合干料为1%~3%,饵料台应入水深浅合适,并离开池边一段距离,以免活饵料等爬上陆地。饵料台应按蛙多少和池大小配备合适数量。

(2)保持牛蛙良好的生活环境。夏季高温季节,应防止强烈日光照射,水温应用井水或水库低层水调控在一定的范围内。尤其应注意及时换水,清除水中以及饵料台上的废物,保持水质清新。坚持巡池,密切注意蛙的摄食量是否正常、检查蛙的活动状况和其他健康状况,并进行必要的消毒和药物预防。在良好的饲养管理条件下,刚变态(5～15g/只)的幼蛙在饲养期内,日增重可达 1～2.5g 不等,经一年时间,可达 400～750g。

### (二)幼蛙与成蛙的越冬管理

在气温降到10℃以下时,牛蛙便开始冬眠,此时的牛蛙新陈代谢减慢,体温下降,停止摄食和运动,完全蹲伏在土缝或池底,直至次年春季温度升高到10℃以上,才开始苏醒。漫长的冬眠期给牛蛙越冬带来了很大困难,易造成大批死亡。造成冬眠期死亡的原因是多方面的,一是由于冬眠期牛蛙不摄食,所消耗的营养和能量全靠消耗体内所储蓄的脂肪和蛋白质等提供,如果越冬前牛蛙本身体质瘦弱,则抗寒和抗病能力必然很弱,容易死亡。牛蛙受冻致死的临界温度为0℃,0℃以下过久,则冰冻死亡,如果牛蛙所处越冬地点温度很低,或长时间冰冻,则无论体质强弱,均可能被冻死;此外,冬眠期的牛蛙容易被老鼠等敌害捕食,因此,提高牛蛙冬眠期成活率,应针对上述原因采取相应措施,主要的越冬措施有:

#### 1.增强牛蛙体质,提高其耐寒力

在越冬前 1～2 月,要加强对牛蛙的饲养,多投喂含蛋白质、脂肪的动物性饵料。以便在越冬前牛蛙体内储备有充足的营养,增强体质,具有安全越冬的抗寒力。在越冬期间,如遇气温回升到15℃以上,应及时投喂含蛋白质高的饵料,以补充营养。

#### 2.保护好牛蛙自然越冬场所

在自然条件下,牛蛙能自我选择越冬的地方,其选择原则是:避风、避光、温暖、湿润的场所,如养殖池周围的土洞,养殖池水底的淤泥;养殖场内凡足以藏身的石块、土坯、木板、草垛等。对这些地方,应有意识地做好防护工作,并经常关注越冬状况,及时改善条件。如牛蛙在水底淤泥中越冬,应使池水保持在 1m 深左右,如淤泥较浅,则可加放水草,并尽量避免水面结冰。发现敌害,及时清除。发现红腿病等疾病,应及时防治。

#### 3.人工创造越冬场所

(1)洞穴越冬　在蛙池四周挖掘松土,并在向阳避风,离水面 0.2m 的地方挖几个直径0.13～0.2m、深约 1m 的洞穴,洞穴保持湿润,但不能让水淹没洞穴,也可在池四周用砖、石块人为地搭设一些洞穴,洞内铺上软质的杂草,让数十只甚至上百只牛蛙互相保暖越冬。人为地堆放一些稻草、麦草垛于养殖场内,牛蛙也会钻入草垛底下越冬。

(2)塑料棚越冬　在牛蛙池离水面 0.3m 处,覆盖塑料薄膜保护牛蛙越冬。也可在地上用竹木或钢筋搭成拱形或人字形棚架,棚顶距离地面约 2m,上盖两层塑料薄膜,与池边连成一密封的保温罩,周围用泥土将薄膜压严,若天气过于严寒,则可在薄膜上再盖一层草帘。晴天则掀开草帘使阳光射入增温,如果气温较高,则需揭开部分塑料薄膜,交换空气,降低温度,或者供应一些饵料,供牛蛙摄食。若在塑料棚内安装加热装置(如壁炉、地热线等),并灌注井水,就变成加温养殖,牛蛙不仅能安全越冬,而且能生长发育。

(3)缸桶越冬　当牛蛙数量较少时,可将牛蛙置于缸、桶内越冬。方法是:在缸或桶内装些泥土、中间高、四周低、呈馒头形。在低凹的四周适当加水,使高处土湿润,四周存有少量积水。牛蛙放入缸、桶中后,上盖水草或草皮,容器口盖以草帘或麻袋、棉絮,防止牛蛙外逃。缸、桶四用堆草保温。如果容器内温度过低,则可在其内安装一灯泡加温,或用塑料桶灌热水置于其内适当加温。

## （三）养殖方式

牛蛙虽原产于美洲，但我国广大地区的气候地理条件适于牛蛙生活，只要具有较好的水源，提供充足的饵料，有良好的栖息场所，牛蛙养殖一般都能成功。我国的牛蛙养殖几经兴衰，至今已积累了丰富的经验，建立了多种成功养殖方式。

### 1. 人工精养

这种方式是人工建池或利用天然坑塘、沟渠高密度放养，并主要以人工投饵饲养牛蛙的一种方法。常见有以下几种：

（1）土池养殖：土池可以是天然的池、沟、坑、塘，也可以人工挖池，无论何种土池，均应水源充足、无污染、不漏水，并建有防逃墙。放养牛蛙之前应清除敌害，并清池消毒，牛蛙的放养密度适中，有水生植物或其他形式的遮阴、隐蔽场所，有充足的人工饵料供应，并坚持"四定"投饵，放养的牛蛙已进行了成功的驯食，同一池中的牛蛙大小应基本相同，以防止大吃小、强食弱的现象发生。此种方式养殖牛蛙，疾病较少，成本低，且可在池边种植葡萄等经济作物，易于形成立体养殖。但在清池、换水、分级饲养上不如水泥池养殖方便。

（2）水泥池养殖：在易于漏水的地方建造蛙池，或高度集约化养殖牛蛙，一般多采用水泥池。在建池时，大小应适中，一般以 $10m^2$ 左右为宜。构造合理，如池底向排水口方向倾斜，利于排净废水；池底面应光洁，防止蛙被擦伤，各池应有单独的注排水系统，以防疾病传播和实施疾病防治措施，蝌蚪池池壁应有一定坡度，而成蛙池若无陆地时应无坡度，以防逃逸。水泥池养殖方式便于饲养管理，但一次性投资较大，且水质易于变坏，必须经常换水。

（3）网箱养殖：网箱养蛙是利用合成纤维网片，装配成一定大小的箱体，设置在适宜的水体中饲养牛蛙。此种方式优点甚多，如不需挖池建池，不需人工换水，投饵和捕捞均方便。因此，网箱养蛙也发展较快。但该方式应特别注意防逃，在河流中的网箱还应防止被洪水冲走，为此，网目宜小，缝合处严密，应有箱盖，最好采用双层网箱，网箱应固定牢固。由于饵料进入网箱易被水流冲走或被箱外野鱼抢食，网箱内设饵料台，并置于网箱中央，且饵料台能容纳牛蛙休息，网箱内应放养水葫芦作隐蔽物。网箱内蛙的个体大小相当，并经常分级。夏天高温酷暑时要搭设遮阴棚，冬季应采用合适的越冬方式。网目阻塞时，应及时清理。

（4）防空洞养蛙：牛蛙系水陆两栖动物，只要经常保持皮肤湿润，环境温暖，有充足的饵料，就能正常生长，根据这一特性，可利用防空洞养殖牛蛙。因为防空洞深入地下，是一个特殊的小生态系统，具有冬暖夏凉，气温、水温季节变化较小，昼夜温差小，空气湿度大等特点，是比较理想的养蛙场所，采用此方式养蛙应注意如下几点：

①水源应充足且无毒害，以冬季用井水，夏季用自来水或地面水为宜。蛙池废水应易于排出，能经常保持水质清新。

②有通风换气设施。

③保持良好的光照。可采用白炽灯作光源，用 $10\sim15W$ 的白炽灯泡 1 个/$m^2$，每天开灯 $12\sim16h$，也可日夜照明。

④放养密度合适。一般尾部刚消失的幼蛙 300 只/$m^2$，20g 左右的幼蛙约 150 只/$m^2$，然后逐步分池，300g 左右时以 40 只/$m^2$ 为宜。

⑤投饵应坚持设饵料台，定时、定量、定质，由于环境适宜，蛙食欲较强，应控制投饵量为蛙总体重的 $3\%$（颗粒饵料）或 $6\%\sim8\%$（鲜活饵料）。

（5）加温养殖 牛蛙在低温季节处于冬眠，生长停止。将牛蛙在人工加温控温的环境中饲养，则可打破冬季低温限制，能正常生长，从而延长牛蛙的生长期，缩短生产周期，该法是一种高效益养殖牛蛙的新方法。采用这种养殖方法必须具备一定条件和技术措施,但其中最为重要的是加温、控温和保温,如果使温度维持在牛蛙生长的适宜范围内,保证牛蛙养殖的其他饲养管理条件,此方式便可获得显著效益。

(6)立体养殖

立体养殖的对象很多,养殖模式可自行设计,这里介绍一种蔬菜、牛蛙、鱼类、葡萄立体种养新方式,其主要方法是,在水源充足的地方,每隔 1.5～2m 挖掘一宽约 1.5m,深 0.5～0.8m 水沟,水沟内放养牛蛙、蝌蚪均可,但应分池,用 1～2 条水沟养殖鲶鱼,水沟旁种植蔬菜和葡萄苗,在牛蛙池边齐水面处人工建造蛙洞,每隔 2～3m 建一个洞,池中栽种水葫莲等水生植物,夏天在池上方装上诱虫灯,冬天在池上方搭一个 0.3～0.5m 高的塑料棚,并将电灯移入棚内,每 2～3m$^2$ 用一个 40～60W 灯泡,这样便形成一个较小规模的立体养殖方式。在这种养殖条件下,牛蛙可吃来自蔬菜和诱虫灯招引的昆虫,又可人工投饵,其残饵可捞出喂鲶鱼,池中肥水被水葫莲、葡萄苗等利用,又可经常保持流水使水质不腐,葡萄、蔬菜又可供牛蛙遮阴,冬天可通过电灯加温,由于空间小,但有气孔,温度能上升,蛙的呼吸也不受影响,并能摄食,正常生长。因此,此种立体方式在较短时间内可达到蛙、菜、葡萄相互受益、全面丰收的目的。

2.牛蛙的半野生放养

此种养殖的特点是:饲养管理条件比较粗放,放养的对象多是变态后不久的幼蛙,且放养具有明显的季节性(多在 5～10 月),待牛蛙体重约 250g 时即可采收。此外,放养地的边界有围栏防逃设施,防逃设施可用价格较低廉的石棉瓦、尼龙纱网围栏等。

半野生放养的场地应选择在便于人工管理的农田区或农林混交区,这类环境植被丰富,昆虫繁盛,并且有充足的水源供给。稻田养蛙即属此种养殖方式,在此种放养条件下,牛蛙以大量的昆虫等活食为营养,在昆虫数量较少的地方,也可安装诱虫灯,如果密度大,食物仍不够,可适当投饵,此种养殖方式可使作物免受虫害损失,又可收获牛蛙。值得注意的是,养殖范围内不应施放对牛蛙有毒害作用的农药化肥,在缺水地方和北方稻田还应挖出深坑,存水 1m 以上,供牛蛙栖息和越冬。

# 三、牛蛙的饵料

## (一)食性

牛蛙食性变化趋势可归结为表 2-2:

表 2-2　牛蛙食性的变化

| 发 育 阶 段 | 食 性 |
|---|---|
| 胚胎 | 分解卵黄 |
| 小蝌蚪期(5～20d) | 植食性:以藻类为主 |
| 中蝌蚪期(30～50d) | 杂食性:以浮游动植物为主 |
| 大蝌蚪期(60～90d) | 肉食性:以浮游动物为主 |
| 牛蛙(变态后) | 肉食性:以昆虫类为主 |

## (二)饵料

牛蛙饵料可分为死饵料(静态饵料)和活饵料(动态饵料)两大类,在自然状态下,牛蛙只摄食活饵料,蝌蚪才摄食死饵料,但经过人工驯食的牛蛙能吞食死饵料,活饵料虽营养价值高,适口性好,但来源有限,死饵料经过人工配制后营养全面、丰富、易于保存。因此,无论死、活饵料均是大规模养殖牛蛙时可采用的饵料。

1.静态饵料

此类饵料主要有下述几类:

动物性饵料:动物性饵料种类很多,适口性好,含蛋白质高,并含有多种营养物质。因这类动物死亡或无活动力,故称静态饵料,常见的鱼虾、泥鳅、螺、蚌、蜗牛等动物的肉或干制品,鱼粉,蚕蛹,血粉,蛋黄或猪、牛、禽等的内脏等。

植物性饵料:属于这类的有油饼类(豆饼、花生饼、菜籽饼、米糠饼)、豆谷类(黄豆粉、豌豆粉、糠麸等)和青绿饵料(各种瓜果皮、菜叶、各种单细胞藻类)。

上述饵料中除单细胞藻类可在池中培养后直接被蝌蚪吞食外,其他种类的饵料应经过适当的加工后才能投喂,有些还须按牛蛙的蝌蚪在不同发育阶段的营养需要以及饵料中营养成分的种类与含量进行适当配置。此类饵料的主要优点是:饵料中营养物质的成分可根据生长发育需要而调整,并可添加适量药剂,以防治疾病,此外,饵料保型性好,在水中保存时间较长,减少了对水的污染及饵料的浪费,提高了饵料的利用率,有利于降低成本,更为重要的是,此类饵料耐保存,因而省时省工,四季可供应,摆脱了活饵料受自然条件影响的缺点,很适合于大规模牛蛙养殖。现介绍几种人工配合饵料的配方:

蝌蚪粉状饵料:

配方一:鱼粉60%、米糠30%、麸皮10%。

配方二:小杂鱼50%、花生饼25%、饵料酵母粉2%、麸皮10%、麦粉13%。

配方三:血粉20%、花生饼40%、麦麸12%、全麦粉10%、豆饼15%、无机盐2%、维生素添加剂1%。

配方四:肉粉20%、白菜叶10%、豆饼粉10%、米糠50%、螺壳粉2%、蚯蚓粉8%。

配方五:蚕蛹粉30%、鱼粉20%、大麦粉50%、维生素适量。

牛蛙颗粒饵料或膨化饵料:

豆饼40%、菜籽饼5%、鱼粉10%、血粉5%、麦麸30%,苜蓿粉10%。将这些原料搅拌混匀,然后加入黏合膨化剂(如淀粉、木薯粉、骨胶等),其数量能使原料达到黏合膨化即可,加入适量冷水、搅拌成团,再用饵料机加工成颗粒饵料或膨化饵料,干燥(晒干或烘干)保存或直接投喂。

我国的牛蛙人工配合饵料已在生产中收到成效,配方种类多,但至今尚无统一标准。曾训江等认为:牛蛙对饵料蛋白质的最适需要量为30.90%～37.25%,碳水化合物的适宜量为25.38%～28.18%,纤维素的最高限量为7.82%。当牛蛙配合饵料的蛋白质含量为32.50%～34.05%,其他营养成分都在最适水平时,饵料系数为1.40～1.58,生长增重度为每只蛙日增重2.1～2.5g。但是用此类饵料喂蛙,由于高温作用,维生素类有所损失,当个体增加到250g以上时,应补充一些鲜活饵料,如蚯蚓、鱼虾、泥鳅,以补充维生素。在选择和制备膨化饵料时,应力求饵料中营养全面、丰富、适口性好,能在室内保存较长时间不霉变、不被虫蚀、质地坚而不变硬,密而不沉,松而不散,能在水中漂浮较长时间而不沉于水中影响水质。

2.活饵料

活饵料主要是指牛蛙和蝌蚪爱吃的活的且能运动的动物。这些动物性饵料含蛋白质高,营养成分全面,适合牛蛙的食性,因而饲喂这些饵料能促进它们的生长发育、提高经济效益。

蝌蚪爱吃的活饵料有草履虫、水蚤、轮虫、孑孓等。牛蛙摄食的活饵料包括环节动物、节肢动物、软体动物、鱼类、两栖类、爬行类,甚至幼小的鸟类和哺乳类,其中以节肢动物的昆虫居多。

为了满足牛蛙对活饵料的需要,人们已总结了一整套供给活饵料的方法:(1)在蝌蚪池内施放有机或无机肥料,培育蝌蚪所需的水蚤、轮虫等;(2)从池塘、沟渠中捕捞水生昆虫及小鱼虾;(3)在养殖池上放置诱虫灯诱集昆虫;(4)人工养殖、培育各种活饵料。由于牛蛙养殖的迅速发展,只依靠自然界野生的活饵料已远远满足不了需要,活饵料来源十分困难,成本增高,且活饵料不易保存,难以及时供应。因此,大规模养殖牛蛙应以投喂膨化饵料为主,活饵料为辅。此外,应开辟活饵料来源渠道,将一些营养价值高、易于培育的活饵料进行人工养殖。

# 第四节　牛蛙的敌害及病害

## 一、牛蛙的敌害

牛蛙在不同的发育阶段易遭到多种敌害的伤害,造成很大损失。必须加强防护,使牛蛙免遭敌害。

### (一)卵和孵化中胚胎的敌害

牛蛙卵和孵化中的胚胎,常受鱼类、蛙类蝌蚪、水生无脊椎动物等的吞食。如桡足类的剑水蚤,可咬食孵化中的胚胎和一周内的蝌蚪。虾类也会吞食牛蛙卵和孵化中的胚胎。此外,即将出孵的牛蛙胚胎还受牛蛙蝌蚪的伤害等等。因此,在产卵池和孵化池应严格控制水中的桡足类节肢动物。在孵化池内不得有鱼类、虾类、蝌蚪等,还要注意加盖塑料纱网,以免鸟类啄食孵化中的胚胎。

### (二)蝌蚪的敌害

牛蛙蝌蚪是乌鳢、鳜鱼等肉食性鱼类、龟、鳖、虾类、水蛇、水蜈蚣(龙虱幼虫)、蜻蜓幼虫、松藻虫等水栖昆虫、水蛭、翠鸟、鹭、野鸭、鸥鹬、鸢、蛙类等捕食或咬食的对象。此外,桡足类节肢动物也咬食一周内的小蝌蚪,蝌蚪长大以后则以桡足类为食。幼蛙也捕食其蝌蚪,还有大蝌蚪吃小蝌蚪的习性。一些低等藻类如湖靛、水网藻、水绵、星藻等像头发丝一样漂浮于水中,蝌蚪一旦被其缠住就难以脱身。

牛蛙蝌蚪的敌害,以水栖昆虫类、蜻蜓幼虫、虾类的危害最大。防止水生浮游生物危害的主要方法是冬季清池,并结合用生石灰、高锰酸钾或漂白粉等稀释液,菜粕浸泡液消毒,注水和排水口用金属网或纱网过滤,以防敌害进入,结合维护蝌蚪池水质,定期消毒池水。另外,大蝌蚪和成蛙多以这些水生浮游生物为食,可利用这一特性,在蝌蚪池注水后,放养成蛙让其捕食天敌,然后捉走成蛙后放养蝌蚪。

在蝌蚪期应大小分级分池放养,更不能与牛蛙成体及肉食性鱼类混养。为使蝌蚪免遭肉食性水生动物的危害,对于土池培育蝌蚪,应在放养蝌蚪前清池消毒,或用密网拉一次,在注、排水口应加过滤网,水泥池排干水后加以清洗,并在注、排水时加过滤网即可。在蝌蚪培育期间,要严防蛙类进入蝌蚪池。

### (三)幼蛙和成蛙的敌害

幼蛙和成蛙可用体色保护、恐吓、逃避等手段来防御天敌捕食,但由于其皮肤柔软,防御能力较差,易被天敌捕食。幼蛙和成蛙的主要敌害是各种脊椎动物,如食肉鱼类、蛇类、龟鳖类、鼠类、水獭、黄鼬以及一些飞禽。一些体大、肉食性蛙类,例如牛蛙本身,也可捕食较小的牛蛙。水蛭叮咬牛蛙、吸食牛蛙的血液。一些咬食牛蛙蝌蚪的水栖昆虫也会叮咬幼蛙。丝状藻类也会缠住幼蛙。

　　幼蛙和成蛙的敌害以预防为主。要加强防护设施,如养殖场四周应设围墙,墙基应深入土中 0.2m 以上,以防止鼠类、黄鼬、蛇、蛙打洞进入;在养殖场上空可搭棚架或网等,以防止鸟类如苍鹭、白鹭等捕食牛蛙。对于水蛭可每亩用叶蝉散 400～500g,掺水 50kg,用喷雾器喷施,或掺水 200kg 进行泼洒以毒杀水蛭(24～96 小时后 68%～93% 的水蛭被毒杀);也可 7 月在养蛙池内每隔 30～50m 放入大血藤 10～20kg,用石头压牢,对水蛭具有杀灭作用,9 月除去大血藤。至于侵害幼蛙的水栖昆虫类的防除可参考蝌蚪期采用的方法。食肉水生动物可用清池消毒、用密网拉、注水口和排水口加滤网等办法加以防治。为防止牛蛙同类相残,应做到大小分级分池隔离养殖。鼠类、蛇等也可采用诱捕方法杀灭或驱除。例如鼠类可采用各地行之有效的方法诱捕或诱杀。水鼠可用拌入 1%～2% 安妥的苹果、梨、萝卜、番薯等(切成约 $1×10^{-4} m^2$ 的小块)诱杀。此法灭水鼠效果好,对人、畜、蛙安全、无残毒。

## 二、牛蛙的疾病

　　牛蛙有一系列抵御疾病的机制。首先,牛蛙湿润的皮肤会分泌多种杀菌酶,这些杀菌酶甚至具有连抗菌素也无法比拟的作用。另一方面,牛蛙体内也具有类似于人体内的细胞免疫系统、体液免疫系统,使牛蛙具有强大的免疫能力和抗病能力。正因为如此,牛蛙在野生状态下,生活在泥水、阴暗潮湿而肮脏的角落里,也极少生病,而且即使发病,由于牛蛙分散活动,互相传染的机会小。因而,牛蛙能适应相应的自然条件而生存。

　　但是,牛蛙的抗病能力是有限的。在当环境条件恶化使致病病菌等大量繁殖或牛蛙的体质衰弱、受伤、抗病能力减弱(如休眠时)等情况下,会感染各种各样的疾病。尤其是在人工养殖条件下,养殖密度大,病原体极易在牛蛙之间传染,一旦发病,即可导致大批死亡,甚至使养殖场内成千上万只牛蛙荡然无存。另外,人工养殖牛蛙,由于饵料的投喂是人为的,若较长时间投喂单一或营养价值相似的饵料,牛蛙也因会缺乏某种或几种营养成分而发病。因此,人工养殖牛蛙一定要重视疾病的防治。

　　由于牛蛙具有昼伏夜行性,以及在低温下代谢率低等特点,因此牛蛙在患病初期不易诊断出来,从而延误治疗和控制疾病传染。所以,要注意经常观察牛蛙的状态和摄食等行为,发现异常要及时诊断,采取措施。牛蛙的皮肤疾病症状易于观察到,易于诊断。而内科疾病在患病初期不易诊断出来,主要症状是精神萎靡不振,长时间匍匐在阴凉潮湿的地方不吃不动。

　　观察和发现牛蛙的异常现象只是诊断牛蛙疾病的第一步。对于大多数难以确诊的疾病,应及早处死症状明显的病蛙,并进行病理学解剖诊断和实验室检查。对于内科疾病、肿瘤、消化道寄生虫病等,进行解剖诊断是确诊病因的必要环节。许多传染病也在内脏器官表现出出血性症状等,解剖检查也有助于寻找病因。一些疾病要进行实验室检查,才能确诊。实验室检查包括如下内容:一是微生物学检查,即取病蛙的新鲜材料,进行细菌培养、鉴别诊断;二是显微镜检查,即取病蛙有关部位材料、切片或涂片后在显微镜下检查是何种寄生虫。微生物学检查也常结合显微镜检查。病毒引起的疾病需要采用电子显微镜确诊。实验室还可检查血相、血清等内容。

　　下面择要介绍牛蛙各个生长阶段的常见疾病的诊断和防治方法。

### （一）卵和孵化中的胚胎

**1. 霉菌病**

霉菌病对卵和孵化中的胚胎危害最大，多发生在水质较差、卵块密度太大、气温骤然下降和卵块完全晒不到太阳等情况下，尤其在连绵阴雨天气下特别容易发生。发病的卵块四周长出肉眼可见的灰白色菌丝。霉菌病严重影响牛蛙卵的孵化率。

防治霉菌病，主要是注意防止水体污染。寒潮来临或阴雨天，可将卵装进水盆，放在室内用白炽灯照射、孵化。霉菌严重污染或发生过霉菌病的水体，也可用石灰水或高锰酸钾稀释溶液清池消毒。

### （二）蝌蚪

**1. 肤霉病**

又叫水霉病。与鱼类的肤霉病相似，由水霉菌的感染引起。牛蛙的蝌蚪和成体都会发生此病。捕捞和装运等操作不慎，以及其他原因使蝌蚪或成体皮肤损伤，水霉菌则从皮肤伤口侵入，吸取皮肤中的营养，菌丝体向内深入肌肉，向外长成分枝繁茂的菌丝，形成肉眼可见的棉絮状的浅白色菌丝，并逐渐从伤口向四周扩大。患肤霉病的病蛙游动迟缓，觅食困难，使病蛙衰竭而亡，且病蛙易于被其他病菌从伤口侵入而加速死亡。

预防与治疗：

蝌蚪、成体转池等操作要注意不造成创伤。有伤口的蝌蚪和成体，可用10%紫药水或8%的食盐水涂抹皮肤伤口，至伤口愈合。对患病的蝌蚪的成体，用10%紫药水涂抹皮肤患处，或用二十万分之一的高锰酸钾溶液浸泡，每日2次，每次30min。治疗3天即可痊愈。上述高锰酸钾溶液对健康牛蛙无不良影响，对病轻的蝌蚪和成体疗效特别显著。但对体弱病重的，则疗效不大。发病期可消毒池水。

**2. 红斑病**

又叫出血病。多发生在蝌蚪的肢芽形成期，是细菌与真菌感染所造成的。患此病的蝌蚪在腹部有许多出血斑块，并在水面上打转，数分钟后下沉死亡。此病危害大，往往造成全池暴发性流行，死亡率高达80%以上。

预防与治疗：

注意蝌蚪池水质和饵料卫生，并定期用生石灰水消毒。一旦发现蝌蚪患此病，将池内蝌蚪用网捞起，按2万尾蝌蚪用120万IU青霉素和100万IU链霉素的混合溶液将蝌蚪浸泡30min，并对池水进行消毒，可取得较好效果，或用鱼康$0.5 \times 10^{-6}$或硫酸铜$0.7 \times 10^{-6}$的用量溶入池水中。

**3. 细菌性烂鳃病**

蝌蚪的烂鳃病与鱼的烂鳃病类似，是由黏液球菌侵入蝌蚪鳃部引起的。患病蝌蚪鳃丝腐烂发白，鳃部糜烂，鳃上常附着污泥和黏液，呼吸困难，常独游于水的表面，行动迟缓，终因病菌混合感染而死。

预防与治疗：

定期用生石灰对蝌蚪池水进行消毒。蝌蚪患此病后，施用生石灰$20g/m^3$水体，或用生石灰$15 \sim 20kg/667m^2$，调成水剂后全池泼洒，治愈率可达70%以上，也可将漂白粉溶解于水中，用药$1g/m^3$，进行全池泼洒，间隔24h后连泼两次。

**4. 鳃霉病**

此病由鳃霉菌侵入蝌蚪的鳃部引起。水质败坏、有机质含量过多而发臭是此病发生的诱发原因。患病蝌蚪的鳃组织被破坏,鳃失去正常的鲜红色而成苍白色,有时有点状充血和出血现象,终因呼吸受阻而死。

预防与治疗:

注意保持水体清洁,防止水质恶化,如果水质太肥或池底淤泥层过厚,可用生石灰清池,以加速有机质的分解。蝌蚪患此病后,可及时将蝌蚪转移至清洁的蝌蚪池中,用 $0.7 \times 10^{-6}$ 的硫酸铜和硫酸亚铁合剂(以 5∶2 的比例配合)治疗,可治愈 85% 的蝌蚪。

**5. 车轮虫病**

是由单细胞动物—车轮虫引起的。车轮虫是体表寄生虫,寄生于蝌蚪的体表和鳃上。肉眼可见患病蝌蚪尾鳍黏膜发白,并深入组织,严重者,全部尾鳍被腐蚀(故此病也称为"烂尾病")。患病蝌蚪呼吸困难,常浮在水面喘息,食欲减退,行动迟缓。若不及时治疗,会引起大量死亡。此病多发生在放养密度过大、饵料供应不足、营养不良、发育迟缓的蝌蚪中,5～8 月为流行季节。

预防与治疗:

加强饲养管理,如经常换水、定期清池消毒以确保水质清新,放养密度要适宜以保证蝌蚪有适当的活动空间,科学而合理地投喂等。对患病蝌蚪可用网捞出,在 3% 的食盐水中浸泡 15～20min,有杀灭体表车轮虫的功效。对蝌蚪发生车轮虫病的养殖池,按每立方米水体用硫酸铜 0.7g 或硫酸铜 0.5g、硫酸亚铁 0.2g,使池水中含药浓度为 $0.7 \times 10^{-6}$,可有效地治疗车轮虫病。也可每亩池面用切碎的韭菜 250g,与等量黄豆混合磨浆,均匀泼洒,连续 1～2d,可控制蝌蚪的病情不至于进一步恶化。

**6. 舌杯虫病**

此病是由舌杯虫侵入蝌蚪的鳃和皮肤引起的。多发生于放养密度高,管理粗放,水质差的蝌蚪池,传播快,来势凶猛。舌杯虫多寄生于蝌蚪尾部,肉眼可见与水霉菌感染相似的体表毛样物,所以易被误诊为"水霉病"。但用显微镜检查时见很多杯状的虫体,杯口朝外一张一合,杯基部插入蝌蚪表皮。严重时,舌杯虫也会感染到蝌蚪全身。患病蝌蚪行动迟缓,停食,以至死亡。每年 7～8 月流行此病。

预防与治疗:

基本上与车轮虫病相同。此外,在放养蝌蚪前一周对蝌蚪池用石灰水、漂白粉等消毒剂进行清池。

**7. 斜管虫病**

病原为斜管虫。患病蝌蚪体色由黑褐色变为黄褐色。常浮在池边,反应迟钝,用手可以捉起,停食,腹部较小,陆续死亡。镜检体表黏液中有大量的斜管虫病原体。此病多发生在春初和秋末水温 12～18℃ 的时节。防治方法与车轮虫病相同。

**8. 锚头鳋病**

此病是由于鲤锚头鳋的雌体寄生于蝌蚪引起的。鲤锚头鳋寄生在蝌蚪身体与尾交界处的略微凹陷部分,虫体头部深深扎进蝌蚪组织中(其余部分则留在寄生体外)致使寄生部位的肌肉组织发炎红肿,严重时发生溃烂,当每尾蝌蚪身上寄生 1～2 个锚头鳋时,就会使蝌蚪生长停滞,以致逐渐消瘦死亡;寄生 3～4 个会很快引起蝌蚪死亡。

预防与治疗：

将发病的蝌蚪用(10～20)×10⁻⁶浓度的高锰酸钾溶液浸洗10～20min，每天浸洗1次，连续2～3d，虫体在两周以后陆续死亡，蝌蚪在浸洗时会出现浮头现象，应用清水清洗掉鳃上少量被氧化的黏液和沉积的微量二氧化锰，以保证鳃的呼吸正常。

9.气泡病

此病主要由于水温和气温过高、池水过肥、含氮量和DO过高，致使水中溶解的气体过饱和，水中气泡不断地吸入蝌蚪体内而发病。蝌蚪吞食过多的未浸湿的干性粉料，也会造成胃肠充满气体，腹部膨胀而发病。患病蝌蚪肠道充满气体，腹部膨胀，身体失去平衡而仰游于水面，如不及时抢救，会引起大量死亡，解剖患病蝌蚪可见肠道充气水肿。

预防与治疗：

高温季节在池上搭设凉棚，避免水温过高，并勤换水保持池水清新，不用未经发酵的有机肥培肥水质，水质不能太肥，否则，用石灰水清池，加速有机物的分解。池底淤泥过深，则应在休池时挖走，干粉饵料要泡湿后投喂，池中水生植物不宜过多等等。如发现蝌蚪个体患气泡病应采取应急措施，用筛网捞出患病蝌蚪，集中放入清水中，不投饵料，暂养1～2d后，投喂煮熟的米糠等饵料，不久即可痊愈。或者往集中放养患病蝌蚪的清水中泼洒20%的硫酸镁溶液。待病症消失后再放入蝌蚪池中。对患病蝌蚪进行处置的同时，要更换蝌蚪池水，或用生石灰水清池，以防止病势扩大，野外蝌蚪池大面积发病，则用食盐800g/667m²，溶于水后全池泼洒，可获得良好的疗效。

（三）幼蛙和成蛙

幼蛙、成蛙和蝌蚪一样，也可能发生肤霉病，在此不作介绍。下面介绍牛蛙成体（幼蛙和成蛙）的其他常见病。

1.红腿病和红斑病

这两种病又称败血症，都是由于感染假单胞菌而引起的。只是红腿病的病症主要是蛙体后肢红肿，出现红斑或红点，严重时并发多种炎症（溃烂）。以上症状发生在腿以外的其他部分，则称之为"红斑病"。患病蛙精神不佳，低头伏地，或潜伏水中，不愿活动，停食。这两种病的致死率较高，病菌的感染并不局限于皮肤表面，撕开皮肤，可见到皮下肌肉充血，还可扩散到肺、脾、肾和肠等组织，病蛙的舌、口腔等处也会有出血性斑块。

捕捉、运输以及牛蛙受惊逃窜等而造成外伤，放养密度过大，水质不洁，养殖场陆地过脏等原因是诱发牛蛙感染红腿病和红斑病的原因。这两种病一年四季都可能发生，但致病的假单胞菌和其他好氧性的细菌偏好嗜冷性，因而，在冬眠期间或天气较冷时，更易发病。

预防与治疗：

应以预防为主。经常注意水体、养殖池上陆地和饵料的清洁卫生，定期换水和消毒以保持良好水质。尽可能防止和减轻牛蛙的机械性创伤，特别是在购买种蛙运输时，放养密度要适宜，发现病蛙应及早隔离，或治疗，或处死后焚毁，防止扩散疾病。

治疗以消炎为主。用3%的食盐水浸洗病蛙15min左右。或用20%的磺胺脒溶液浸泡病蛙2d。或用盐、糖、青霉素混合液每日浸泡病蛙两次，每次3～5min，病蛙也可灌服上述混合液，体重200～250g的蛙每只服2mL，每日一次，灌服方法是将橡皮插管（锲形）伸入病蛙口腔，然后注入药液；一般治疗5～7d可痊愈。盐、糖、青霉素药剂的配方为：蒸馏水或凉开水250mL，精制食盐2.25g，精制葡萄糖（或口服葡萄糖）6.25g，青霉素（或链霉素）100万IU。上述药物搅拌溶解后即可使用，随用随配，不宜久存。用高锰酸钾溶液浸泡病蛙，也有较好的效果。

对病蛙除用消炎药液浸泡外,也可注射或喂服消炎药。每只病蛙注射 0.3～0.4mL 牛蛙红腿病用药。也可注射庆大霉素或红霉素等抗生素(不要用青霉素,由于牛蛙红腿病病原菌对青霉素等抗生素有抗性),每只病蛙 1000 IU。注射中,要按无菌操作要求进行,注射方法采用从口腔进针,于颌下囊内注射。还可将土霉素按每 1000g 饵料 5 片药的量拌匀,投喂3～5d;或用增效联磺片(磺胺嘧啶 0.2g,甲氧苄氨嘧啶 0.08g,磺胺甲基异恶唑 0.2g),每1000g 饵料拌药 1 片,服用 5～6d(第二天起药量减半,磺胺类抗菌素在牛蛙体内有累积作用);或单独拌喂磺胺噻唑、磺胺脒等磺胺类抗菌类。对发病蛙池,可用漂白粉(每立方米池水用药 1.0～1.5g)或硫酸铜(用药 0.7g/m³ 池水)进行清池。对于饵料台等器具宜比上述浓度高 10 倍的药液浸泡处理 30min。

2.胃肠炎

病蛙初期栖息不安,东爬西窜,喜欢钻泥,后期常躺在池边,伸腿闭眼,不食不动,反应迟钝,不怕惊扰,捕捉后很少挣扎,往往缩头弓背,解剖病蛙,腹部、肠道充血、发炎,肠内无食。发病原因与饵料腐败变质,栖息环境恶化有关,多发生于春夏和夏秋交替时节,传染性强,死亡率较高。

预防与治疗:

应抓好饲养和管理,搞好饵料,饵料台和池水等清洁卫生,绝不能投喂腐败变质的饵料,对病蛙每天拌食投喂胃散片或酵母片 2 次,每次每千克饵料中拌入半片,可同时拌入半片增效联磺片(药片要压碎成粉末、拌匀),连喂 3～5d。对病蛙池用(1～2)×10⁻⁶的漂白粉溶液泼洒一次,饵料台则用 2×10⁻⁶的漂白粉溶液浸泡 30min,发病季节,每 10～15d 用 1×10⁻⁶的漂白粉溶液泼洒一次全池。

3.肿腿病

此病是由于牛蛙腿部受伤被细菌感染所引起的。病蛙后肢腿部肿大,整个足部包括指和蹼都肿成瘤状,呈灰色,牛蛙后肢负担沉重,无力活动,不能摄食,身体消瘦,最终死亡。

预防与治疗:

用漂白粉、生石灰泼洒养殖池,把病蛙的后肢放入 30×10⁻⁶高锰酸钾溶液中浸泡 15min,每天一次,连续 3d,同时每日两次内服四环素,每次每只蛙喂服半片,连服 2d,病蛙也可每天每只注射 40 万 IU 青霉素,连续注射 3d。

4.烂腿病

牛蛙在水泥池中擦伤皮肤,或在运输过程中皮肤损伤后感染病菌后发病。发病初期,牛蛙的指尖部分发炎,尔后逐渐向腿部延伸腐烂,露出骨骼,严重的病蛙一直烂到大腿的基部,使牛蛙失去活动能力,直至死亡。

预防与治疗:

病蛙池用漂白粉、生石灰等消毒。病蛙用 2×10⁻⁶高锰酸钾溶液浸泡 1～2d(以浸没腿部即可),或每只病蛙注射青霉素 40 万 IU。

5.结核病

也称牛蛙淤伤,与人类的结核病相类似,多发生在虚弱或有损伤的牛蛙身上,是感染分枝杆菌所致。健康的牛蛙可抵抗这种病菌的感染。感染途径多由皮肤外伤进入体内的淋巴液,然后病菌再扩展到牛蛙的内脏,特别是肾。口部创伤造成的感染可导致牛蛙的气管和肺结核。

预防与治疗:

预防此病的关键是加强饲养管理,提高牛蛙的体质和抗病能力,注意水体和饵料卫生,防止机械创伤。对于病蛙可用青霉素和链霉素各 50 万 IU,浸泡病蛙 10min,每日早、晚各一次,连续 3d,结核病防治的方法也可参考红腿病。

6. 烂皮病

又叫脱皮病,是对牛蛙危害最大的疾病之一。不论是蝌蚪,还是幼蛙,成蛙均可能发病。病蝌蚪的主要症状是体腔溃水,内脏器官出现病变,发病后死亡率可达 90% 以上,病蛙患病之初,体背皮肤失去光泽,皮肤分泌的黏液减少使湿润度降低,出现白花纹,接着表皮开始腐烂脱落,背肌显露,并逐渐扩展到躯干,以至整个背部。与此同时,瞳孔先是出现黑色粒状突起,之后变白,并扩展使整个眼球呈现白色,失去视觉,患烂皮病的牛蛙,轻者还能活动,但食欲降低,重者不食不动,喜潜居阴暗处,并常用指端抓患处,导致出血。牛蛙患此病的主要症状,一是烂皮,二是烂眼。此外,可见关节炎肿,剖检可见皮下和腹腔溃水,内脏发生病变等。

此病是由于缺乏维生素特别是维生素 A 而引起的病菌感染。

预防和治疗:

注意调节饵料的多样性。切忌长期投喂单一饵料,在人工配合饵料中添加维生素等营养物质,是预防此病的根本措施。对患病初期的牛蛙,可用富含维生素的鱼肝油或鲜鲨鱼肝补饲。对已出现烂皮的病蛙,结合抗菌素等消炎药,补饲鱼肝油,两方面不可偏废,消炎的目的是稳定病势,补饲鱼肝油是从根本上进行治疗。只消炎而不补饲鱼肝油,则疾病不能痊愈,只补饲鱼肝油,而不消炎,则病蛙的病势会进一步恶化,不待补充的维生素起作用,病蛙就会因病势恶化而死亡。消炎的方法可参照红腿病。对于患病蛙池应用生石灰、漂白粉等消毒。

7. 白点病

患病牛蛙头背两眼中央有一白点,开始病灶很小,比蚕豆略小,2～3d 沿头的纵轴方向扩展成长条状。起初是病灶的皮肤失去色素,呈白色,慢慢地皮肤腐烂,严重时露出白骨,此病多发生在用人工配合饵料投喂的高度密集的养殖池内,主要是由于饵料中缺乏维生素,造成牛蛙的抗病能力下降,以及牛蛙头部受伤后受病菌感染所致。

预防与治疗:

预防此病的关键是配合饵料中要添加适量的多种维生素。对病蛙可结合补饲多种维生素,采用如下控制病情的措施,加食盐 300g/m³ 池水,维持 3d,以抑制病情恶化。并隔离病蛙,用 0.3% 食盐水消毒体表及患部。对体重 100～200g 的病蛙,每天喂磺胺嘧啶片 125μg,多维 1 粒,并喂适量鲜活饵料,外涂金霉素眼膏,6d 后即可治愈。

8. 脱肛病

主要发生于成蛙,主要症状是病蛙直肠外露于泄殖腔(肛门)之外 0.01～0.02m,并由此引发感染。病蛙食欲减退,行动不便,体质消瘦。

预防与治疗:

隔离病蛙。之前用冷开水或蒸馏水洗净外露的直肠,最好用消毒液洗,洗后再用冷开水洗,立即塞入泄殖腔内,然后将病蛙放入隔离的清水池(盆)暂养,以便减少其活动及被同类相残,精心护理,有的病蛙能康复。

9. 结石病

病蛙焦躁不安,停止摄食,剖检发现:胃肠内无食,胆囊肿大呈金黄色,剖开无胆汁,却有卵黄色的结石,有的膀胱内也有结石。可按消炎利胆片 5 片拌入 1000g 饵料的比例拌料投喂 3～5d。

10.干瘪病

病蛙头大，身子细小，肚皮贴近背部，如皮包骨样，病蛙离群独处，不摄食，如不及时治疗，必死无疑。致病原因一是驯食不好，摄食少，二是个体小，长期摄食不足。

预防与治疗：

坚持大小分级饲养，保证同一养殖池内的蛙都能获得所需饵料，做到均衡生长。对病蛙单独投喂鲜活饵料，以帮助其恢复体质。对不能自行摄食的病蛙，可进行填食。

11.寄生虫病

牛蛙的蹼、体背等处会被蚧螨类寄生虫、吸虫及蛭等寄生。牛蛙的消化道、呼吸道、肌肉、皮下组织等处也会寄生体内寄生虫。严重时会使牛蛙的食欲不振，无精打采，营养不良，全身衰弱和继发其他疾病感染而致病。

预防与治疗：

主要是注意水质与饵料卫生，有机肥必须充分腐熟，可定期在饵料中添加磺胺类抗菌素和呋喃酮类驱虫，以驱除肠道寄生虫和抑制病菌生长。对于体表寄生虫，可用90％的晶体敌百虫配制成 $0.5 \times 10^{-6}$ 的溶液浸泡驱除，对于患寄生虫病的牛蛙，应烧煮熟透后食用，以防某些人畜共患的寄生虫感染人体。

# 第五节　牛蛙的捕捉运输

牛蛙的捕捉、运输和加工是牛蛙养殖过程中需要解决的技术性问题，它们联系紧密，常常是一系列连续步骤，不可忽视。

## 一、捕捉

在牛蛙的引种、转池和出售时均需对牛蛙或蝌蚪进行捕捉。捕捉时需注意的是防止牛蛙和蝌蚪受伤，以免影响生长，或者造成死亡和降低商品价值。

### （一）蝌蚪的捕捞

蝌蚪由于运动较慢，群居性强，远比鱼苗易于捕捞。常用的捕捞工具是现成的鱼苗网或是用窗纱按实际需要制作的捕捞工具。鱼苗网多数用于大面积的池塘或蝌蚪池中的捕捞，实际操作时一次就可捞起大部分蝌蚪，窗纱制作的捕捞工具多数用于小面积的捕捞，小面积蝌蚪池还可用网箱捕捞，高密度蝌蚪池捕捞少量蝌蚪可用小捞网，全部捕尽蝌蚪时宜排干池水捕捉。

### （二）幼蛙与成蛙的捕捉

幼蛙的捕捉多见于采种、引种、转池、分级等生产性环节，成蛙的捕捉除引种外主要是商品蛙的捕捉。作为食用蛙的大小规格，一般以 300～400g 为宜，因为此时牛蛙的营养价值（主要是蛋白质含量）最高，肉质肥嫩，味道鲜美，可食部分可达 60％ 以上，个体太小，可食部分比值很小，降低了商品价值，而且个体较小的牛蛙处生长旺季，对生产者来说也不合算。牛蛙个体超过 500g，纤维质脂肪成分增加，肉质开始于变差，味道不佳。对生产者来说，由于 300g 体重时牛蛙开始性成熟，此时生长速度变慢，饵料系数提高，成本也相应加大。因此，养殖者应综合考虑，养殖与市场需求的实际情况，及时把握好商品蛙的捕捉时间。

牛蛙的人工捕捉方法很多,如灯光捕捉,诱饵钓捕,拉网捕捞等,人工精养池的牛蛙由于高度集中,蛙池规整,易于捕捉,但利用天然塘、池、坑放养的牛蛙或半野生放养的牛蛙难于捕捞。此外,捕捞目的和数量也决定了捕捉的难易度,养殖应根据实际情况采用不同的捕捞方法。

### 1.灯光照射捕捉

牛蛙在夜晚多栖息在岸边,头伸出水面,身体在水中,也有的蹲伏在岸上,夜晚用较强的光手电筒直射牛蛙,牛蛙因强光耀眼,一时木然不动,这时可乘机快速用手或小捞网捕捉。

### 2.诱饵钓捕

用长2～3m的竹竿,一端拴一根长3m左右的透明尼龙线,线端串扎蚯蚓、蚱蜢、泥鳅、小杂鱼等诱饵,另外可准备一个柄长约1m的小捞网,捞网应深一点,诱捕时,右手持竹竿,上下不停地抖动,左手持网袋,发现蛙吞饵咬稳时,即可收竿,将蛙迅速投放捞网中。

### 3.小网捕捉

在产卵期间,牛蛙抱对,追逐异性,对食物反应不灵敏,行动迟缓,较易捕获,可用柄长1～1.5m,直径0.5m的尼龙网来捕捞抱对的牛蛙。

### 4.挖土捕捉

冬眠期的牛蛙潜伏在土层下冬眠,离地0.5～0.7m深。用锄头或铁锹翻泥和塘边松软层,即可捕捉到牛蛙。

### 5.徒手捕捉

此法适用于水较浅的(0.3～0.5m)蛙池,用两手摸捉。牛蛙在有人下水的情况下,往往钻入泥中不动,提蛙时应用力抓住其腹部,以防逃脱。牛蛙有时装死,全身松软,一动不动,但稍后后腿突然发力,逃之夭夭。

### 6.拉网捕捉

此法适用于水较深,面积较大的饲养池,方法是采用捕鱼的网具和方法,但下网操作的动作应特别轻快,以防蛙逃走或钻入泥中。

### 7.干塘捕捉

若要全部捕捉干净,应采用本法捕捉,先将水全部排干,然后几个人并排遍塘捕捉。如果温度较高牛蛙在软泥中待一会就会出来,可一次性捕捉。如温度较低,一次捕不完,到晚上再用灯光照射捕捉。

## 二、牛蛙的运输

运输牛蛙或蝌蚪是牛蛙生产中的重要环节,从引种到商品蛙投放市场都离不开运输,运输的关键是提高成活率和降低运输成本,要达到这一目的,必须了解运输过程的影响因素,采用适当的包装方法,保证牛蛙、蝌蚪正常存活的运输条件,以尽可能快的速度运抵目的地。

### (一)蝌蚪的运输

蝌蚪虽然用鳃呼吸,但耐缺氧能力超过一般的鱼,和鲫鱼的耐受性差不多,因此运输时应注意有一定量的清洁水,放入容器内的密度合适,水质好,最好用江河、湖泊、水库的水或无污染的池塘水或井水,如果是用自来水应注意除掉水中余氯。此外,水温应适宜,防止换水时或蝌蚪进入新的水体时的温差剧烈变化,温差一般不超过2～3℃。运输用的容器很多,如木或金属或塑料制的桶、箱、盆,塑料壶,尼龙袋,帆布桶等。运输工具应根据所在地交通情况、运输量、运输路程和所需时间来决定,如远距离运输应用飞机、火车,中等距离运输用汽车、船只等。现介绍几种运输方法：

1.塑料桶运输　装蝌蚪用的塑料桶应无破损，容积为 0.025m³，使用前用清水洗净后加水到 1/3 高度，进水口放一大型漏斗，再将蝌蚪随水荡出，水温在 15～25℃ 之间，全长 0.01～0.015m 的蝌蚪每桶装 1 万尾；全长 0.015～0.02m 的约 0.8 万尾；全长 0.02～0.03m 的约 0.5 万尾；全长 0.05～0.06m 的 0.1 万尾；全长 0.1m 以上的约 200～300 尾，用塑料桶运输适用各种车辆、船只、飞机载运，但长途运输中，应注意经常换水。

2.塑料袋充氧运输　装蝌蚪用的塑料袋应是厚度 0.1mm 的透明聚乙烯薄膜制成，规格为 0.7m×0.4m，袋呈柄状，宽 0.08～0.1m，柄长 0.12m，袋容积约为 0.02m³，塑料袋应有配用的纸箱，纸箱包装有方便搬运、保护塑料袋及隔热、遮光作用。在装袋前先检查其是否漏气、漏水，然后将蝌蚪装入袋内，使蝌蚪和水占袋的 1/3～1/2 即可，总重量约为 12000g，装蝌蚪的数量标准与塑料桶的基本相同，然后立即充氧，充氧前先将袋内空气挤出，充氧适度，不能充得太胀，以膨胀而松软为度，以免温度升高和剧烈震荡时破袋。充氧后将袋口折叠，用线绳严密封口，再将塑料袋放入纸箱中，运输途中应经常检查漏水、漏气现象，发现漏洞可用线绳捆扎或胶布粘贴，长途运输应有备用的尼龙袋和氧气袋，以便破损严重时换袋。

3.帆布桶或鱼桶等容器运输　这类方法适合于短途运输，装水一般为容器高的 2/3，装运量每 50kg 水放全长 0.01～0.015m 的蝌蚪约 2 万尾，全长 0.02～0.03m 的约 1 万尾，全长 0.05～0.06m 的 0.2 万～0.3 万尾。桶口要用乙烯网覆盖，以免蝌蚪随水溅出，并随时观察，发现蝌蚪严重浮头，应注意换水，一般每 3～4h 换水一次，每次换水 2/3，温差不超过 2℃，若遇晴天还应有遮阴装置，如路途颠簸，则水面应放适量水草。

上述各种运输方法运输蝌蚪时，尤其是较远距离运输，蝌蚪在运前 2d 最好停食，使其排尽粪便，以减少水质污染。

（二）幼蛙与成蛙的运输

牛蛙属两栖动物，运输时不需要水，但应使用能保湿、透气、光滑、防逃的容器包装牛蛙。较常用的有竹笼、篓、木桶、铁桶、塑料桶、木箱、铁皮箱、有内衬薄膜的纸箱、塑料袋、化纤袋等。装箱之前应将蛙体洗净，容器内垫上一层湿水草，然后将蛙放入，蛙的密度不能过大，以防止重叠和运输途中相互挤压致死，各种容器应能保障空气畅通，铁桶、塑料桶等容器因桶壁无气孔，应在桶口用聚乙烯网盖紧，容器重叠时也应保持桶口不被密闭，有些容器尽量在四周留有小孔，必要时，可专门制备运输用的蛙箱蛙笼，以保证运输途中牛蛙的安全。如果用袋类容器，还应防止堆压，最好装袋平铺、固定在运输工具内。在酷暑季节进行长途运输，应每隔几小时洒水一次，使牛蛙皮肤保持湿润，既利于其呼吸又可降低体温，如果采用能容纳部分水体的容器带水运送，则运输效果会更好。

# 第三章 中国林蛙的养殖

中国林蛙（Rana chensinensis），俗称哈士蟆，是集食、药、补于一身的珍贵蛙种，雌蛙输卵管又称哈士蟆油，在国际市场价格昂贵，有"软黄金"之称。据《本草纲目》记载，林蛙油具有益精补肾、滋阴养颜、健脑润肺、延缓衰老、增强人体免疫力之功效。中国林蛙是一种营养价值高、经济价值也很高的动物，但它的生存环境比较特殊，分布区狭小，可生存的环境逐渐缩减，同时由于人们对这一动物资源认识不足和缺乏管理，以及对野生林蛙盲目乱捕滥猎、乱伐森林、开荒以及农药、化肥的大量使用，工业污染等，导致林蛙天然资源被严重破坏，虽然林蛙产卵量较多，受精率在 98% 左右，但变态率仅达 10%～20%，幼蛙成活率极低，所以林蛙的数量锐减。

为保护野生动物资源和满足人们食用和药用的需要，我国早在 20 世纪 50 年代就开始了中国林蛙的人工养殖研究，积累了丰富的经验和文献资料，现已基本形成了一套较成熟的半人工养殖技术。

## 第一节 饲养场地

### 一、场地选择要求

根据林蛙的生活习性，饲养场必须有大面积阔叶林，树林的密度应以能遮蔽阳光为宜，如果树木稀疏，必须加以补植，不能选择大面积落叶松林，可选针、阔叶混交林作养殖场。选择森林时，不仅要注意林型、密度，还要注意森林层次。要求树冠郁闭、林下光线较弱、湿度大，并要有良好的草本植物层及枯枝落叶层。草本植物旺盛，昆虫等小动物种类与数量多，能为林蛙提供足够的食物，并能成为林蛙好的栖身场所。另外，养殖场的位置要与村庄居民点有一定距离，附近没有工厂，这样可以避免家禽以及水源的污染等对蝌蚪的危害，养殖场也要远离水库，以防林蛙下山后进入水库冬眠，无法进行人工捕捞。水源是养殖场的另一个主要条件，水质必须清洁而且要充足，以山涧小溪或小河流为宜，两岸开阔，地势平坦，水量不宜过大，一般宽 1～8m，深 0.3～0.5m 为宜。

### 二、饲养场的修建

养殖中国林蛙，可以参考牛蛙的养殖方式，本章主要介绍林蛙的半人工养殖。养蛙场的建设主要是指修建交配产卵池、孵化池、蝌蚪饲养池和成体越冬池。在养蛙场的周围必须修筑围墙，防止林蛙逃走和敌害的捕食，围墙高度应在 1.2～1.5m，材料可用砖石、泥土、木材等。

1. 交配产卵池

是林蛙抱对产卵的场所,要选择阳光充足的地方,在小溪两岸修建一些小型产卵池,亦可利用自然形成的水坑、水池,面积为 20～30m²,水深以 0.2～0.4m 为宜,过深不利于升温,也与林蛙的习性不相符,水浅易干涸。池埂高 0.5m,宽 0.6m,池的形状可根据地形来决定,交配产卵池要毗邻冬眠河段,便于冬眠结束后就近抱对和产卵。一般按 5 对/m² 种蛙计算产卵池的面积。

2. 孵化池

是林蛙受精卵孵化的场所,要建在交配产卵池附近,以防运输过程中对蛙卵的损伤。孵化池的面积可根据地势而定,一般以长 6m,宽 4m 的长方形为宜,水深0.3～0.4m,池水充足,无污染,背风向阳,水流缓慢,日流量以不超过 1m³ 为宜。孵化池周围无林木荫蔽,日照时数较多,以利于提高水温,池内卵块以 5～6 团/m² 为宜。

3. 蝌蚪池

池的大小可因地而异,面积一般为 20～40m²,池子要设注水口和排水口,两水口要开在池子的同一侧,池底呈锅底形,中间低,便于蝌蚪在水温较高的浅水层中活动、取食。池底敷上土腐殖土,以利于水藻及浮游生物繁殖,作为蝌蚪的天然饵料。在蝌蚪池的中央挖一个小深坑,亦呈锅底形或半圆形,底上铺上塑料薄膜,并加压一层土壤,然后灌满水,其作用是供水中断或干涸时,避免蝌蚪因缺水而死亡。

4. 变态池

是饲养进入变态期蝌蚪的池子,规格大小与蝌蚪池相似,应建在林蛙的散放场里。

5. 越冬池

为林蛙越冬的场所,若养蛙场内有较深的河流,幼蛙、成蛙可以在其中越冬,否则必须人工修建越冬池。越冬池大小,可视越冬林蛙的数量而定,基本原则是宜大不宜小,越冬林蛙宜疏不宜密。越冬池的位置要有利于林蛙就近到达冬眠场所,池底放石块,可作越冬隐蔽物,水深 2m 左右,严冬季节池面结冰而池底不冻结,利用天然河流作冬眠场所时,要对河底进行清理,将与地面接触很严的石块垫起,留有缝隙,便于林蛙隐蔽。

# 第二节　繁殖技术

## 一、种蛙选择与捕捞

一般冬末初春捕捉种蛙,此时正值林蛙冬眠未醒阶段,选择体形肥壮、色红、发育良好,无畸形,背体上有"∧"形斑纹,体背为黑色带有褐斑,皮肤光滑的 2～4 龄个体作种蛙,超过 6 龄的蛙不宜作种蛙。选择 2 龄种蛙体重不低于 27g,3 龄不低于 40g,4 龄不低于 56g。自然界中野生种蛙的捕捞方法是在小溪中每隔一段修一个拦河小堤,堤的中部留一小的出水孔,将柳条编的篓子放在出水口处,林蛙沿河顺流而下进到篓中,收集起来。亦可用人工方法进行捕捞,即从河沟石块下、泥沙及洞穴中抓捕种蛙。春季收集的种蛙可保存在 4℃ 左右的水中,秋季收集的种蛙装在麻袋或尼龙编织袋中及时外运,途中注意保湿、防止蛙体干燥,每个容器盛放种蛙数量要适当,过分拥挤会造成死亡,运到目的地后要尽快放入冬眠池等越冬场所。

## 二、产卵和卵团的收集

在4月上旬,水温5℃以上时,已经苏醒的林蛙从冬眠隐蔽物爬出来,雄蛙进入产卵场以后,开始鸣叫,尤其夜晚鸣叫更甚,下半夜鸣叫声渐断。雄蛙的鸣叫声可被雌蛙识别,雌蛙听到求偶声后,循声进入产卵场,雌雄会合后开始抱对,雄蛙爬到雌蛙背部,用前肢拥抱雌蛙,雌雄蛙四肢及身体浸入水中,头部露出水面,抱对时雄蛙腹部不停地收缩,抱对以后,雄蛙停止鸣叫。林蛙在水温5℃以上时就能产卵,比较适宜温度为8~11℃,产卵一般连续2~4d,每只雌蛙产卵2000~3000粒,4月中旬为产卵盛期,4月下旬为末期。产卵前,林蛙有选择产卵地的习性,一般选在水温较高的浅水中,多在水深0.1~0.15m的池边。林蛙的卵一次排出,雄蛙也同时排精,精子与卵子在水中相遇结合成受精卵,整个排卵受精过程只需2~4min,雄蛙排完精后,轻轻放开雌蛙游走,雌蛙则静休10min左右后游走。小心地把卵块从池中捞出,放入有水的容器中,而后轻轻放入孵化池里,勿使卵块下沉,如有下沉,可在水中层衬一芦席,把卵块铺于其中。收集野生卵块可以作为捕捞种蛙的一种辅助手段,春季收集卵块尽量以早为宜,若过迟则卵块分散,不便收集,且妨碍卵的胚胎发育,影响孵化率,5月份以后的卵块为其他蛙类所产,不要误采。

## 三、卵的孵化与管理

林蛙卵孵化的适宜温度为11~13℃,蛙卵孵化与有效积温有密切关系。受精卵孵化期的长短,与气温和水温的高低有关,水温在15~18℃时,只需3~4d即可全部孵出蝌蚪,水温在10℃以下时,孵化期长达3周,而且孵出的蝌蚪发育不良,成活率低,所以应尽量提高池中的水温,可在池内加没保温棚,阴天和晚上加上,白天开启,这样可使卵正常发育,提高孵化率。但温度不宜过高,水温高于35℃以上时,卵就会坏死。

孵化期的管理措施:

1.保持适当的水温;

2.将在2d内产的卵放在一个池里孵化,如不分时间先后混在一起孵化,早出的蝌蚪吃完自己的卵胶膜后,就去吃没孵出蝌蚪的卵胶膜,影响其他卵块的孵化;

3.注意孵化池的水位,要始终保持孵化池水位的稳定,换水量切忌过大;

4.及时将漂浮卵压入水中,防止敌害生物(如鸟类)对蛙卵的危害,可用网罩在孵化池上。

# 第三节　饲养管理

## 一、蝌蚪的饲养与管理

从鳃盖完成期后开始到变态为止,为蝌蚪期。在自然条件下,这个时期为40d左右,体长增长到第15d基本达到最大长度,一般为0.013~0.015m,直到变态前体长无明显变化。到第30d体重增长达到顶点,平均每只蝌蚪达到0.93g,到第35d之后体重急剧下降,尾长到第35d达到最大长度,平均为0.032m,从第40d开始,尾开始迅速缩短,进入变态期。蝌蚪体色主要为黑色,约1/3为土黄色,带斑纹,有数量不多的蝌蚪为棕红色,在蝌蚪中发现极少数白化蝌蚪,全身都是白色,在室内饲养,变态幼蛙仍为白色,这可能是一种基因突变现象,其突变率大约为百万分之一至五十万分之一。

蝌蚪的群集性甚强,成千上万的蝌蚪聚在一起摄食或游泳,尤其喜欢在沿岸浅水区活动。有时到水深 0.01～0.02m 处活动,甚至蝌蚪体背露出水面。在整个林蛙蝌蚪的生长发育过程中,水温起到决定作用,水温低时蝌蚪生长缓慢,一般大棚孵化蝌蚪最适宜的水温是 10～25℃,在自然条件下,5 月份,蝌蚪喜欢聚集到阳光照射、温度较高处栖息。6 月气温和水温升高,蝌蚪则运动方向相反,喜欢到阳光不直接照射的地方活动,夜间蝌蚪全部沉入水下,分散伏于水底,处于静止状态。在降雨、刮风或阴天、气温下降时,蝌蚪群集现象消失,分散沉入水下活动或停止活动。

蝌蚪期是林蛙幼体发育的重要阶段,也是人工饲养的主要时期。蝌蚪为杂食性动物,饵料、环境条件及饲养技术不仅直接影响变态前林蛙的发育,也影响其变态后的生长发育。合理的饵料配方和管理,能使蝌蚪健壮。林蛙蝌蚪鳃盖完成期之后,开始摄取食物,蝌蚪吸附于卵胶膜上以其为营养不断啃食,大约 1 周左右把卵胶膜吃完,以后就摄取其他食物。由此可见,林蛙的卵胶膜不仅对胚胎有保护作用,而且是蝌蚪初期生长发育不可缺少的营养物质。7～8d 后,要及时饲喂,饵料以豆浆和煮熟的洋蹄叶、山芝麻等软嫩叶植物为主。蝌蚪生长 15～20d 时,食量增加,对食物选择不严,可投喂一些柔软的食物,如玉米粉、豆饼粉和鱼粉等精料加以大量的菠菜、白菜及洋蹄叶等野菜类煮熟混拌成糊状,沿池四周投入,特别是池角处多投一些。根据不同的生长期,决定投入量和投入次数,过多易腐烂变质,污染水质,过少取食不足,影响生长发育。一般每天投喂一次,以植物性饵料为主,动物性饵料为辅,精料与粗料的比例以 1∶2 为宜。当达到 30d 时,食量增大,适当增加投喂次数。同时提高水温,随着蝌蚪的生长发育,所需空间增大,应适时分池。蝌蚪的饲养密度在 10d 左右时,放养 4000～5000 只/m²,15～20d,放养 2500～3000 只/m²,25～30d,放养 1500～2000 只/m²。

人工养殖蝌蚪,密度大,食物必须充足,否则在食物不足的情况下,蝌蚪会互相残杀,大的咬住小的,或几只蝌蚪围攻一只蝌蚪,直到把被围攻者吃掉。蝌蚪期,应保持充足的水量,水位要求平稳,注水时流量不宜太大,太急。在蝌蚪生长初期,每天注水 1～2 次,水量不宜过多,其原因是气温、水温偏低,注水时间在下午 14∶00～15∶00 进行。蝌蚪生长后期,当水温达到 24℃ 以上时,蝌蚪密度较大,会出现缺氧现象,蝌蚪身体直立,将口露出水面吸气,如长时间这样,出现气泡病,造成蝌蚪大量死亡。这时要增大注水量,降低水温。当蝌蚪快到变态阶段时,如果饵料不足,温度高,水流量小,也会造成水中缺氧,出现蝌蚪互相残杀情况。防治方法一是加大进出水流量,降低水温;二是投放充足的饵料。总之,蝌蚪期的管理主要是对水的管理,如遇雨天或河流涨水,要控制注水口,减少流量,如遇干旱或高温天气要调整进水,增加流量,降低水温,要经常检查水位,及时清理沉积废物,保证池里不断水,不停水,不臭水,不干涸,严防污水、农药等污染水质,一般 5～7d,全部将池内水排换一次。

## 二、变态后的登陆放养

当生长到 50～60d 左右时,蝌蚪体形变小,尾缩短,体呈灰色,前肢突起出现,此时应及时运到变态池,继续投食,保持池中水质,防治敌害。为了使变态后的幼蛙及时上陆,要除去变态池周围的障碍物,四周可撒些豆腐渣之类的食物,招引小昆虫,供幼蛙上岸捕食。生活方式由水栖变为两栖,最后过渡到陆栖。幼蛙在水边陆地上生活,但离水池很近,不超过 0.3～0.6m,稍有惊动,即进入水中,大约在水池逗留 3～7d 之后离开水池走向山林。幼蛙登陆上山进入森林中生活,取食天然昆虫,这一阶段应为林蛙创造一些有利条件,如用黑光引诱昆虫,用腐败发酵的马粪、谷物秸秆、蒿草等招引昆虫产卵、繁殖,以增加林蛙的食物。林蛙的食物主要是鳞翅目、半翅目、膜翅目、双翅目、鞘翅目、直翅目等昆虫。

## 三、越冬管理

林蛙具有两栖动物的一般特性,冬季停止活动,代谢缓慢,进入冬眠。时间一般是 10 月中旬,水温和气温降至 10℃左右。

半人工养殖林蛙,越冬方式一是越冬池,二是越冬窖。

### (一)越冬池

在越冬池内可放入许多树枝、芦草、水草等,以保持水温,蛙会自动潜入池底、岸边泥土缝中或树枝中冬眠。翌年春季,气温上升后,除去池中的树枝、杂草等保温设备,以便饲养。越冬池内越冬应注意以下几方面:

1.越冬池不能震动。越冬池如水面结冰,林蛙不食不动进入冬眠,冰层上不得有任何震动,如有震动,影响林蛙冬眠,使冬眠林蛙活动需要大量氧气,但此时由于氧气不足,会造成林蛙窒息。

2.清除越冬池积雪。冬天下雪以后,越冬池冰面上的积雪要及时清除,保证池内有足够的阳光,阳光照进池内,浮游植物发生光合作用,使池内的林蛙有充足的氧气,保证林蛙的健康生存。

3.越冬池水质要纯净。林蛙在越冬池里,处于静止状态,要注意保持池内的水质纯净,如发现水质变绿变黑时,要及时注入新水,排出污水,保持池中水质良好。

4.越冬池不打冰眼。林蛙和鱼不同,鱼在水中需大量氧气,而林蛙不食不动,主要靠湿润的皮肤来辅助呼吸,需氧气并不多,因而越冬池不用打冰眼。

### (二)越冬窖

越冬窖建在养殖场或院落里都行,窖型为长 4m,宽 5m,高 2m。窖盖用木头搪好,上面盖 0.33m 厚土,留出气眼和出入口。在地面按窖的范围搭建塑料棚。窖内地面铺一层 5cm 的阔叶树叶,上面喷水,使树叶湿润,在林蛙回归期,将林蛙集中起来,放入窖内,很快林蛙就会钻进树叶不动,这种规格的窖可供 10 万只幼蛙越冬,4 万只成蛙越冬。林蛙窖越冬的关键是防止鼠害,同时窖内要保持温度在 0～15℃,湿度在 90%以上,温度和湿度可以用开关气眼来调节,直至翌年 3 月末。

## 四、病害防治

林蛙生性怯弱,对敌害无反击能力,只是靠隐蔽或身体的保护色保护自己,为了确保林蛙的正常生长,应大力清除敌害,林蛙的敌害很多,主要是鹭、翠鸟、水獭、田鼠、蛇、龙虱、水蛭及体内寄生的线虫等。水生动物的病害防治,主要是开始饲养以前,彻底对饲养池、孵化池进行清理,先把池水排干,每亩泼入生石灰 50～75kg,1 周后再灌入新水。其次应当用网具遮盖,尽可能避免各种鸟类来捕食蛙群,为防止蛇类危害,必须彻底清理蛙场,除去场内树木残根,使之无藏身之处。尤其是早春林蛙冬眠初醒,行动迟缓,应集中力量防治。水獭、田鼠、黄鼬等兽类可采用诱捕器、铁踩铗、套子等器械,兽类多在夜间活动,在兽害严重地区应在晚间巡视管理。林蛙的疾病防治可参照牛蛙常见疾病的诊断和防治方法。

# 第四章　棘胸蛙的养殖

棘胸蛙(*Rana spinosa*)，俗名石蛤、石鸡、岩蛙，主要分布于我国的湖北、湖南、江苏、江西、安徽、浙江、福建、贵州、四川、云南、广东和广西等地。棘胸蛙喜欢栖息于高山深谷、树木丛生的山溪水坑下，溪边石洞或土洞之中，或有瀑布附近的石洞中。栖息的环境要求阴凉、潮湿、气温偏低，最适温度为12～25℃，低于12℃时冬眠，高于30℃会发生死亡。棘胸蛙肉质细嫩，味道鲜美，营养丰富，被美食家称为"百蛙之王"，棘胸蛙是我国野生蛙类中个体最大的种类。因其体大、肉肥、味美、营养丰富，不仅用于医药，也是人们喜食的高档野味，由于过度滥捕，棘胸蛙资源正日渐枯竭，其自然种群数量急剧下降。棘胸蛙人工繁殖的成功为满足人们的需要和保持生态平衡提供了保证，大力开展棘胸蛙的人工养殖，不仅势在必行，而且发展前景十分喜人。

## 第一节　自然繁殖生态

### 一、雌雄区别

据报道，棘胸蛙自然条件下的雌雄性比为1.15∶1。棘胸蛙的雌雄性征用肉眼很容易鉴别(表4—1)。

表4—1　棘胸蛙的雌雄性征比较

| 第二性征 | 雌性 | 雄性 |
| --- | --- | --- |
| 个体 | 较小 | 较大 |
| 胸部疣及角后刺 | 较小 | 粗壮 |
| 内掌突的婚垫、婚刺 | 无 | 有 |
| 咽侧声囊孔 | 无 | 有 |
| 繁殖季节腹部 | 充实、饱满柔软 | 不明显 |

### 二、繁殖季节与产卵习性

每年春季，当水温超过15℃时，棘胸蛙就开始繁殖。棘胸蛙的产卵适温为18～26℃，自4月中下旬至9月中旬是繁殖季节，在4月份就已发现有产出的棘胸蛙卵块。5月中旬至7月为产卵高峰期。棘胸蛙为多次产卵类型，产卵量随个体大小、水温及性腺发育状况有差异，群体产卵大致一年分三批，第一批在4月下旬；第二批为5月底至6月初；第三批为7月上旬至8月。

### 三、繁殖力与成熟系数

雄蛙有精巢一对,附在背部肾脏的腹面,淡黄色、长瓜型,长为 8~25mm,宽 2~6mm,重 0.5~2.5g。对雌蛙的怀卵量按个体大小分组进行分析(表 4-2),一对卵巢在腹腔中左右分布呈不规则块状,发育好的卵巢几乎充满整个腹腔。卵巢中一般存在大中小三种卵粒(表 4-3),大中型卵粒的动植物极明显,而小型卵粒的动植物极不明显。从表 4-2 中可以看出,卵巢重量,绝对怀卵量,性腺成熟系数(平均值)均随个体重量增加而增加,但其相对怀卵量则在 150~199g 体重级出现最低值,而至 200g 以上时又逐渐回升。对 100g 以下的雌蛙解剖表明,此体重段的棘胸蛙多数卵巢发育不全,仍处于Ⅱ期发育阶段,仅有少量达Ⅲ期发育阶段。

表 4-2　不同体重的雌蛙怀卵量与成熟系数

| 体重(g) | 100~149 | 150~199 | 200~249 | >250 |
|---|---|---|---|---|
| 体长(m) | 0.114 | 0.12 | 0.13 | 0.138 |
| 空壳重(g) | 100 | 118 | 139.5 | 169 |
| 卵巢重(g) | 10.8 | 16.3 | 28.1 | 37.4 |
| 绝对怀卵量(粒) | 564 | 642 | 872 | 1430 |
| 相对怀卵量(粒/g) | 52 | 24 | 31 | 38 |

表 4-3　大中小三种卵粒的重量和卵径比较(均值)

| 项目<br>卵型 | 卵重(g/粒) | 卵径(mm) | 备　注 |
|---|---|---|---|
| 大型 | 0.021 | 3~4 | 动植物极明显 |
| 中型 | 0.015 | 2.3~5 | 动植物极较明显 |
| 小型 | 0.011 | 1.5~2 | 动植物极不明显 |

### 四、繁殖行为

棘胸蛙的生殖、发育和变态都在水中进行。在繁殖季节,当水温升至 15℃时,雄蛙开始发情,在 4~9 月繁殖季节里,交配一般在 21:00 至翌日 3:00 左右进行。雌雄蛙的交配形式是"抱对"。雄蛙的内声囊发出"呱—呱—呱—""呱—呱—"的求偶声,雌蛙朝雄蛙鸣声处靠拢时,也时常发出"喀、喀"的应和声。据报道,在 5 月初发情达到高潮期时,雄蛙鸣叫频繁,遇到雌蛙时追逐,拥抱十分激烈。雌蛙徘徊在浅水中,寻找拥抱雄蛙的机会。抱对时,雄蛙跳骑在雌蛙背上,胸部紧靠雌蛙背部,并利用其有婚瘤的粗壮前肢紧紧挟住雌蛙,进行类似交配,但实质仅是身体接触的抱对。抱对的时间长短不一,短的仅数小时,长的可达 2~3d。雌蛙因受刺激排出成熟的卵子,而雄蛙后腹部紧贴雌蛙背部,同时射出精子,在水中完成体外受精。随着卵子的产出和受精,雄蛙接着用后肢伸缩拨水,将产出的卵子推向后方。待雌蛙将成熟的卵子排出,并完成体外受精后,雄蛙便从雌蛙背上滑落,离雌蛙而去。

# 第二节　人工养殖技术

## 一、养殖设施

### (一)养殖场地的选择

野生棘胸蛙的栖息环境,概括起来有三大特点:一是"清",即要有充足而清新的无污染的水环境;二是"凉",即气候凉爽,水温适中,冬暖夏凉,即使在夏秋高温季节,水温一般不超过30℃;三是"静",就是要在环境幽静,远离人群的地方建场。根据棘胸蛙的栖息环境和生活习性,选择养殖场地时要掌握以下几个条件:(1)较理想的养殖基地应选在山区,以海拔300～900m左右的阔叶林边的山溪为好,选择其中有小瀑布,溪弯多,石块多的溪段,地形要求有一定的坡度,冬季也有水可引,洪水期不会被水淹,无山崩和土块塌落,无环境污染,自然条件优美;(2)养殖池要有较多的大石块,石洞,石缝等,因棘胸蛙胆小怕惊,故不宜选择靠近公路或人经常活动的地方,免受人为干扰;(3)小溪需常年有充足的流动水源,最好是选择有山泉的地方,泉水冬暖夏凉,有利于其生长发育,可缩短其冬眠时间;(4)四周环境应有树木、野草,以提供合适的隐蔽场所和丰富的昆虫资源。

### (二)养殖池的修建

#### 1.成蛙池

因棘胸蛙善跳,故养殖池四周要建围墙,墙的基础要求是不少于0.3m深,围墙高度要求1m以上,墙内壁须保持光滑(可挂铺塑料薄膜),池底不一定铺水泥,以不漏水为原则。养殖池面积以667～1334m²为宜,为了使棘胸蛙安全度夏,还要在池底或池壁打洞,深0.02m左右,水要从洞里流出,以便降温。在池的进出水口要设置栏网,以防蛙逃脱。建池时要保留原来的植被以滋生昆虫,并设置一半陆地,以供蛙陆栖生活。养殖池水深,平原区以0.35～0.5m为好,山区只要0.2～0.3m即可。有条件的地区,冬季利用无毒温泉水引入蛙池,以利于棘胸蛙常年生长。

#### 2.产卵池、孵化池

产卵池主要用于亲蛙产卵,亦有土池和水泥池两种。如果要进行人工催产繁殖,为避免人员活动造成水质浑浊,影响孵化率,最好采用水泥产卵池。若是采用自然产卵繁殖,土池同样能够满足繁殖的需要。产卵池面积可大可小,一般为10～15m²。产卵池水深0.15～0.2m。池内种上水生植物,如马来眼子菜、聚合菜和水葫芦等,以促进产卵和黏附卵块。棘胸蛙产卵时,要求周围环境安静,不能有响声和震动等干扰。因此,产卵池宜在养殖场较偏僻的一隅。

孵化池用于孵化受精卵,培育早期蝌蚪,通常采用水泥孵化池。为便于排水,池底要缓缓倾斜于排水口。面积以8～10m²为宜,池深1m,其中地下部分0.5m。池中放入经消毒清洁的水草,供附卵和孵出的小蝌蚪依附。水泥池设注排水口,水位恒定,水呈缓流状态。水质要清新,DO高,水深0.25～0.35m。孵化池近排水口处略凹下,以便收集蝌蚪。

棘胸蛙的卵粒大,且多呈串珠状和葡萄状,动物极转位后,如再人为捞取搬动,极易造成动物极无法复原,严重影响孵化率。现在养殖场均采用一池多用、原池产卵孵化的方法进行人工繁殖,取得了满意的效果。建池时,要考虑一池多用,结构上尽量互相顾及。实际上,一池多用即亲蛙培育、产卵和孵化，对水池结构的要求大同小异，只是孵化池的要求略高，而且最好是水泥池。水泥池可减少水质浑浊和底部泥沙对孵化的影响，可提高孵化率。如果都采用水泥池，池中种上水生植物，池边砌筑洞穴等，基本上就能满足多用的要求。

3.蝌蚪池

一般采用水泥池，面积为 20～30m²，池深 0.8～1.0m，水深 0.2～0.3m，便于蝌蚪在水中活动和呼吸；蝌蚪池内应放置一些粗砂碎石，水中适当设置水草，以供蝌蚪栖息；设置注、排水口，用于调节水位和更换新水；蝌蚪池边或池中设有一定面积的陆地、陆岛，且陆地、陆岛的近水连接处建有水下缓坡，便于已变态的幼蛙登陆栖息。陆岛或陆地近水面部分还可用砖石块和水泥板砌筑多个洞穴，供登陆的变态幼蛙栖息。根据蝌蚪孵化和变态加温、保温、降温的需要，灵活选择搭建遮阳设施。

4.幼蛙池

幼蛙池的面积以 20～30m² 为宜，池中水深以 0.4～0.5m 为宜，池中构筑陆岛，在近水面的四边陆地部分，用砖石和水泥板等建造多个洞穴，供幼蛙栖息。洞穴前的水面上放水泥板或木板，当作幼蛙登陆的跳板和饵料台。洞穴和饵料台的上方用水泥瓦等搭建遮阴棚，遮挡阳光的照射。池中种上水生植物，以降低水温。在池边至围栏间的空地种上常绿草木，以增加遮阴面积，改善生态环境。

有条件的地方可建梯级式池子，水流最好类似瀑布。一般上层池水较浅，放养蝌蚪及种蛙产卵；中间层次的为幼蛙池；下部的大池为成蛙池。水源的入口设在池的上层，使水有居高临下之势，出水口应加铁网，防止蛙随水流逃逸。各级池子的上面搭设凉棚，在池边陆地上种瓜豆，让其攀援上棚以便夏天遮阴降温并招引各种昆虫，为棘胸蛙提供天然饵料。

## 二、人工繁殖

### (一)种蛙的选择

用于人工繁殖的棘胸蛙种蛙，其来源主要有两个：一是到养殖场选购；二是到产区捕捉野生的种蛙。种蛙的优劣直接影响到蝌蚪的发育变态和幼蛙的生长速度。因此，用于繁殖的种蛙必须严格挑选，要求体质健壮，发育良好，无伤无病，生长年龄在 2 年以上，体重 150～300g。具体来说，对于雄蛙，要求躯体雄健，前肢粗壮，婚瘤明显，胸部黑棘发达，鸣声洪亮；而雌蛙则要求体形丰满，腹部膨大柔软，卵巢轮廓隐约可见，触摸时富有弹性。如选择的种蛙来源于人工养殖，还要注意血缘关系，防止近亲繁殖，避免种质退化。

棘胸蛙种蛙一般以引种繁殖为好，若无条件引种，可从山中捕获，一般在夜间进行。选择密度高的栖息区，带灯具沿溪间逆流而上。捕捉时一手执手电，用强光照射蛙眼，使之发生暂时呆滞，另一手握半拳状，由头部进攻，待其尚未反应过来时迅速抓住，捕捉时手不能握得过紧，防止搔皮伤骨。盛蛙器具最好用透气网袋，切勿挤压或捆得过紧。入池前要认真检查，若行动缓慢，反应迟钝和有明显生理缺陷的不能作种蛙。饲养 20d 后要将个别不能适应环境改变者剔出。饵料以活食为主，如直翅目昆虫、蚯蚓、虾、蟹等。一定时间后，棘胸蛙会自行交配产卵。

有种源的养殖场，可在孵化池内设孵化箱若干，其规格为高 0.35m，直径 0.5m，用尼龙丝或网线编成。每箱可放 20～25 组种蛙，每组雌雄比例为 2∶1。孵化池的水质必须清洁，无农药等污染。温度控制在 15℃左右，并在箱内放一些棕片或竹块，供雌蛙排卵。处于发情期的种蛙在抱对后 7～9h 可产卵。如对种蛙进行脑垂体注射促进排卵，可取得更佳效果。1 只雌蛙年产卵 4000～5000 个,孵化率在 50％以上。产下的卵块可连同棕片、竹块等一并轻轻取出,放入孵化池内,其水深为 0.15m,水温在 10～15℃之间,投放卵块 4～5 团/m²,4d 左右即会孵出小蝌蚪。捕捉野生蛙所产下的卵,也可采用上述办法进行孵化以提高孵化率。

(二)棘胸蛙繁育特性

棘胸蛙必须在气温为 23～28℃,水质好、清洁透明的长流水中,要有滴水声才能激起雌蛙产卵。有人称这一繁育特性为"棘胸蛙滴水刺激产卵"习性。通过营造良好的生态环境,棘胸蛙年产卵次数、年产卵量可明显提高。

提高种蛙产卵次数和产卵量的措施是:

1.在冬季水温达到 12℃以上时给予喂食:原来当水温降低到 15℃时棘胸蛙暂停喂食,误认为棘胸蛙进入冬眠期,造成整个冬季没有吃食;其实经一段时间适应以后,水温达到 12℃时棘胸蛙还有一定的活动能力,也会间断性地摄食,故冬季应保持喂食,补充其在冬季体内的能量,保持棘胸蛙性腺良好发育。

2.产卵后加食:产卵后的种蛙体能消耗大,产后喂饵量比同类成蛙增加 2％～3％,促使体能迅速恢复。

3.水温控制在 23～28℃,防止水温高低变化大影响产卵。

4.调节水的 pH 为 6.5～8。

5.补充维生素,增强种蛙体质,避免停止产卵。

6.模拟生态环境营造长流水和间断性的滴水声。

(三)人工授精

为了克服棘胸蛙雌蛙注射脑垂体液后与雄蛙自然配对率不高的缺点,提高优良种蛙的繁殖力,可进行棘胸蛙的人工挤卵和授精。

选择体重在 100g 以上健壮和营养状况良好的性成熟雌蛙,对其腹腔内注射适量的同种或异种蛙的脑垂体液。方法是:以黑斑蛙脑垂体计,体重 150g 左右 4 粒,体重 200g 左右 5 粒,体重 250g 左右 6 粒;体重 150g 以下及 250g 以上者,则酌情减少和增加。脑垂体置于玻璃匀浆器内加适量 0.7％NaCl 液研磨成悬液注射,将注射后的雌蛙单独置于玻璃缸或其他无毒容器内饲养观察。雌蛙多在注射后 72～122h 会自行排卵,因此,在注射第 2d 后,适当观察,到第 3d,每 1～2h 观察一次,仔细检查是否有卵排出。

发现雌蛙排卵时(只需有 1 粒),则立即将准备好的体重在 100g 以上健壮、性成熟的雄蛙腹腔内注射适量蛙脑垂体液。30min 后,用玻璃滴管自泄殖腔吸取精液,置于载玻片上,用显微镜低倍镜检查精子密度后,滴上 1 滴清水(pH 为 6.4 以下的弱酸性,自来水需去氯),检查精子活力。若精子密度在"中等"以上、精子活力在"4"分以上,则可使用。

判断及鉴定分级方法是:密度分为"稠密"、"中等"、"稀薄"、"个别"、"无精子"。稠密,即精子之间几乎无间隔,其最大间隔在 1 个精子长度以内;中等,即精子之间的间隔在 1～2 个精子的长度之间;稀薄,即精子之间的间隔超过两个精子的长度以上;个别,即显微镜视野内仅见个别精子;无精子,即精液内无精子。

精子活动力。根据棘胸蛙精子多为摆动,个别可见回旋运动及直线运动的特点和视野内精子群体摆动运动的百分率,共分 5 级,即 100％的精子作摆动运动的为 5 分;80％的精子作摆动运动的为 4 分;60％的精子摆动的为 3 分;40％的精子摆动的为 2 分;20％的精子摆动的为 1 分;精子死亡、无运动的为 0 分。

精液品质经检查鉴定合格后,用洁净的试管盛装 8mL 左右的清水(pH 为 6.4 以下的弱酸性的泉水或无氯自来水),用玻璃管连续几次从雄蛙泄殖腔吸取精液滴入试管清水中(吸取精液量约需 0.2mL),待清水稍呈现混浊时即可。若精液不易吸出,可用一手指平触雄蛙胸部,使其两前肢紧抱手指(似"抱对"动作)之后,滴管可吸得较多精液。

精液准备好后,先将雌蛙抓起,头朝上,用手将其固定在 30°～40°角倾斜的、表面铺好塑料薄膜(防止黏卵)的木板上,木板下面备好洁净盆子,将 8mL 左右中等密度以上的精子稀释液倒入盆中,即可开始挤卵。

挤卵时,将拇指与食、中指由背向腹、环抱住雌蛙上腹部,后两指与拇指下手掌处紧围贴蛙背及下腹部。先在上腹部微力加压,紧接着对下腹部加压,5～7s 后放松,约间隔 10s,又以上述方法加压、放松,如此反复。当手掌下部紧贴蛙泄殖腔处背部有似脉搏跳动感时,即表示开始排卵,此时则加压挤出卵。当挤出一串卵后,手又放松,然后又以上述方法以挤压,直至用手感知蛙腹部松软,已不能再挤出卵时,表示排卵完成。整个过程需 30～40min。

在挤卵过程中,另一人用滴管将卵轻轻地平拨于盆内的稀释精液中,并迅速吸取此液淋在卵球上。排卵完后,用滴管轻轻地将卵摊平,散开排成 2～3 粒一排的长列,以防卵球堆积。15min 后,即向盆内沿盆壁缓慢地加满清水,水深为 0.04m 左右。过 1～2h,卵受精后,动物极向上,植物极向下,此时可用玻棒或滴管将黏在盆底的卵胶膜拨开,让其飘浮在水中,以防止胚胎缺氧死亡。

棘胸蛙人工授精率在 90％以上,效果与自然抱对情况相近,但是,秋后人工催产蛙排卵数量少。卵子虽能够受精,但孵化率极低,孵化的蝌蚪畸形较多。因此秋后对棘胸蛙进行人工催产和受精是不适宜的。

(四)受精卵的孵化与管理

要保证受精卵有较高的孵化率,必须搞好下列几方面工作:

1.模拟棘胸蛙的野生生境布置孵化池;

2.采卵及转移等操作中尽量减少胚胎损伤;

3.采取勤换水,水深 0.1～0.15m 浅水孵化和控制密度为 2000 枚卵/㎡等措施保证胚胎孵化过程中有充足的氧气供应;

4.为了在缩短孵化期的同时保证较高孵化率,水体消毒、孵化池水温控制在 25℃左右较为理想;

5.水的 pH 为 6.5～8,适宜蛙卵的孵化;

6.避免阳光直射蛙卵,阳光中的紫外线容易灼伤蛙卵,通常照射 1h 就会死胚。

采取上述措施可保证孵化率在 90％以上。

# 三、饲养管理

## (一)蝌蚪的培育与管理

蝌蚪可以在蝌蚪池中培养,也可以在产卵池培育。蝌蚪白天喜隐匿于水坑内的水草丛中,石缝里及漂浮的树叶下,不时在附近游动,夜间则沿池边游动。蝌蚪池中最好放养水浮莲等水生植物,让蝌蚪白天隐匿。在饲养期间,由于蝌蚪不断长大,需要经常分级分池,约经 2 个月饲养,蝌蚪全长 0.0065m 以上时,逐渐长出四肢,开始变态为幼蛙,可营水陆两栖生活。

蝌蚪孵出 4～5d 后,卵黄囊消失,消化系统健全,开口摄食。此时应将蝌蚪从孵化池中捞起放入蝌蚪池中饲养。放养密度视蝌蚪大小而定,10d 为 1000～2000 尾/m²;30d 以上为 300～500 尾/m²,饲养 30d 左右进行筛选,分级饲养,其密度可降至 100～200 尾/m²;若初期放养密度为 100～200 尾/m²,可不必分池饲养,可直接将蝌蚪培育至脱尾变态成幼蛙。

孵化出膜 3～4d 以内的蝌蚪不用喂食,过早喂食反而导致其死亡。当 3～4d 以后,开始喂熟蛋黄,按每万尾蝌蚪投喂一个蛋黄标准定时投喂;5d 蝌蚪按体重的 5％喂豆渣;15d 蝌蚪开始喂动植物性饵料或配合饵料,投饵量按蝌蚪总重的 9％～10％投喂。喂食时间以每日 16:00～17:00 为宜。

蝌蚪的饵料中主食是玉米粉、豆饼、鱼粉、骨粉等的混合饵料,不同生长发育阶段混合饵料比例应有所改变。另外还可掺喂草鱼粪便,粪便中含有大量未经消化的植物茎叶细胞,是蝌蚪的上等饵料。搭配比例是,一尾重 500g 的草鱼套养 250～300 只蝌蚪。植物性饵料还有蔬菜、浮萍、苏丹草、黑麦草、榆树叶等,动物性饵料还有肉或内脏。

蝌蚪培育的管理工作不论是早期、中期或后期,其日常管理基本相同,主要是控制水温、调节水质、合理投饵和控制饲养密度等工作。初养的野生蝌蚪在条件允许的情况下要每日换水一次,1 周后可适当增加换水间隔天数,但当池面出现聚集的气泡时应及时换水,换水时防止蝌蚪随水流逃走;换入水的最适温度在 18～20℃,pH 保持在 6.4 左右。不同生长发育阶段蝌蚪的饲养密度应适当调整。

合理投饵需注意以下几点:

1.不喂腐败变质的饵料;

2.干料必须浸泡至不再膨胀后投喂,避免胀气;

3.要有青料(水草、青菜等);

4.变态期应喂青饵料及各种维生素,并加强光照,以加快其变态的速度。

另外在蝌蚪培育过程中还应注意,蝌蚪在变态过程中,由于尾部萎缩,在水中的活动不够自如,游泳时易失去平衡,喜在浅水区或石上休息,水深会淹死,但其排粪又要靠游动帮助,这样又需安排浅水(0.02m)、深水 (0.1m)和无水 3 个区域,并在浅水区放置水草或石块。

### (二)幼蛙的管理

刚变态的幼蛙主食人工培养的水蚯蚓,另外也可投喂蝇蛆。6 月龄后可将蚯蚓切成段投在饵料台中饲喂。1 龄后的幼蛙及成蛙可直接投喂蚯蚓。一群幼蛙中一般有几只"领头幼蛙"又叫"领食幼蛙",引诱"领食幼蛙"开食是群体幼蛙开食的关键。投喂量从幼蛙总重的 1％开始,按梯度增加到体重的 9％～10％为止。据研究,幼蛙的日食量是体重的 3％～5％,一只蛙从变态长到 3 龄需 600 日龄(冬眠期除外),在生长期平均体重为 41g,其平均日食量为体重的 5％,即 2.05g,因此,平均需要饵料 1230g。幼蛙在好的环境中,只要饵料充足,其成活率在 95％以上。在饲养过程中有两种情况值得注意,一是早变态的(8 月上旬以前)蛙生长速度快,晚变态的(8 月中旬以后)则生长较慢,后者冬眠死亡率高。因此,早孵化和合理饲养蝌蚪,使蝌蚪早变态是很必要的。

幼蛙的管理工作主要是控制饲养密度和防逃。饲养密度一般控制在:0～6 月龄 30 只/m²; 7 月～1 龄 20 只/m²;1～2 龄 10 只/m²;2 龄以上 6 只/m²。防逃主要是防止幼蛙攀逃,如果饵料供应不足,幼蛙就会逃走。

### (三)成蛙的管理

棘胸蛙成蛙食性很广,以昆虫、蛾类等小动物为主,一旦这些活食死了,棘胸蛙即不再食。

另外也食植物性饵料和浮性饵料。饵料的来源及配方有以下几种：

1. 麸皮、鱼粉、大米粉、骨粉各 15％，米糠、菜叶各 20％，再加适量甘蔗渣，以增加浮力，最后打成粉状，用颗粒机制成条状似虫形的浮性饵料；

2. 黑光灯诱虫：7～9 月间，晴天一支 20W 黑光灯一晚可诱虫 200g；

3. 网捕昆虫，采用诱捕剂引诱昆虫密集到预定点，然后以网捕之，其效果甚佳，一般一次可诱捕 500～1000 只；在封闭式的养蛙条件下，诱捕昆虫和饲养昆虫作为蛙的主要饵料源之一，试养证明该法是行之有效的；

4. 捞捕蝇蛆，一个 0.4m×0.2m 的捞网，一次可捞取 300～500 只蝇蛆；

5. 利用猪粪养殖蚯蚓。

成蛙的管理工作主要是控制饲养密度和防逃。饲养密度一般是 6 只/m²，但只要有足够的食物供给，水质好，环境阴凉通风，棘胸蛙可适当高密度饲养。防逃主要是防止成蛙逃逸。

## 四、温度控制与越冬管理

### （一）水温控制

棘胸蛙属变温动物，生活的最佳温度是：水温 18～25℃，气温 15～30℃。水温低于 12℃，就进入冬眠，高于 35℃时则进入夏眠。为了适应其生长，对水温应加以控制。夏季若池旁树木未长高，遮阴效果较差，温度高时，可加大水流量，或利用山区自然水压差引水喷雾的办法降温。冬季寒冷时，亦可用加大水量的办法提高池水温度，防止结冰，冻坏成蛙、幼蛙和蝌蚪。

### （二）越冬管理

越冬的管理工作主要是保温防冻，除保持和加大水流外，也可在水中投撒适量无毒树叶、枯草，既有保温作用，又可作为冬眠隐蔽物。并要随时观察池周冰冻情况，及时修理冻塌的围墙和池埂等。

1. 越冬水温，一般在立冬后，水温低于 12℃时，棘胸蛙就进入冬眠；

2. 蝌蚪越冬，越冬蝌蚪耐寒力极强，−5℃均不会死亡，一般在流水池能安全越冬。在静水池隔 15d 换一次水，自来水注入前要先去氯；

3. 1 龄幼蛙越冬，在池底铺上一层细沙，水深 0.1m，保持微流水就能安全越冬；

4. 成蛙和种蛙的越冬，一可以在室外石洞内铺上 0.1m 厚的细沙，水深 0.15～0.3m，蛙伏在沙上越冬；二可在室内水面上设双层木板，上下板空间距离约 0.25m，下板与水面相接，蛙伏在下板上越冬，上板作为覆盖物；三可在室内水面放浮网，蛙伏在网上越冬，蛙背中部稍露出水面，池内 30d 换一次水。

## 五、天敌及病害的防治

### （一）天敌

棘胸蛙的天敌很多，主要的天敌是蛇、鼠、鹰、翠鸟、乌鳢、鲶鱼、塘虱、鳗鱼、乌龟、鳖等，其防治方法与牛蛙的天敌防治方法相同。

### （二）病害

1. 蝌蚪的气泡病，症状是蝌蚪腹部膨胀，游泳失去平衡，有的侧游，有的肚皮朝上，有的在一侧出现大而透明的水泡。原因主要与进食有关，有的是由于吃了胀气的干粉饵料引起的，有的是由缺氧引起的。治疗方法是把蝌蚪放在氧气充足的水中,不喂料,一日至数日后即可痊愈。

2.蝌蚪(或蛙)的氨中毒,当静水越冬池长期不换水,越冬蛙或蝌蚪排泄物积聚增多时,使水体氨浓度增加导致蛙中毒死亡。预防方法是每周换一次水。

3.氯气中毒,在换自来水时,一定要事先去氯,否则易引起氯中毒。

4.寄生虫病,棘胸蛙的寄生虫种类很多,包括寄生线虫、吸虫、水蛭等。防治体内寄生虫的方法是在配合饵料中适当加入驱虫药物,以减少感染,并有利于生长。预防体外寄生虫的方法是用 $250 \times 10^{-6}$ 的硫酸铜溶液,浸浴数小时,92.8% 的水蛭被麻痹而从棘胸蛙的皮上脱落下来,蛙体上的少数水蛭可用镊子将其摄下放入食盐中杀死,也可用药棉沾一定浓度的食盐水洗患部,水蛭则脱落收缩而死。

5.溃疡,在野外捕捉到的个别蛙发现背部有直径 0.005m 大小的,呈对称排列的溃烂面,经人工饲养后的健康蛙碰烂嘴后,发展到头上、躯干、四肢等大小不等的溃烂面,呈不规则的对称分布。治疗方法有:12800mL 水放 0.25g 链霉素,每两天换一次水、换一次药;用庆大霉素代替链霉素处理;40 万 IU 青霉素放入 12800mL 水中;用高锰酸钾及双氧水清洗,方法是将病蛙分别放入干净容器中,每天 8:00 和 20:00 将病蛙捉出,用棉签蘸取双氧水将伤口面清洗干净,再用 1% 的高锰酸钾溶液消毒,消毒后半小时再放入洗干净并换好水的容器中,这时伤口面呈棕褐色。用双氧水清洗伤口面,1% 高锰酸钾溶液消毒可有效控制棘胸蛙小面积溃烂,一般 2 次/d,3d 后即可收到明显效果。以后只需加强饲养,让其自然愈合。该法对唇部大面积溃疡且体质瘦弱的蛙效果不理想,所以应及早发现并加以治疗。

此外,棘胸蛙的蝌蚪对鱼的烂皮病及烂鳃病极为敏感,感染后呈暴发型,多在 1~2d 内死亡,死亡率为 100%。其防治方法可参照同种鱼病的防治。

除以上几种常见病外,要保持水质不受农药的污染,防止食物中毒和机械损伤。

# 第五章　大鲵的生物学及人工养殖

## 第一节　大鲵的生物学

### 一、大鲵的分类与分布

大鲵(*Andrias davidianus*)属两栖纲(Amphidia)有尾目(Vrodtla)隐鳃鲵科(Cryptobranchidae),因叫声似婴儿啼哭,故俗称娃娃鱼。属国家二级重点保护水生野生动物。

据古生物学和古地理学的研究,自古生代泥盆纪开始出现两栖动物之后,大鲵逐渐繁盛起来。它的祖先在地球上分布很广,大约在距今四亿年前,北半球相当广泛的地区都有它们的足迹。到目前为止,大鲵最古老的化石在美国怀俄明州的下始新纪地层(距今六千万至七千万年以上)中发现,此外,在欧洲、北美和亚洲等地也陆续有所发现。然而随着历史的推移,地质的变迁,全世界现存仅有三种,除中国大鲵之外,还有日本山椒鲵和美国隐鳃鲵。

根据文献记载,中国大鲵主要产于长江、黄河及珠江中上游支流的山溪河中,河南、河北、山西、陕西、甘肃、四川、重庆、贵州、湖北、安徽、浙江、江西、湖南、福建、广东、广西和云南等省(市、区)均有分布,尤以四川、重庆、湖北、湖南、贵州、陕西等地区较多。

### 二、大鲵的生物学

#### (一)形态特征

1.成体

身体呈扁筒形,分头、躯干和尾三部分(图5-1左)。体表光滑无鳞,皮肤润滑,受刺激后能分泌出白浆状黏液,黏性强,在水中呈透明状,气味似花椒味。体色多种,随着环境和栖息地不同而不同,一般有暗黑色、红棕色、褐色、黄色、灰色、浅棕色、银白色或金黄色等,皮肤上有各种斑纹。

头大阔扁,前端有宽大的口裂,上下颚前缘有锐而坚硬的锯状小齿,呈弧形(上颚小齿有两排)。吻端圆,有外鼻孔一对,在上颚正前位,内与口相通,头前上侧有一对小眼,无眼睑,位于头背部外侧。头顶面与腹面均有较多的成对疣状物。

躯干由胸腹组成,胸部两侧称颈褶,腹两侧有较厚的皮肤皱襞,有圆形的疣粒。后腹部有泄殖孔,两侧有附肢二对,肥厚短而扁平,后肢长于前肢,前肢四指,后肢五趾,指趾端光滑无爪。后肢外缘有膜质的肤褶,趾间有浅蹼,便于游泳。

尾为体长的1/3左右,较短,侧扁,上下方有脂肪质的鳍状物,尾端钝圆或椭圆。

图5-1　大鲵成体(左:段彪摄)、卵(中:明瑞丽摄)和幼体(右:明瑞丽摄)

2.卵

大鲵卵呈圆球形(图5-1中),卵球直径6～7mm,其卵包膜直径0.015～0.017m,每个胶体球有特异的卵带连接,近似珠状,每两颗胶体球之间的卵带长0.02～0.025m,卵带有伸缩性,胶体球有弹力,刚从母体产出时为淡白色,吸水后膨胀,透明。

3.幼体

刚孵化出的幼鲵体长0.025～0.031m,重约0.3g,体背部及尾部褐色,体侧有黑色素小斑点,腹面由于有卵黄而呈褐色,两眼深黑,与体色比较显而易见,口在下端,外鳃三对,呈桃红色(图5-1右)。7～8天后颜色变成浅黑色,前肢棒状,开始有指的分化,后肢短棒状,末端圆球形,半个月左右,全体暗褐色,但腹面仍是黄褐色,前肢分化出四指,后肢已有分叉出现,能保持平衡。少数仍侧卧水底,幼体在水中游动活跃。

(二)内部构造

1.皮肤与肌肉系统

大鲵体表光滑湿润,皮肤具有成对的疣粒。皮肤颜色多以褐色、浅棕色、红棕色或暗黑色等为底色,并掺杂有斑纹。大鲵患病或者体表受伤时,从伤口处分泌的黏液,有难闻的臭味。大鲵皮肤每隔10～30d会脱皮一次。

大鲵背部肌肉较厚,腹面只有一层薄薄的肌肉。

2.骨骼系统

大鲵的骨骼系统,以软骨为主,仅脑颅和脊柱部分出现膜性硬骨。

3.消化系统

(1)口咽腔:大鲵的口裂宽阔,口咽腔底的前方有不发达的舌,其游离端短且呈钝圆形,舌平均长6mm,宽42.5mm,舌的背面中央有一纵行隆起,其表面有散在的乳头,隆起的前方有一长约3mm的纵行裂隙通向气管,称为喉门。口咽腔的黏膜呈粉红色,腹侧面的黏膜上有一些小的纵行皱褶,尤以两侧较多。上颌比下颌略长。口周缘有细而密的牙齿,根据其生长部位分为上颌齿、下颌齿和犁骨齿。上颌弓上生有内外并列的2排密集而尖细的牙齿,即形成双排齿弓,外面的一排较长,内面的一排较短,两排牙齿之间有宽约5mm的间隙。下颌仅有一排密集的小牙齿,咬合时,下颌的一排牙齿刚好嵌入上颌的两排牙齿之间的间隙中。上颌的内齿弓两端各有一个较大的后鼻孔,此孔向前通鼻孔。

(2)食管:大鲵的食管粗而短,前端宽大呈喇叭状,接口咽腔。食管黏膜上有许多纵行的皱襞,最宽者可达3mm。食管的后段突然变粗,即形成胃。

(3)胃:大鲵的胃呈纺锤形的长囊,全部位于腹腔左侧,与长形的脾脏相邻。胃壁厚,黏膜层内腺体丰富,肌层发达。贲门相对较大,胃中部最粗处直径达23mm,幽门部之后突然变细,紧接十二指肠。

(4)十二指肠:浅灰色,平均长约 48mm,直径 5.5mm,十二指肠弯曲,内有胰腺伴行。十二指肠黏膜上有纵行皱襞,后端接回肠。

(5)回肠:很发达,平均长度为 480mm,比十二指肠略粗,形成许多肠圈,由较长的肠系膜(最长处达 12mm)悬吊在腹腔中部,与十二指肠交界处有一明显缩细的环形沟。回肠呈灰绿色,前半部略粗,直径 6.4mm;后半部较细,直径 4.5mm,颜色稍浅。回肠黏膜上也有纵行皱襞。

(6)直肠:特别粗大,最粗处直径 21mm,平均长度 54mm,纺锤形,前粗后细。肠黏膜不形成皱襞,肠腔内有大量消化后的食物残渣,其中有许多鱼虾类的骨片。

(7)泄殖腔:长约 12mm,以纵行裂缝状的泄殖孔通体外。泄殖腔黏膜内表面上有褐色的纵行条纹。泄殖腔黏膜的两侧为雌性输卵管或雄性输精(尿)管的开口,腹侧偏左为膀胱的开口。泄殖孔为 1 个长约 7mm 的纵行裂缝。

(8)肝脏:极发达,位于腹腔前部偏右侧。正常的肝呈砖红色或棕红色,腹面圆隆,背面较平直。肝的表面覆盖浆膜,上面有许多针尖大的黑色素小点。浆膜的深面呈树枝状分布的血管清晰可见。大鲵的肝脏分为狭长的左右两叶。肝右叶较大,位于右肺的腹侧,比肝左叶长 1/4~1/3。右叶的前半部的腹侧包有由浆膜构成的腹膜囊,后半部的左侧有一凹陷,用以容纳胆囊。肝左叶游离,占据腹腔中部,左侧缘与胃的前半部相邻。由结缔组织伸入肝实质内,将其分隔为许多肝小叶(Hepatic lobule),但由于之间的结缔组织很少,相邻几个肝小叶常互相连接,以致小叶分界不甚明显而形成细胞索和细胞团结构,肝血窦分布其间。在大鲵感染腹水患腹胀病、水肿病后,肝脏颜色变淡。

(9)胆囊:发达,呈深绿色,球形或梨形,位于肝右叶后半部内侧凹陷所形成的胆囊窝内,以结缔组织膜与肝相隔。胆汁呈绿色,有黏性。胆囊的左后方有 2 个口,入口通肝,接收胆汁;出口通胆胰管。胆囊外包浆膜,囊壁的内表面上有黏膜形成的皱襞。

(10)胰脏:呈粉红色或浅黄色,长条状。长 68mm,前 3/4 与十二指肠伴行,后 1/4 与肝的右叶以浆膜相连,胰管纵贯胰脏,穿出胰脏后与胆管合并形成胆胰管,开口于十二指肠与回肠的交界处。

4.呼吸系统

大鲵成体用肺呼吸(幼体用鳃呼吸)。空气由鼻孔吸入,经后鼻孔到口咽腔,通过喉门进入喉头气管室。喉头气管室为 1 个始终处于开张状态的小空腔,向后直接与肺相通。肺是两个粉红色的锥形薄壁长囊,中空呈海绵状,位于胸膜腔或腹膜腔前 1/2 处,背主动脉两侧。肺的内侧有肺胃韧带,并经此韧带与胃的左侧相连。最粗处直径达 20mm,内侧还有肺肝韧带(为宽 14mm 的浆膜褶),以此韧带与肝的右叶相连。左右两肺的前 1/3 都有浆膜组织与体腔内表面紧密相连。肺壁内有一较大纵走的初级支气管;沿着其两侧对应发出次级支气管;由次级支气管发出更小的三级支气管;最后两侧的三级支气管发出更加细小的分枝,相互结合后构成支气管网。由此使肺中空的腔内壁形成网格状皱褶。

5.泌尿系统

大鲵的泌尿系统包括肾、输尿管和膀胱。肾脏 1 对,深红色,长柱状,位于腹腔后部背中线的两侧,左右两肾平行排列,以短的系膜悬吊在脊柱两侧下方。肾的平均长度为 84mm,可分为前后两段,前窄后宽;前部的细段趋于退化,仅宽 3mm;后段发达,宽达 8mm,其末端一直延伸到泄殖腔口肾后端的腹侧以宽 14mm 的肾直肠韧带(浆膜褶)与直肠相连。两肾的外侧缘各有 1 条很细的输尿管(中肾管)通入泄殖腔的背壁。膀胱位于泄殖腔的腹面,以浆膜褶连接在腹腔底壁上。输尿管与膀胱不直接相通。尿液经输尿管先送入泄殖腔,然后慢慢流入膀胱。当膀胱充满尿液时,体积与压力明显增大,尿液再度流入泄殖腔,最后经泄殖孔排出体外。

6.生殖系统

雄性精巢 1 对,呈白色,纺锤形,位于肾前部细段的外侧,以浆膜与肾脏相连,精巢背面圆隆,腹面有 1 条纵行的浅沟,沟内有神经、血管。雄性大鲵没有专门的输精管通向泄殖腔,精巢所产生的精子借助于退化失去泌尿作用的肾前部细段所形成的数条输精小管通向输尿管。输尿管兼有输精的作用,称输精尿管。此外,雄性还遗留有 2 条退化的输卵管,即缪勒氏管(Mullerlan duct),分别位于 2 条输精尿管的外侧。

雌性卵巢 1 对,为长带形的囊状卵巢,以浆膜与肾脏相连,卵巢上有许多小米状的黄色小点,即为卵泡。当卵泡发育成熟,卵即排入卵巢囊内,并向后进入输卵管中贮存。输卵管很弯曲,沿肾的外侧缘向后行走,直达泄殖腔。

7.神经系统

大鲵的周围神经系统包括 10 对脑神经与 43~46 对脊神经。

(三)栖息环境

1.地质、地貌

大鲵分布最多的是石灰岩地层。海拔一般 300~1500m,最高的达 3000 多米。这类地方常高耸挺拔,河流被深切,形成悬岩绝壁,奇峰异洞,幽深莫测,常有大规模的溶蚀洼地,狭长如带的槽谷,岩溶地貌普遍,地下暗河、山泉伏流甚多。

2.气候

温凉湿润,日照少,云雾多,降水充沛。年平均气温 12~17℃,最冷月(1 月份)平均气温 2℃以上,最热月(7 月份)平均气温 27℃以下。无霜期 220~270 天,冬季几乎没有冰冻。年平均降水量 1000mm 以上,最多的达 2000mm,4~10 月为雨季,多暴雨山洪。

3.水文

山区溪河,具有比降大,谷深坡陡,水位深浅不一,水位涨落变幅大,洪水季节急流,枯水时有流水不断。全年除汛期外,多数时间河水含沙量不大,河水具有流水、清凉的特点。河流因多流经于溶解的石灰岩地区,水质矿化程度较高,硬度较大,总硬度一般丰水期为 6~11,枯水期为 8~15,pH 常在 5~7.5。大鲵生活的地区,河水一般不结冰,冬季的水温比同期气温略高,夏季水温较同期气温略低。水温年差小,变化缓和。

(四)生活习性

大鲵在野生环境中,一般多喜栖居于石灰岩层的阴河、暗泉流水及有水流的山溪洞穴中。大鲵对其栖息的洞穴要求较高,水深、洞口宽、水流速度和河底的组成是影响大鲵选择洞穴的主要因素。这些洞一般只有一个进出口,洞口较小,洞内较宽敞平坦,但深浅不一,有的深达几十米。

成鲵多独栖,不集群。在流水环境中性情活泼,白天多隐藏在洞穴内,夜间活动频繁,常逆水或顺水到几公里至十几公里的河岸浅水处觅食,黎明前则又回到原处穴居。早春时白天也多外出觅食和晒太阳。稚鲵有集聚的习性,喜群居在溪河支流的小水潭内,常成群在浅滩乱石缝中、水草和小土穴、石穴里嬉戏,可用工具捕捞。人工养殖的大鲵不论幼体或成体均可群居。

大鲵属变温动物,常生活在深山密林的溪流之中,喜在水域的中下层活动,可在0～26℃的水中生存,适宜水温为10～22℃。当水温低于10℃和高于22℃时,摄食减少,行动迟钝,生长缓慢;当水温在10℃以下时开始冬眠,完全停止进食。大鲵对水体中的DO和水质相对来说要求较严格,当水中DO在5mg/L以上时,水质清爽无污染,最适合大鲵的生长发育,pH适宜范围为6.0～8.0,最适pH为6.5～7.5。

**(五)食性**

从自然界捕捉的大鲵食性分析表明:幼鲵阶段是以浮游动物及小型水生昆虫为主。成鲵在不同的环境其食物结构不同,一般主要食物为蟹、鱼类、蛙类、蛇类、水鸟、水老鼠、虾和水蜈蚣等,胃中还有捕食时误食的小石块和杂草渣等。大鲵具有特殊的"反胃"习性,即因捕捉的刺激,大鲵将胃中食物全部吐出的现象。野外捕捉的大鲵空胃率一般为50%～70%。

大鲵采取囫囵吞食的方式进食。大鲵夜出晨归,夜晚守候在滩口乱石中,发觉猎物后身体用力突然向前冲取食,较小的当即吞食,较大的以锐齿咬在口里待其不动后再下咽。螃蟹因夜晚出来觅食,往往被大鲵吞食。大鲵新陈代谢缓慢,常捕获后停食半月多,胃中尚有未消化完的食物。其耐饥饿能力很强,大鲵只要受伤不严重,用清水蓄养2～3月体重不减,饥饿一年多也未见死亡。

大鲵属肉食性动物。在野生环境中,主要摄食对象是蟹、蛙类、水生昆虫、鱼类、蛇及动物残块。其中蟹占44%,蛙类占8%,鱼类占13%,水生昆虫占9%,其余占26%。人工养殖条件下应根据当地实际情况而定,内陆地区养殖大鲵投喂淡水鱼、蟹、蛙、螺肉、蚌肉、猪肉、牛肉、羊肉及动物下脚料等;沿海地区还可以投喂海水鱼类。利用配合饵料养殖大鲵也取得了很好的效果。因此,大鲵在人工养殖条件下既摄食活饵,也摄食死饵和配合饵料。摄食强度、摄食次数受水温的变化而变化。据湖南某大鲵养殖场测定,大鲵冬眠的复苏温度为8.5℃±1.5℃,春季摄食高峰期的温度为20.2℃±2.0℃,夏季停止摄食的起始温度为27.8℃±1.8℃,夏季复苏温度为24.7℃±1.2℃,秋季摄食高峰期温度为18.0℃±1.6℃,开始冬眠的温度为3.5℃±1.6℃。

**(六)年龄与生长**

关于大鲵的年龄,曾有人对自然界捕捉的不同规格大鲵进行了体外观察和几种主要骨骼的磨片显微观察,但都未获得规律性的结果,这可能与大鲵的生活环境四季温差不显著有关。

第1年幼体全长0.03～0.05m,体重0.5～1g;第2年全长0.05～0.08m,体重2～5g;第3年全长0.08～0.2m,体重40g;第4年全长0.35m左右,体重250g;第5年全长0.45m左右,体重400～550g(此时性腺开始成熟);第6年全长0.55m左右,体重600～900g;第7年全长0.6m,体重1000～1500g。从大鲵全长与体重的关系看,前5年体长增长快,体重增长慢;5年后体长增长慢,体重增长快。

水温和饵料是影响大鲵生长的主要因素。在10℃以下时,虽能摄食,但摄食量较小,体重增长小,水温超过25℃后,饵料很充足,但摄食明显减少,体重出现负增长。当水温在10～24℃时大鲵体重呈正增长。

在人工养殖条件下,以2～5龄时的生长速度最快,尤其是2龄期,体重年增长倍数达6.5～9.8,体长年增长倍数达2.2左右。池养大鲵体重的增长明显比野外种群快,这主要与人工投饵营养较全面和水温较为适宜有关,即使是在严冬也不会冬眠。在自然界,由于生活的环境中缺乏食物,大鲵处于饥饿状态,因而生长缓慢。其次大鲵生长期短,一年中只有4～

10月份摄食生长,其余月份处于冬眠之中。

一般情况下,当年孵化的稚鲵长0.03～0.05m,养殖6个月能长到0.15m;养殖1周年后,体长达0.25m,外鳃开始消失,完成变态;养殖2周年后,体重约250g;养殖3周年后,体重可达1000g以上。大鲵体长是不断增长的,而体重在1年内表现为春冬两季增长缓慢,夏秋增长较快。

(七)繁殖特性

1.性别

主要是从泄殖孔的特征来鉴别雌雄,尤其在生殖季节更为明显(见表5—1)。此外,还发现生殖季节雌性较凶顽,雄性较温顺。

表5—1 大鲵雌雄性泄殖孔特征

| 雌性 | 雄性 |
| --- | --- |
| 1.泄殖孔较小,周围向内凹入 | 1.泄殖孔略大,周围凸起形成椭圆形隆起圈(性成熟时更明显) |
| 2.孔边缘光滑,无颗粒状物 | 2.孔边缘一圈不规则的小颗粒 |
| 3.泄殖孔周围皮下无橘瓣状组织,因而孔外部无隆起特征 | 3.泄殖孔周围皮下有两片橘黄色橘瓣状物,围合成椭圆形,因而使孔外围隆起 |

2.性比

随机解剖404尾标本,其雌雄性比关系如表5—2。由表5—2可见,在自然状况下,性比接近于1∶1,这对天然资源增殖是有利的。

表5—2 大鲵性比

| 组别 | 体长(m) | 体重(g) | 数量(尾) | 雌(尾) | 雄(尾) | 性比 |
| --- | --- | --- | --- | --- | --- | --- |
| 1 | 0.115～1.12 | 11～7250 | 191 | 94 | 97 | 1∶1 |
| 2 | <0.74 | <2500 | 178 | 86 | 92 | 1∶1.07 |
| 3 | >0.76 | >2500 | 35 | 17 | 18 | 1∶1 |
| 合计 | | | 404 | 197 | 207 | 1∶1.05 |

3.性腺发育与性腺周期

(1)经组织学的研究结果表明,大鲵的性成熟与成熟的最小型,从个体体重而言,一般雌性450g,雄性300g。但不同地区由于环境条件的影响,其性成熟的最小型略有差异。

(2)大鲵卵细胞的生长、发育、成熟与退化,依其细胞学的特点可以划分为6个时期,与鱼类大体相似,但卵黄的发生有其独特的细胞学特点。

(3)性腺成熟与生育季节:四季中雌性性腺成熟出现的最高百分比是夏季,为41%;其次是春末,为31%;秋季为11%,退化卵巢为50%。从雌性大鲵发育来看其成熟季节主要是夏季,春、秋季也有成熟,但春季大部分属Ⅳ期初,卵黄未能充满,卵球尚未长足,其成熟系数大大低于夏季。秋季是成熟季节的后期,因为大部分属退化卵巢。因此,一般而言从5月至10月大鲵卵巢可成熟,但主要成熟季节应是夏季,而冬季是非成熟季节。此外,雄性大鲵的精巢其成熟季节达到Ⅴ期,精子形成阶段只有夏秋两季,同时其成熟的百分比不高,最高者仅为26%,这说明雄性大鲵的成熟率比雌性要低。这是人工繁殖中成熟雄性大鲵难以得到的原因所在。

(4)大鲵性腺发育的组织学特点是卵细胞属分期分批成熟,即是异步性的。至于一年是否分批产卵有待观察。

4.怀卵量与体重的关系

在5～9月以第Ⅳ期卵巢内直径为4～7mm的卵计算大鲵怀卵量,其结果见表5-3。大鲵绝对怀卵量是随着体重的增加而增加的,而相对怀卵量随体重的增加而减少。体重为615～1000g的,其相对怀卵量最高。

表5-3    雌性大鲵怀卵量与体重的关系

| 体重范围(g) | 数量 | 总重量(g) | 总卵数(粒) | 怀卵量(粒/kg) |
|---|---|---|---|---|
| 615～1000 | 8 | 6600 | 3145 | 476.2 |
| 1100～1850 | 7 | 9875 | 3255 | 329.6 |
| 2100～2800 | 5 | 12580 | 2091 | 166.2 |
| 6200～8000 | 3 | 20600 | 3460 | 167.8 |

5.生殖季节及产卵习性

大鲵生殖季节为5～9月份,其中7月中旬至9月中旬是产卵的高峰期。大鲵产卵前,由雄鲵游到雌性栖息地,选择水深1m左右的隧道状洞穴,清水可以从洞口流入。雄鲵进入洞穴,用足尾及头部将洞内打扫干净,然后出洞。在产卵时,雄鲵的前脚爬在雌鲵背后部,雌雄同时产卵和排精,卵呈念珠状,远看像一条白色的绳。有的附在岩洞水淹处的水草上,30d左右孵出稚鲵。产卵多在夜间进行,一次可产数百枚,雌鲵产卵完毕即离开洞穴,产下的卵由雄鲵监护,以免被流水冲走或遭到敌害。雄鲵常将身体弯曲成半月形,将卵围住,若有敌害接近则大张其口以示威胁;也有的雄鲵将卵带缠绕在身体上加以保护,直至孵出幼鲵且能独立生活以后,雄鲵才离开产卵场。

# 第二节    大鲵的人工养殖

## 一、养殖场的设计与建造

### (一)场址的选择

大鲵有喜阴怕风、喜洁怕脏、喜静怕惊的特点,所以大鲵场址应选择阴暗、避风、冬暖夏凉、水温较稳定(10～25℃)、水质清洁、无毒无害、水源方便的地方。

场址的选择还应考虑饵料来源方便,如肉类加工厂附近,或建在水生动物如蟹、虾、鱼、蛙资源丰富的地区,另外,还应考虑交通条件。

### (二)水与环境要求

1.水源

以清、凉、流水为好,水源上游要无毒、无害,符合渔业水质标准。如山区溪流水、水库水、地下水等。

2.水温

温度对大鲵的摄食、生长、发育及成熟起着决定性作用。摄食活动的强弱视水温而定。

一般认为大鲵适宜水温是 10～25℃,最佳水温是 18～22℃。经养殖实践,广东珠海地区的大鲵在 8～15℃开始摄食;16～24℃摄食最旺盛,此时发育速度较快;25～28℃摄食明显减少;29～32℃停止摄食。大鲵在珠海改变了冬眠习性,全年可均匀生长。水温 2℃亦摄取食物,水温低于 0℃才停止摄食。

为了解在高水温条件下不同体重大鲵的生长情况,福建省水产研究所在厦门市的露天水泥池,将 53 尾大鲵按体重大小分成 4 组进行了半年(1990 年 5 月 23 日至 1990 年 11 月 23 日)的养殖。其结果是:7 月份,月平均水温降到 25℃以下,平均体重才开始回升。但是,各不同体重组在高水温条件下体重负增长情况有差异。其趋势是,在 500～5000g/尾的体重范围内,小个体体重负增长的时间较迟,而且在高温过后,其体重较早稳定增长;而大个体开始出现体重负增长的时间明显早于小个体,而且高温过后,其体重恢复迟缓;高温期间,大个体体重负增长量也明显大于小个体。在水温条件相似的月份,大鲵体重的增长速度也不一样。如 5 月份,平均水温 22.7℃,平均体重增长率为 9.6%;6 月份平均水温为 24.5℃,平均体重增长率为 5.5%;而到了 10 月份,水温已下降到 23.3℃,体重仅增长 1.6%;11 月份平均水温 20.9℃,体重仅增长 4.5%。可见高温前的体重增长率明显高于高温后的体重增长率。在不同的体重组中,体重越大,这一趋势越明显。

从高水温条件下大鲵体重的增长情况可以看出:高水温(大于 25℃)条件对大鲵的生长是不适合的。在此条件下,体重较小的个体,对高水温的耐受力较强,但所有个体在高温条件下体重都会出现负增长。在高温过后,大鲵的生理机能要有一段恢复期,体重较小的个体新陈代谢较旺盛,所以恢复也快。

3.水质

有人认为,大鲵是用肺呼吸,水质好坏对它的生长关系不大。其实不然,虽然大鲵是用肺呼吸,但大部分时间生活在水中,如水中的 pH、DO、氯化物、氨等对它影响是很重要的。大鲵较适宜的 pH 一般是 6.5～7.5,pH>9 时可导致大鲵死亡。新建的水泥池一般用水浸泡一段时间,并换水数次后方可使用,用生石灰消毒时也应特别注意。有机物耗氧一般不会给大鲵构成很大危害,但 DO 高对它生长有利,以 DO 大于 3.5mg/L 为宜。池中有机物耗氧主要来源于大鲵排泄物和过剩饵料,它与池水滞留时间呈正相关,故通过不断换水来减少这一耗氧因子。另外,还应注意水中的总硬度和总碱度,氯化物、硫酸盐、硅酸盐、氨态氮和亚硝态氮及余氯等都不能超过渔业水质标准。

4.环境

大鲵具有喜阴怕风、喜洁怕脏、喜静怕惊的特点。养殖池要避免强光照射,池内要设洞穴等。

(三)养殖场的设计

养殖池按稚鲵池、幼鲵池、成鲵池、亲鲵池的一定比例大小修建。稚鲵池一般 1～2m²,幼鲵池 5～10m²,亲鲵池 10m² 左右,成鲵池 10～20m²。

大鲵养殖池的设计,有的可按室内型,有的可按室外型设计,前者投入较大,但便于人为地控制水温等;后者投入相对较小,称为生产型。两者各有利弊。从养殖形式看:室内型的有水族箱养殖、水泥池养殖、架式塑料盆养殖、平面浅水养殖、平面喷雾式干养、人防工程地下室养殖、涵洞式养殖等;室外型有自然保护措施型、人工梯塘型和人工平池型。不论采用哪种设计方式,都要搞好注排水设施、排污设施和洞穴隐体设施。

### (四)养殖池的建造

#### 1.稚鲵池

稚鲵体小、幼嫩,对生活环境和饵料条件要求甚严,若无适宜饲养池和一定的管理措施,将严重影响成活率。所以建造适宜的稚鲵饲养池是提高稚鲵成活率的有效措施之一。稚鲵池最好是建在室内,面积一般 $1\sim2m^2$,最好用水泥建造,池壁四周要求光滑。池壁高 0.6m,水深 $0.2\sim0.3m$,池底要装排污孔,注排水系统良好。

#### 2.幼鲵

一般采用水泥结构建造。面积 $5\sim10m^2$ 为宜,池深 0.8m,水深 0.3m。池内用石块或砖堆成洞穴,石块和砖可随时拆除,便于检查或清扫。洞穴深度比幼鲵全长稍长,宽度可使其自由活动为宜。

#### 3.成鲵与亲鲵池

成鲵与亲鲵池的建造一般大小、深浅都相似。大多采用水泥结构,面积 $10\sim20m^2$,池深 1.2m,蓄水深 0.35m,池四壁和池底要光滑,每个池要设有排水和溢水孔,溢水孔高 0.35m,注水可以从池的上面用钢管加入,池的底部应设有活动的石板孔穴,供大鲵栖息。总之,饲养池要求光线暗弱,以适合大鲵畏光的特性,池水保持阴凉,水温一般不超过 25℃,该排水易控制,清污洗池方便。

## 二、人工繁殖

近年来野生大鲵数量锐减,有的地区几乎濒临灭绝,加之大鲵本身繁殖率低。因此,搞好大鲵人工繁殖,保护与增殖资源,具有十分重要的意义。

目前,大鲵繁殖主要有人工繁殖技术和自然繁殖技术。20 世纪 70 年代末,大鲵人工繁殖在湖南省首先取得成功,从此开创了大鲵人工养殖的新局面。近年来陕西汉中利用原生态环境繁殖大鲵苗种,获得了较好的经济效益,为大鲵资源的保护与开发做出了重要的贡献。

人工繁殖技术是在人为强制性条件下,创造一些适宜大鲵生长繁殖的条件,促使大鲵繁殖后代。其优点是管理方便、观察直接,能够人为调控一些技术因素,一般出苗时间在每年的 $8\sim9$ 月。缺点:一是改变了大鲵生长繁殖环境,加之人为的强制性干扰,大鲵亲本繁殖率不高也不稳定;二是人工繁殖中采取的一些强制性技术措施,对亲鲵的生育能力及生命摧残严重,使其繁殖期大大缩短;三是对繁殖技术和繁殖设施等相关条件要求高,繁殖的成本也相对较高。但随着科学技术水平的提高,繁殖技术经验的不断积累和改进,人工繁殖大鲵仍然是一条重要的途径。

自然繁殖技术是在原来产大鲵的溪沟投放大鲵亲本,人工投喂饵料,加以管理,让其自然繁殖,其优点是大鲵生长在原生态的环境条件下,有利于亲鲵的生长发育。其缺点:一是大鲵患病后易相互传染;二是大鲵相互咬伤现象时有发生;三是出苗时间比人工繁殖时间晚,翌年比人工苗生长慢;四是大鲵的生长在野外,容易受天气、自然灾害等的影响。

实践证明,由于大鲵自身的繁殖特性,不管是人工繁殖还是自然繁殖,亲鲵数量应在 50 尾以上,繁殖成功几率较高。从技术层面来分析,目前我国大鲵的繁育技术是亲本与出苗比例在 1:$(10\sim30)$ 之间。因此,目前大鲵繁殖的技术还有很大的提升空间。

### (一)雌雄鉴别

准确区分大鲵性别,在引种、繁殖配对中具有重要的意义。但在非繁殖季节大鲵成体的性别识别一直是一个公认的难题。目前，一般从生殖季节的生殖孔外形鉴别（见表5-1），头形，B超机和激素检测四个方面着手。后两种最为准确，但在实际操作中有难度，一是不方便，二是对大鲵影响较大，三是价格不菲。因此，在日常操作过程中大都通过生殖孔的特征来鉴别雌雄，辅助头形鉴别。在相同规格中，头部较大的多是雄性，特别是头宽大于体宽的，一定是雄性；相反，头宽明显小于体宽的多是雌性。雄性大鲵的头部类似人脸的位置有一个明显的突出，并且在眼后有一对像额骨一样的隆起；而雌性大鲵整个头部的线条比较柔和，没有明显的突起与隆起。

总之，不管使用哪种方法，区分大鲵性别始终有一定难度，无论是从生殖孔，还是从头部外形，用肉眼观察都达不到100%的准确率。因此，在没有条件借助器材判断大鲵性别的时候，需要经人工繁殖验证，做好记录，建立档案，才是准确把握大鲵性别的有效途径。

（二）亲鲵的选择与培育

选择亲鲵时，一是要求体质健壮，无病、无伤、无残；二是要求达到性成熟年龄，在自然条件下，大鲵早期生长较慢，一般要5龄才能达性成熟，此时体重400～500g，故亲鲵最好选择6龄以上，体重600g以上的个体，人工养殖条件下能提前1年达到性成熟；三是雌雄配比一般要以1：1的比例，也可以雄性略多于雌性。

亲鲵的培育是人工繁殖中的重要一环。关键要做好以下几个方面：一是要选择好水源，根据大鲵生活的天然水域环境，需要流、清、凉的水质，水温10～25℃；二是亲鲵培育池不宜太大，一般5m²左右，池内要避光、阴暗；三是大小要分开培育，如果性成熟个体大小悬殊，如不进行分养，在培育中因食物、洞穴发生争斗，个体小的易受伤；四是稀养，5m²培育池放养5组（即10尾，5雌5雄），培育池要投足饵料，一般投喂蟹、蛙、鱼、动物内脏或人工配合饵料。

有人按照时间顺序将亲鲵培育分为冬季、春季和产前培育。冬季培育目的是给产后体虚的大鲵补充大量营养物质，使亲体产后迅速恢复健康。冬季培育主要工作是调控水温和投饵。调控水温分两个阶段，首先是将水温控制在18～22℃，使亲鲵大量摄食，储备充足营养越冬；然后是将水温逐渐降至10℃以下，使亲鲵进入冬眠。春季培育主要工作是调控水温、调节光照、调控水质及投饵。春季亲鲵培育池水温偏低，要将水温升至18～22℃，使亲鲵早摄食，以便有丰富的营养满足其性腺发育；将光照严格控制在500 Lux左右；使池水矿化度高、硬度大、透明，保持清新；投喂适量的新鲜优质饵料。产前是亲鲵性腺发育成熟的重要时期，夏季用空调将水温控制在18～20℃，或建造地下室，用人防工程和深井水饲养；将光照强度控制在300～500 Lux的暗光条件下。

（三）人工催产

1. 催产亲鲵的选择

成熟亲鲵的选择关系到人工繁殖的成败，所以十分重要。在日常管理中，长期坚持记录亲鲵摄食量与气候、水温的关系，观察亲鲵的形态变化和行为变化等，分析判断亲鲵性腺发育的程度。作为催产的亲鲵必须健壮无伤，雌鲵腹部膨大而柔软，用手轻摸其腹部，有饱满松软感觉，即可作人工催产用，反之则不宜催产。另外由于大鲵皮肤光滑，肌肉肥厚，膀胱贮尿量多，或胃内有未消化的食物，选择时须将鲵体托起，仔细检查，轻压后腹，挤除尿液，这样才不致被假象所迷惑。成熟的雄鲵，其泄殖孔周边不但有突起的乳白色小点，而且泄殖孔周围橘瓣状肌肉凸起，可见内沿周边红肿明显，尤其在繁殖季节这一特征更易辨认。另外，在催产前后，雄鲵能挤取精液时，必须进行显微观察检查，成熟精子，数量多，呈单个，稍加滴水，精子头尾能微微摆动或向前游动。这种精子,有良好的受精能力,一旦发现此种雄鲵,要重点保护,以免造成精液浪费。

**2. 催产池**

催产池内要求光线暗弱,长方形或正方形水泥池池面积 2~4m²,水深为 0.3~0.4m。催产前必须清洗干净,池底铺设洗净的小卵石,微流水,清澈透底,放入大鲵组数宜少,以利于观察。

**3. 催产激素、注射量及方法**

大鲵人工催产的激素采用鱼用绒毛膜促性腺激素(HCG)和促黄体生成素释放激素类似物(LRH-A),注射时多为两种激素合用,也可单独使用 LRH-A。无论采用两种混合注射或单独一种注射,均能促使大鲵产卵和排精,其剂量范围是:LRH-A 为 26~192 μg/kg,HCG 为 20~40 μg/kg 或 157~2173 IU/kg。

注射一般从后背侧肋沟间进针,进针深度以穿过肌肉层为宜。注射激素量根据大鲵个体大小而不同。一般为 0.5~1mL/kg。注射催产激素时需要注意三点:一是不宜注射过多的溶液量,否则容易导致大鲵腹腔积水;二是不要将激素注射到大鲵肌肉里,这样也容易引起肌肉水肿;三是注射器的选用要适宜,一般体重在 1000g 以上的亲鲵用 5mL 容量的注射器,10000g 以上的亲鲵选用 10mL 的注射器。

**4. 催产水温与效应时间**

大鲵的效应时间较长,其范围是 109~219h,即 4~9d。人工催产池的水温范围是 15~23℃,一般在 20℃以下成熟大鲵药物注射后 4~9d 产卵排精。从产卵的顺利与否,看卵的质量,以 4~5d 产的卵质量为佳。

**(四)人工授精**

大鲵人工授精一般采用干湿法。其具体做法是:待雌鲵在池中产出卵带后,随即从水中捉起轻轻放入布担架内,并用布蒙住眼睛,然后一人用手将尾部向上稍稍提起,另一人一手端无水的搪瓷脸盆,左手轻托卵带,让卵带徐徐自然托入盆中,如遇卵带在泄殖孔内受阻,只能用手捏着卵带,千万不要用力过猛,力大则使卵球变形,产出也无用。当卵带托入盆中一定数量后,挤取精液盖于卵带上。略加 3~5mL 水,再用两手缓缓进行摇动,使其精卵充分结合。待 5~10min 后,加入少量清水,过 30min,将盆中的水换两次,即可分盆进入孵化阶段。

人工授精过程中先要认真检查雄鲵的精液质量。将精液挤取 1~2 滴于玻片上,加清水一滴,置于显微镜下观察,如果精子数量多,呈一个个地单独存在,其头和尾做轻微摆动或向前方游动,这种精液才有活力,具有授精能力。如果精子头尾并列成束,或呈单个分散,且无任何活动,则授精能力极差甚至全无。所以,一旦发现雌鲵产出卵带,首先要选好具有活力精液的雄鲵,这样才能达到预期的目的。再者,成熟、好的雄鲵精液,如果保护好,可供多次人工授精使用。

人工托卵时,如卵带不能顺产,不可强行用力相托,动作要轻慢,有时只能轻轻向下,辅助卵带产出。不能挤压腹部,以防卵球破裂。

人工授精取卵时,盆中不能有水,因为卵遇水时间长,则失去受精能力。人工授精过程中,要避免阳光直射,只宜在室内进行。

（五）人工孵化

1.受精卵的鉴别

大鲵卵受精后，原生质向动物极集中，形成胚胎盘，而出现明显的第一次分裂，形成两个细胞，再进入四个细胞期。第二分裂沟与第一分裂沟垂直，四细胞大小相当，排列整齐。这是大鲵卵早期特点，如果分裂正常，为受精卵。反之如 2～4 个细胞分裂不正常，则往往发育不下去，这是未受精。到多细胞期，细胞排列不规则，囊胚期细胞极细，不易观察。到神经胚期，即出现神经板或神经沟，这样的大鲵卵胚肯定是受精卵。正确估计受精卵，使人工孵化做到心中有数，并及时分开未受精的卵，对提高孵化率十分重要。

2.人工孵化方法

大鲵受精卵孵化的方法有 4 种：静水孵化、流水孵化、环道孵化和圆形孵化器孵化。

静水孵化是指将受精卵放到塑料盆等容器中，每天换水 5～6 次。换水时，要使胚胎缓慢地翻动，以免长时间不动而发生胚体"贴壳"的不正常现象。

流水孵化是在微流水的孵化池（5m×1m）内，将卵放在聚乙烯网孵化箱中孵化，使卵缓慢地随水流而浮转。流水孵化要防止卵集中在箱中央。网箱一般制作成长方形或正方形，底面积以不大于 0.5m² 为宜，箱体深度为 0.2m，网箱上缘四周翻卷时缝入塑料泡沫增加浮力。

环道或圆形孵化器孵化是将孵化池建造成圆形的环道或者圆形的孵化器，也是使水呈微流状态，一边进水，从另一边排水，而卵在池中缓慢地随水流而浮转。

3.孵化管理

（1）水质　孵化用水经过沉淀过滤，增氧曝气，消毒杀菌，使水清洁见底，无泥杂物，溶氧丰富，这样可避免孵化卵黏附污泥，便于观察卵的发育变化。

（2）水量　在静水孵化条件下，受精卵进入孵化筛后，前 15d 每天换水 1/3；孵化 15d 后，因大鲵胚胎发育加快，各种组织器官正在形成，耗氧率和排泄废物的速度增大，每天换水量为 1/2。流水孵化过程中水流速度控制是至关重要的。流速过小，卵容易沉底堆积，缺氧憋死，流速过大，影响受精卵孵化率。合适的流速应该是将卵冲起，接近水面时又下沉。如果卵还没到水面就沉下去了，说明流速过小；如果卵始终在水面滚动翻腾，说明流速过大。环道中水流可以 0.2m/t 流速来调节。防止停水停电。

（3）水温和光照　每天早、中、晚测量不同位置的孵化箱水温，观察其是否恒定在 20℃±1℃，昼夜温差不能超过 5℃。因此，在孵化期间要注意控温。根据大鲵畏光的特性，应始终于光线暗弱的环境中孵化。

（4）孵化密度　实践表明，用 0.25m×0.35m×0.6m 的塑料筛放置受精卵进行孵化，以每个筛放 100～200 粒受精卵最适宜，既节约空间，又利于规模化批量生产，放 150 粒受精卵孵化率最高，为 48%。

（5）刷洗网纱　尤其是在孵化环道、孵化缸（桶）中，常因水中杂物和有害生物聚积在滤水纱网上，堵塞纱网，使水无法通过，致使环道和缸（桶）内水位上涨、溢出，卵随之溢出而造成损失。在破膜后，卵膜难溶解，更易堵塞纱网。要及时刷洗纱网，未破膜时，每隔 1h 刷 1 次；发现有幼苗破膜后，每 10～15min 刷 1 次。幼苗出膜高峰期除要随时刷洗外，还要用网兜捞出过多的卵膜。

（6）防止卵膜早破　过熟或者还没有成熟的卵子弹性差、卵膜薄，受外力作用时易发生破裂。当胚胎发育到尾芽期以后，一些卵的卵膜出现皱褶现象，这类卵易黏附在过滤纱网上，常常因为洗刷纱网时操作不慎或水流过大，而引起卵膜早破，胚胎提前出膜，由于失去保护而发育成畸形。生产上常用 0.1mg/L 高锰酸钾溶液浸泡受精卵。经过高锰酸钾处理的卵膜较为牢固,不易破损,能有效地防止提前脱膜。

(7)防止"贴壳" 神经胚阶段,卵胚易发生"贴壳"现象。这时期,每次换水时要轻微触动卵粒,使之翻动,不至于长期静止在一个方向而"贴壳",因长水霉而夭折。

(8)及时清除死卵 对孵化过程中出现的死卵,必须及时将其清理出去。盛卵箱内由于水流的作用,死卵会集中在上层的某一部位,此时可用虹吸法将这一部位整体吸到容器中,进行二次挑选,然后将其中发育正常的卵再挑选回到孵化箱中。二是采用漂浮去除法。将盛卵箱整体移出,浸到水池中进行漂洗,待绝大部分死卵和着菌卵漂浮出去后,再将发育正常的卵挑选回到孵化箱中,此方法适用于水霉发生比较严重的情况。

### (六)出膜

大鲵胚胎发育较缓慢。在适温范围内(10~25℃),其水温与孵化时间的关系是:水温越高,孵化时间越短,反之则长。湖南某研究所 1978 年研究发现受精卵在水温 14~25.5℃范围内,历经 33~40d 才出膜;1980 年研究发现受精卵在水温 14~21℃时,经 38~40d 才出膜。刚孵出的稚鲵全长为 0.028~0.0315m。

## 三、人工饲养

### (一)稚鲵的培育

稚鲵即指大鲵受精卵,经过孵化(胚胎发育),幼小生命从卵膜中破壳而出,经过以卵黄为营养的发育阶段和生理结构发育完成阶段(胚后发育阶段),还经过依赖于外鳃进行呼吸的阶段。一旦外鳃也消失,肺发育完全,则进入了下一个发育阶段——幼鲵。

1.稚鲵的特征

出膜后的大鲵,腹面有一个卵黄囊提供胚后发育的营养。可划分为如下三个时期。

(1)卵黄囊营养期 从出膜到卵黄吸收完为止,一般历时 30 多天。初出膜形似蝌蚪,全长 0.028~0.03m,体重 0.28~0.3g,胚后发育 30d,全长 0.035~0.046m,体重 0.3~0.8g,头向下低弯,体两侧肋沟 13~14 条,背深棕色,腹浅黄,前肢已有四指,后肢开始分四叉,鳃红色。体内胸腹腔已形成,食道与肛门连通,囊状胃内尚存有大量未吸收完的卵黄小颗粒。肝脏分两叶,肾脏已出现,呈线状,肉白色,心脏每分钟跳动 33~35 次。

(2)开口摄食期 出膜 35~50d 后,开始摄取外界的饵料为营养。这时胚体全长0.045~0.05m,体重 0.8~1.3g,消化器官肠胃已形成,胃长 0.012m,小肠 0.032m,直肠0.013m,肝脏比以前增大,约占腹腔 1/3 左右,胆囊在两叶肝之间的下端,胆汁清淡,不具颜色,呈水状。因此,稚鲵吞食的食物还不能充分消化,排泄的粪便残渣中,还有食物的残体存在。进食后两周内,因为吞食过多,消化困难,发现有的稚鲵浮于水面,时而上下游动,感到难受不安,排泄在水中的粪便像小老鼠屎。稚鲵头已平伸,背棕黑色,腹面肉白色,鳃红棕色。此时,指的分化基本上完成,只是后肢仍是四趾。身体已能保持平衡,四肢在水底可做短时缓慢爬行。

(3)稚鲵定形期 出膜 70d 左右,全长 0.05~0.08m,体重 2~5g。这一时期,除还有外鳃外,其外部形态和内部构造基本完成。此时活跃有力,触觉敏锐,但视力差。投喂水蚤、蚊蝇、水生小昆虫、小虾等。吃食多在夜间,白天也吃,但有避光的特性,常栖息于饲养池的小石孔穴中。稚鲵生活在水中虽有外鳃,但每隔 1~2h 将头伸出水面进行气体交换。

2.培育工具

卵黄囊营养期和开口摄食期用圆形筛网暂养于一个较大的流水池中,确保筛网水对流和换水,从而保证水质清新和水温相对稳定,有利于稚鲵顺利发育。

稚鲵定形期以方形塑料盆或搪瓷盆为宜。瓷盆培育密度以 20 尾/盆为宜,定时换水,每次换去 2/3,每日换水 3 次。最好用 0.4m×0.6m×0.2m 左右的长方形塑料盆,盆底放上 2～3 根直径为 5cm 的塑料小管,在长边一侧离底 0.1m 处人工钻一排小孔 10 个,孔的大小以稚鲵不能逃逸为宜。而另一端则是塑料的进水管,管道上有控制水流大小的开关,以便形成流水环境。

3.开口饵料与投喂

由于稚鲵摄食能力较差,开口饵料以冰冻红虫为宜。冰冻红虫经过清洗、消毒和紫外线照射,而后冰冻成小方块为最佳,这样能达到安全、适用的效果,且可在冰箱里长期保存。投饵时先将红虫解冻,再用 1‰食盐水消毒半小时后投喂。从野外污水沟捞出的水丝蚓,要彻底清洗消毒后方可投喂,否则易导致稚鲵腹水病的发生。

稚鲵由于消化器官不发达,控制好投饵量与投饵频率是提高成活率的技术之一。投喂量以投喂后 1 小时内盆稍有剩余为宜。水温在 18～22℃时每隔 1d 投饵 1 次,水温在 15℃左右时每隔 2d 投饵 1 次,水温在 10℃左右时每隔 3d 投饵 1 次。防止稚鲵因摄食过饱,造成消化不良引起腹胀、肠炎而死亡。投喂时间以每天下午 17:00～18:00 为宜。

4.管理措施

一是水质要求清新,并经海绵过滤,充气增氧,其水中溶解氧达到 4mg/L 以上。

二是水温直接影响稚鲵的生长速度,稚鲵较适的水温为 18～20℃,可采用电热在蓄水池中调节,并设法安装空调,将温度调至 18～20℃,做到同温注水,慢渗微循环排水,保持水温平稳,以加快其生长速度。

三是合理控制放养密度。刚孵化的稚鲵可按 50 尾/盆饲养,到 3 个月后,要及时将生长健壮的稚鲵与生长较慢的分开饲养,放养 20 尾/盆。

四是加强日常管理。每天检查进出水管孔,防止污物堵塞,保持水流畅通;清除粪便、残饵等,防止水质污染。注意观察稚鲵摄食情况,发现异常情况及时处理。做好病鲵的隔离工作,感染水霉病可以用 5‰NaCl 浸泡 3min,感染腹胀病后要停止投饵。

### (二)幼鲵的饲养

幼鲵是指大鲵(除外鳃外)身体结构发育完全到外鳃消失、肺完全形成的发育阶段。此阶段的特点是仍然依靠外鳃呼吸到肺发育完成的"变态过程"。

1.幼鲵培育池及放养密度

幼鲵室外养殖池一般 5～10m²,室内池一般 2～5m²,一般放养幼鲵 10～30 尾/m²。也可采用 0.4m×0.6m×0.2m 左右的长方形塑料盆,根据幼鲵的数量,采用水平并列式安放,一头进水,另一头排水,排水端可在离盆底 0.15m 处,并排钻小孔 8～10 个,形成水位稳定的微流水环境。放养密度为 20 尾/盆,随着幼鲵的生长逐步变稀,以稀养为上策,甚至可以 1 个塑料盆只放 1 尾。

2.放养池和苗种消毒

新建的水泥池必须用水浸泡 15～20d,待池水 pH 稳定在 8.2 以下,方可放养大鲵苗,在放养之前要用漂白粉或敌百虫或其他药物消毒、杀灭敌害生物。苗种下池前用呋喃类药物 0.2g/m³ 兑水浸泡 5min。

3.饵料

幼鲵摄饵能力较好,故要勤换饵料种类。幼苗刚入池后投水蚤、水生小昆虫、去头小鱼虾或鱼浆、肉浆。饵料质量良好。每天可投喂1～2次,根据幼鲵摄食状况,灵活掌握,在投喂前将饵料用3‰～5‰的NaCl浸泡2～3min。

4.水质和水温的管理

幼鲵依靠水中的溶氧通过外鳃进行呼吸,要求水质清新,DO适中,一般要求在4.5～5mg/L为宜,幼鲵池面积小、水位浅,水质难以保证。因此,幼鲵池内要每天换水。换水前要将池内残渣剩饵清除干净。使池水透明清澈,pH为6.5～7.5。要在蓄水池中充气增氧,控制水温在18～20℃,能有效提高其生长发育速度及成活率,缩短养殖周期,显著提高养殖效益。

5.及时分级

幼鲵生长速度不尽一致,个体大小会有差异,在饲养过程中,进行1～2次分级分池,即分大、中、小3个等级,进行分类饲养,尤其是对个别体小、生长慢的个体,要实行单独饲养,加强饵料、水质的管理,以实现均衡快速生长的目的。

6.日常管理

幼鲵有惧光、隐蔽行为,因此,要注意防止强光照射、采取必要的遮光措施。幼鲵入池后,每天要做好气温、水温、投饵品种、投喂量、摄食情况及观察幼苗活动的记录。池水一般保持0.1～0.15m深即可,池内可放些卵石、石块,以供幼鲵隐藏。

## (三)成鲵的饲养

外鳃消失的大鲵称为成鲵。近几年来我国对于成鲵的养殖,由点到面,由小到大,由分散到集约化养殖,已有了长足的发展,从技术层面上讲取得了很大的进步。从养殖方式来看,有家庭式室内大池养殖的,有室外水泥池养殖的,有防空洞内建池养殖的,有工厂化车间养殖的,有群体养殖的,有单个稀养的,可谓百花齐放,取得了较好的成果与效益。成鲵养殖的特点:一是大鲵的生命力强,成活率高,饲养规模可因地制宜,可大可小,既有规模化养殖,也可一家一户小规模饲养,尤其在山区,高山上流下来的山泉水是很好的水源,更适合于山区农户养殖;二是养殖技术简单易行,入门容易;三是劳动强度低,农村老年人、妇女都可养殖;四是饵料系数低、利润空间大,效益显著。

1.养殖池与鲵种放养

大鲵养殖分室外和室内养殖。室外养殖池一般20～50m²,池深1.2～1.5m;室内养殖池一般5～10m²,池深0.8～1.0m。池水的注排水系统及排污、洞穴都要配套。鲵种放养前池子要注水消毒,鲵种也要消毒。同池放养的鲵种规格一致,避免大小不一相互残杀。

2.放养密度与生长

室外大池养殖密度一般1～3尾/m³,室内养殖3～7尾/m³。大鲵的生长除环境、饵料以外,与放养密度有一定的关系。福建省水产研究所1990年曾做了这方面的研究。他们将体重500～1000g/尾范围的79尾大鲵,按不同密度分养在三口4m²的池中,经过6个月的饲养,结果如表5-4所示。

从表中可以看出,大鲵在不同的密度下饲养其生长效果不同,呈以下趋势:①密度低的组平均体重净增长及体重的增长率都高于密度高的组。即:平均体重增长11尾/池>28尾/池>40尾/池。②养殖密度越高,其饵料系数也越大。

表 5－4　不同养殖密度下大鲵的生长情况

| 池号 | 数量（尾） | 1990.11.23 | | 1991.5.23 | | 平均净增重（kg/尾） | 体重增长率（%） | 相对增长率（%） | 饵料系数 |
| --- | --- | --- | --- | --- | --- | --- | --- | --- | --- |
| | | 平均体重（kg） | 平均体长（m） | 平均体重（kg） | 平均体长（m） | | | | |
| 5 | 11 | 0.8301 | 0.516 | 1.5510 | 0.583 | 0.7209 | 86.8 | 13 | 2.25 |
| 9 | 28 | 0.6901 | 0.489 | 1.2872 | 0.552 | 0.5971 | 86.5 | 13.1 | 2.34 |
| 6 | 40 | 0.6834 | 0.489 | 1.1558 | 0.542 | 0.4724 | 69.1 | 10.8 | 2.58 |

3. 管理

大鲵的日常管理是整个养殖过程中最重要的一环。饲养的优劣与大鲵的生长速度、疾病发生率及经济效益关系密切，其日常管理应注意以下几点。

（1）勤观察。大鲵多在夜间觅食，且活动迟缓，对过于活跃的动物性饵料，捕食有一定困难，在人工条件下，要对活饵料作适当处理，且投饵以少量多次为佳。同时要勤巡池，并观察记录生活情况。

（2）看水质。大鲵对水源要求清新不污染，pH 以 7 左右为宜，平均需水量虽不甚大，但要保持流水为好。静水饲养要根据透明度变化，及时换入新水。

（3）控制水温。保持 18～22℃的适宜温度，夏季防止出现高温。

（4）大小分级分池放养。经过一段时间的饲养，大鲵个体差异一般较大，体质也不一样，如不及时分池，就会出现因争食或因"领地行为"而互相咬斗，造成伤亡或是弱者被食。

（5）注意防逃。成鲵养殖池池壁要求 1m 以上，池壁上方要做一"T"形防逃板。大鲵逃逸行为最强的时间是暴雨、雷电之时。

（6）投喂饵料。投饵品种不宜单一，且要质优鲜美，"适口与安全"并重。

# 四、大鲵的饵料

目前，大鲵人工养殖的饵料主要有三大类，即水产动物类、畜禽肉类及人工配合饵料。

## （一）水产动物类饵料

它们包括海淡水中的许多鱼类及其他动物，如蟹类、蛙类、蛇、鼠、水鸟、水生昆虫等。大鲵食性虽然广，但对食物仍有选择性，喜欢吞食新鲜的饵料，不吃腐败的鱼虾。大鲵在自然条件下，胃内容物中溪蟹出现率最高，达 48.3%；其次鱼为 12.5%，虾为 10.4%。淡水鱼类中，大鲵最喜欢吃的是日本鳗鲡。26 种海产鱼虾中，其中 14 种摄食率低于 60%，是大鲵不喜欢摄食的种类。在自然条件下，大鲵主要摄食活饵料，而人工饲养下，更喜欢摄食新鲜的死饵料。在饲养过程中，如供饵充足，活的泥鳅和鲫鱼可与大鲵长期共处。

在养殖中曾将淡水鱼和海水鱼同时投喂大鲵，海水鱼投 70877g，淡水鱼 26674g。结果，大鲵对海水鱼类的平均摄食率为 68.9%，淡水鱼为 60.8%。几个养殖池的 119 尾大鲵共投海水鱼和淡水鱼为 97511g，摄食 65046g，大鲵增重 27953g，平均饵料系数为 2.33。

## （二）畜禽肉类饵料

畜禽肉类饵料主要是指猪肉、牛肉、羊肉、鸡肉等及屠宰场下脚料。

对于鱼类资源少的偏远山区，用畜禽肉类养殖大鲵是较理想的。因它具有资源广，来源方便，货源稳定，且蛋白质含量高，氨基酸含量丰富的优点，是养殖大鲵较好的饵料，饵料系数也低,一般在 2 左右。

### (三)人工配合饵料

人工配合饵料养殖大鲵,是广东珠海首先试用的。试验分别采用配合饵料和动物饵料进行对比。饲养管理按常规方法,其饵料配方成分见表5-5。

表5-5 大鲵人工配合饵料配方

| 成分 | 含量 | 成分 | 含量 | 成分 | 含量 |
| --- | --- | --- | --- | --- | --- |
| 鱼粉 | 50%~60% | 花粉 | 1% | 色氨酸 | 18g |
| α-淀粉 | 12% | 混合维生素 | 1.50% | 精氨酸 | 16g |
| 豆饼 | 8% | 抗菌素 | 0.50% | 除虫净 | 微量 |
| 麸皮 | 4% | 生长素 | 0.05% | 矿物质 | 1.50% |
| 蚕蛹渣 | 5% | 柠檬酸 | 0.50% | 中草药 | 1% |
| 骨粉 | 1% | 蛋氨酸 | 18% | | |

经过三年反复试验,其人工配合饵料与动物饵料养殖大鲵有较大差异。试验结果见表5-6。

表5-6 大鲵配合饵料及动物饵料试验结果(尾,g)

| 年份 | 组别 | 试前幼体 | | 结束时幼体 | | 试前成体 | | 结束时成体 | | 饵料系数 | |
| --- | --- | --- | --- | --- | --- | --- | --- | --- | --- | --- | --- |
| | | 尾数 | 均重 | 尾数 | 均重 | 尾数 | 均重 | 尾数 | 均重 | 幼体 | 成体 |
| 1987 | 试验组 | 100 | 30 | 100 | 120 | 100 | 500 | 100 | 1650 | 3.2 | 2.8 |
| 1989 | 对照组 | 100 | 30 | 100 | 90 | 100 | 500 | 100 | 1200 | 5.3 | 4.8 |

从表5-6可以看出,人工配合饵料与动物饵料养殖大鲵,其生长速度明显不同。配合饵料养殖大鲵生长速度比动物饵料快33.3%和37.5%。饵料系数,人工配合饵料饲养幼体为3.2,成体为2.8;动物饵料饲养幼体为5.3,成体为4.8。

试验中还发现,当饵料中蛋白含量高于50%或低于40%时,则影响大鲵的生长发育。另外,在饵料中添加1%的花粉,大鲵的生长速度比没有添加花粉的要快5%~8%。

## 五、大鲵的疾病防治

大鲵的疾病防治工作,要按"无病早防,有病早治,预防为主,防重于治"的原则进行。采用流水饲养或及时更换静水、清池排污是预防疾病的重要措施之一。人工养殖大鲵疾病的高发季节一般是在6~10月的高温时期,这期间气温高、水温高,水温如果长时间高于25℃,大鲵即停止采食,机体渐瘦,对疾病的抵抗力也随之下降,容易引发疾病。所以高温季节采取降温措施预防大鲵发病,这就是"无病早防"的办法。人工饲养的大鲵,其主要疾病有以下几种。

### (一)赤皮病

1.病原及病因

病原体为荧光假单胞菌。在大鲵的捕获、运输、放养时,身体受到机械损伤,或体表被寄生虫寄生而受损时,病原菌乘虚侵入体表,引起大鲵发病。

2.流行情况

主要危害大鲵的幼体和成体。无明显的季节性,一年四季都有发生。

3.症状与病变

发病的大鲵全身肿胀,呈充血发炎的红斑块和化脓性溃疡。大鲵体表常出现不规则的红色肿块,发病初期于红色肿块中央部位有米粒大小的浅黄色脓包,并逐渐向周围皮肤组织扩散增大。当脓包穿破后,便形成较大的溃烂病灶。解剖发现病鲵腹水增多,肝脏肿大有出血点,肠组织糜烂、溃疡,各器官出血性坏死。

4.防治

预防每隔10～15d,水体用氯制剂消毒1次,同时每100g饵料中添加土霉素500mg,连续投喂2d。注意在换水、清池过程中,防止操作不慎损伤大鲵的皮肤,否则病菌通过体表感染。另外,勤换新水。

治疗可在体表溃疡处涂抹红霉素软膏。也可使用硫酸庆大霉素,一般每天用药量为10000IU/kg体重,肌内注射。用增效联胺50mg/kg埋入鱼块中投喂,连续5d用双链季铵盐0.2～0.5mL/m³兑水全池泼洒,以巩固疗效。

(二)腹胀病

1.症状与病变

又称腹水病。发病个体浮于水面,行动呆滞,不进食,眼睛变浑浊甚至失明,腹部膨胀。剖检可见腹腔积水,肺部发红充血。有时肛门部位还可见粪便黏着。

2.防治

本病多因饵料腐烂、水质恶化而发病,故经常换水可预防此病。

发现病鲵后应立即捞出单独饲养,放浅水池,让其腹部能着底,以免消耗太多体能,另外还要保证水质清新。对于苗种,多由于消化功能不强造成此病,应停食1～2d。若处理得当,眼可复明,腹胀消失恢复健康。对于成鲵,由于内脏感染产生大量腹水,可用卡那霉素肌肉注射,10000IU/kg体重。庆大霉素(20000IU/kg体重)、新霉素对此病均有较好疗效。

(三)脊椎弯曲病

1.症状与病变

发病的原因可能是缺乏某种矿物质或生理病变。从苗种到成鲵都可发生此病。苗种阶段发病后,大部分未到成鲵就已死亡。成鲵发病后,病体极消瘦,但一般不会马上死亡。外观表现为身体呈"S"形弯曲,活力减弱,但仍能少量摄食。剖检发现除脊椎弯曲外,无明显异常。

2.防治

此病以预防为主,发病后很难恢复。投饵要多样化,使大鲵所需的多种矿物质和维生素能得到满足。另外,要改良水质,使水体里不含重金属盐类。

(四)腐皮病

1.症状与病变

又称皮肤溃烂病。病鲵体表有许多油菜籽或绿豆粒大小的白色小点,并逐渐发展成白色斑块状,随着病情的发展,白色斑块进一步腐烂成溃疡状,可见到带红色的肌肉,尤其是四肢最严重。病鲵口腔、尾柄、头部稍充血。病鲵卧伏于池中不食,不久就死亡。剖检可见肝脏肿大,呈紫红色,胃、肠道充血,心脏失血,颜色变淡,肺紫红色。

2.防治

腐皮病主要由喂食不健康的青蛙和泥鳅引起。因此,在投喂鲜活饵料如青蛙、泥鳅和鱼时要先用 4mg/L 庆大霉素溶液浸泡 20min。从外地运入的大鲵,下池前用 0.1mg/L 氟哌酸浸泡消毒 20～30min。对相互撕咬受伤的大鲵,要用 0.5％双氧水清洗伤口,然后用溃疡灵软膏涂抹,放在无水搪瓷盆里,过 1～2h 后,可放入池中;用红霉素软膏涂搽也可。

用 0.1mg/m³ 水体的氟哌酸或 0.2mg/m³ 二氧化氯消毒,连续消毒 3d,每天换水。对能进食的病鲵,每天口服土霉素 100mg/kg 和多种维生素 150mg/kg,连用 5d。对不能摄食的病鲵,按 1000IU/kg 体重肌内注射庆大霉素,隔 1d 后再注射 1 次,注意庆大霉素不能随意增加用量。无论病鲵能否摄食,都可采用 2～4mg/L 庆大霉素溶液浸泡,每天浸泡 4～8h,直到病愈为止。也可用相同浓度恩诺沙星溶液浸泡。新霉素、红霉素对此病也有疗效。对溃疡面大的,用庆大霉素原粉涂抹。

（五）打印病

1.症状与病变

俗称红梅斑病。病鲵体表出现豆粒似的红斑,呈肿块状,有的表皮腐烂(均在红斑处),患病部位多在背部,尾部,也有少数在躯干和四肢。被感染的大鲵多游出人工洞穴,离群独游。剖检内脏无病变。

2.防治

治疗可用红药水涂擦大鲵患病部位和用金霉素针剂肌注,用 3mg/kg 体重连续注射 10d 即可治愈。或按 1g/m³ 水体用蟾酥和 0.8 g/m³ 大黄粉合剂浸泡病鲵 15min,连续 7d 即可治愈。

（六）水霉病

1.症状与病变

病鲵体表生出棉毛状的灰白色菌丝,开始时能见灰白色斑点,菌丝继续生长可达 0.03m,如棉絮在水中呈放射状,菌丝体清晰可见。严重时病鲵行动迟缓,食欲减退,身体消瘦直至死亡。

2.防治

搬运和养殖过程中防止大鲵受伤。对于受伤的大鲵,用溃疡灵软膏直接涂抹伤处。对于正在孵化的卵,要将未受精卵的卵带剪断剔出,所用剪刀应事先在 0.1mg/L 高锰酸钾溶液里浸泡消毒 30min。孵化工具事先用 1mg/L NaCl 浸泡。

对病鲵可用 0.1mg/L 高锰酸钾涂抹患处,放到阴凉处 1～2h 后,再放入水中。2d 以后,如还有水霉,可再涂 1 次。克霉唑软膏对水霉病也有较好疗效。

（七）烂嘴病

1.症状与病变

又称口腔溃烂病。主要病症是口腔溃烂,存在两种类型:一种是病鲵的上、下唇肿大、渗血、溃烂,严重的露出上、下颌骨;另一种是嘴唇外表正常,但口腔内上颚组织形成大块蚀斑,并引起严重出血。也有的病鲵两种症状均有。病鲵长时间不能进食,体质减弱,易引起并发感染而死亡。

2.防治

一般是由患口腔溃烂病的黑斑蛙传染的,在投喂青蛙前,要将黑斑蛙放入 4mg/L 庆大霉素药液里浸泡 2h 消毒,不要投喂体表有溃烂的黑斑蛙。

发现病鲵后要及时隔离治疗。病情较轻的可用 4mg/L 庆大霉素药液连续浸泡 10d,可治愈。病情较重的,先用庆大霉素原粉涂抹患处,再注射庆大霉素,剂量是 10000IU/kg。此病如果治疗及时,治愈率较高。

### (八)烂尾病

#### 1.症状与病变

大鲵患此病初期,尾柄基部至尾部末端常出现红色小点或红色斑块,周围皮肤组织充血、发炎,表皮呈灰白色。病期过长,形成疮样病灶。严重时患处肌肉组织坏死,尾部骨骼外露,常有暗红色或淡黄色液体渗出。病鲵停止进食,伏底不动,不久即死亡。

#### 2.防治

当大鲵的皮肤受伤后病菌乘虚而入引起烂尾病。因此,勤换水可以减少此病发生。大鲵体表皮肤受伤后要及时处理以防感染。发现病鲵后应及时隔离治疗。对病鲵先用 0.1mg/L 高锰酸钾溶液清洗患处,随后用红霉素软膏涂敷患处,每天 1 次,连续 7d 可治愈。

### (九)吸虫病

#### 1.症状与病变

寄生在大鲵体内的吸虫有很多种,已报道的有:贵阳拟牛头吸虫、无棘吸虫、东方后槽吸虫、椭圆大鲵吸虫、马边鲵居吸虫、沐川鲵居吸虫、短肠中肠吸虫。多数种类寄生在大鲵肠壁的黏膜层,引起肠壁红肿发炎,少数种类寄生在胃壁。如果是吸虫少量寄生,对大鲵影响不大。如果是吸虫大量寄生,易堵塞肠道,引起肠胃穿孔。病鲵体质消瘦,体表黏液过多,行动呆滞。

#### 2.防治

预防可用 5% 敌百虫消毒池子(由于大鲵对敌百虫敏感,可先把大鲵移出,待池子消毒清洗后,再把大鲵移入),杀死水体里的寄生虫卵及幼虫。特别是夏、秋两季要加强预防,定期在饵料里包埋驱虫剂(例如在每 100g 新鲜猪肝里包埋灭虫精 50mg)以杀死体内寄生虫。对于在野外捞取的黑斑蛙、螺、蚌等都要经过消毒后方可投喂,也可煮熟后投喂。

### (十)线虫病

#### 1.症状与病变

寄生在大鲵体内的线虫有很多种,如城固卷尾线虫、毛细线虫等。单纯患线虫病,如果寄生虫数少,一般不会引起死亡。寄生部位在四肢、背部、腹部、尾部的皮下,4～5 月份在躯干部尤其是两侧也有线虫寄生。触及患部,大鲵有疼痛反应。此时大鲵多不进食。6 月份以后症状自然消失。还有的线虫寄生在小肠、直肠及胆囊内。

#### 2.防治

在夏、秋两季,定期在饵料里包埋驱虫灵或灭虫精,以杀死体内寄生虫。对黑斑蛙、水蛇、螺、蚌等饵料可煮熟后投喂。

用 50mg 甲苯咪唑、丙硫咪唑等药物包埋在新鲜猪肝里喂大鲵,达到驱虫的效果。

## 六、大鲵的暂养与运输

### (一)暂养

收购的大鲵或集中外运前需要进行暂养,以集中一定数量和清除伤重易死亡的个体,暂养时间有长有短,长的可达数月。暂养应在较宽大的容器里为宜,如石池、水泥池、大木桶等硬底质无污泥的清洁池子,池底和池壁无漏洞,池壁高而直,池内无毒害物,注入清水,但不要注满,以防逃窜。大鲵皮肤分泌物、吐出物和排泄物易使水质恶化缺氧,此时应及时清除和更换新水,要经常注入新水。暂养期间大鲵不吃食,不必投饵。大鲵喜集群成堆,小的躲入大的腹下,夜间都异常活跃,常相互咬打,因此,应按不同规格分池暂养以减少损伤。

### (二)运输

**1.运输方式**

成鲵采用无水湿法运输,大鲵用肺呼吸,并且皮肤具有较好的呼吸作用,能在潮湿空气中存活。利用大鲵的这种生理特性可进行无水湿法运输。即运输不需盛放在水中,只要维持潮湿的环境,使大鲵的皮肤保持湿润即可。每尾大鲵用透气的麻布袋或编织袋等,采用1尾1袋的方法,再整齐地排放在运输箱中。采用每隔1h淋1次水的方法,保持大鲵体表湿润,保证空气畅通。

幼鲵未脱腮前采用充氧运输,在袋中装一半水,放入幼鲵,再充足氧气。远距离运输要采用空运,减少运输时间。

大鲵运到目的地后,不要急于放养,要先用温度计测量水温,待运输工具与放养水体的温差不超过2℃时,将大鲵放养于流水中暂养。

**2.运输季节**

实践证明,大鲵最好的运输季节在秋末,此时气温低于25℃,适宜大鲵的运输。在夏季高温运输大鲵时,要用泡沫箱加冰作降温处理,而且运输路途不宜过长。否则,大鲵容易因温度过高而死亡。

**3.注意事项**

(1)控制水温　温度与大鲵的活动、耗氧量等有着密切的关系。水中的DO与水温呈反比,而大鲵耗氧量却与水温呈正比,水温升高时,水中溶氧减少而大鲵耗氧量反而增大。一般水温每升高10℃,大鲵的耗氧量大约增加1倍。所以水温每升高1℃,大鲵的装运密度应降低约5%。为了保持水温,最好用空调车运输。

(2)控制水质　大鲵运输中由于密度较高,水质的影响就更为突出。所以,运输用水必须水质清新,含有机质和浮游生物少,呈中性或碱性。一般河流、湖泊、水库等大水面的水较清新,宜作运输用水;自来水一般含有一定浓度的氯,要放置2~3d后才可使用;最好选用山泉水。长途运输时,要每隔5h换水1次,及时清除大鲵的粪便及呕吐物。

(3)运输前要停食　大鲵运输前要停食一周,因为在运输中大鲵会出现呕吐现象,如果摄食过多,不但容易污染水质,而且,有些没有消化完的饵料(如鱼刺等)从口腔吐出时,容易刮伤口腔或皮肤。稚鲵如不停食而运输,容易引发腹水病和气胀病。

(4)装运密度适宜　在运输过程中,5cm左右的稚鲵适合用规格为0.3m×0.2m的塑料袋充氧装运,每袋可装运50尾。还要带上氧气瓶备用,沿途换水充气。

(5)缩短运输时间　运输时间是决定大鲵运输成败的关键。在条件许可的情况下,应尽量缩短运输时间,提高运输成活率。在温度为20℃左右时,成鲵可以安全运输50h,稚、幼鲵可以运输20h。

(6)注意天气　早春或晚秋运输时,应避免寒潮的影响,在交通不便的地方,要特别注意雨天,以免交通阻塞而延长运输时间并造成损失。气温高的季节要选择早晚起运,并注意途中降温。

# 第六章 龟鳖类的生物学

## 第一节 形态特征

### 一、外形

龟鳖类的外部形态基本相似,由于鳖类的背腹壁外层缺乏角质盾片,而盖以柔软的上皮,通常称为"软壳龟类",与具角质盾片的"硬壳龟类"相对应。龟鳖类的外形分为头、颈、躯干、尾及四肢五部分。

（一）头

前端稍扁,背面略呈三角形,后部近圆筒形。吻钝,鳖吻端延长成管状,称之为"吻突",长约等于眼径,为摄食的主要器官,乌龟的吻不延长。上颌稍长于下颌,上下颌无齿,被以唇瓣状的皮肤皱褶和角质喙,角质喙边缘锋利,俗称"全牙",强劲有力的喙用以咬住或切碎食物。口大,口裂向后可伸达眼的后缘。有发达的肌肉质舌,但不能伸展,仅具吞咽的功能。鼻孔开在吻端,便于龟鳖在水中伸出呼吸空气。眼小,上侧位,有眼睑和瞬膜,便于开闭。瞳孔圆形,鼓膜圆形或椭圆形,不明显或明显。颞区有凹陷。

（二）颈

粗长成圆筒形,可灵活转动。头和颈部可完全或部分缩入壳内,当颈缩入壳内时,颈椎是否呈"U"形弯曲是分类依据之一。

（三）躯干

宽短而略高,背部近圆形或椭圆形,主要器官系统均位于此,外为骨板形成的硬壳所保护。皮肤腺缺乏,能减少水分蒸发和免于干燥。构成硬壳的骨板来源于真皮,由稍呈拱形的背甲和扁平的腹甲相连。背腹甲以韧带组织或甲桥相连。鳖背腹甲的外层无角质盾片,被来源于表皮的柔软革质皮肤所覆盖,背甲边缘的结缔组织甚发达,构成"裙边"。革质的皮肤与特有的裙边,便于鳖在泥沙中潜伏。乌龟的背腹甲表面有坚硬的角质盾片,背腹甲以甲桥相连,背脊中央及两侧有三条显著的纵棱。乌龟背甲正中一列盾片共 5 枚,称椎盾,椎盾两侧各 4 枚盾片,称肋盾,椎盾的前方有块小盾片,前窄后宽,称颈盾。椎盾后方的一对盾片称为臀盾,在背甲边缘左右各 11 枚盾片称为缘盾。乌龟腹甲的盾片数量较少,由左右对称的 6 对盾片所组成,由前到后依次称为喉盾、肱盾、胸盾、股盾和肛盾。

（四）尾

雌鳖的尾短,不达裙边,雄鳖的尾较长,稍伸出裙边外缘。雌龟的尾稍短,较细长,雄龟因泄殖腔中的阴茎离泄殖孔较近,尾柄较粗长。因此,尾部的形态是鉴别成体雌雄的重要特征。

（五）四肢

龟鳖类四肢粗短而扁平,五趾型,位于体侧,能缩入壳内。后肢较前肢稍粗,指趾间有发达或较发达的蹼。鳖第 1～3 指、趾均具钩形利爪,突出于蹼外,第 4～5 指、趾爪不明显或退化,藏于蹼中。乌龟四肢上附生鳞片,前肢 5 指具爪,后肢除第 5 趾无爪外,其余均具爪。粗壮的四肢和宽大的蹼,既能支持身体在陆地上爬行,又适于水中划动游泳,锐利的爪可兼作捕食器官。

# 二、内部构造

## （一）消化系统

包括口、口腔、咽、食道、胃、小肠、泄殖腔和泄殖孔等消化器官及肝脏、胰脏等消化腺两部分。口位于头部腹面,其角质喙有极强的力量,用以捕捉咬杀、切割食物以利吞咽。舌小呈三角形,舌上有倒生的锥形小乳突,可防止被捕获的鱼、虾等饵料滑脱,有助于吞咽。

咽壁有许多颗粒状绒毛突起,黏膜富有微血管,有辅助呼吸的作用。

食道后部略为膨大,为"U"形胃,前后端较狭窄,分别为贲门和幽门。胃壁肌肉发达,伸缩性较强,可容纳较多食物。小肠分为十二指肠和回肠两部分。鳖为肉食性较强的动物,故盲肠不明显。大肠又可分为结肠和直肠。直肠末端膨大成泄殖腔,泄殖孔为泄殖腔在尾基部的纵裂开口。

肝脏和胰脏为消化腺,肝脏较大,储存有脂肪,这些营养物质可用来供应机体代谢,生长发育及冬眠的需要,与龟鳖类能长时间不摄食有关。

脾脏为造血器官。

## （二）骨骼和肌肉系统

龟鳖类的骨骼系统由外骨骼和内骨骼组成,外骨骼指背、腹甲的骨板。鳖背甲板由 1 块颈板,8 块椎板和位于椎板两侧的 8 对肋板,共计 25 块小骨板以锯齿状骨缝缀合而成。乌龟背甲骨板除具鳖的上述骨板外,还有椎板后的 3 块臀板和肋板外缘两侧的 11 对缘板,共计 39 块小骨板。从背甲内面看,椎板上附着椎骨,肋骨与肋板愈合,所以实际上背甲是由外骨骼和内骨骼的一部分共同组成的。鳖腹甲骨板不发达,由单块的内板和成对排列的上板、舌板、下板和剑板共 9 块骨板组成,腹甲与背甲通过韧带相连,腹甲骨板间有空隙。乌龟腹甲骨板与鳖同,但以舌板、下板与背甲的缘板通过骨缝相连,且腹甲骨板间愈合紧密。

内骨骼包括中轴骨和四肢骨。脊椎、胸骨、肋骨和头颅称为中轴骨,其中脊椎由 32～34 块颈椎、胸椎、荐椎和尾椎连接而成。四肢骨中的肢带着生在肋骨的内侧,肩带由乌喙骨和肩胛骨组成,肱骨不能灵活运动,桡、尺骨较粗扁,腕骨之下为掌骨和指骨。

由于龟鳖类既在水中活动,又常在陆地上活动,依赖四肢支撑体重和运动,颈、头和四肢的肌肉较发达。脊椎的分化和加强,促使躯干的肌肉进一步分化,发展了肌间肌和皮肤肌,全身约由 150 条肌肉组成。

## （三）呼吸和循环系统

呼吸系统包括呼吸道和肺等部分。空气进入肺的顺序为外鼻孔→鼻腔→内鼻孔→喉头→气管→肺,肺为一对黑色的薄膜囊,紧贴背甲的内侧,其腹面覆盖着结实的腹膜。龟鳖的肺甚发达,前端从肩胛骨与背甲相连处开始,一直延伸到近骼骨,其容量也较大。

龟鳖类的循环系统已具有静脉窦及二心房一心室,心室内有隔膜,但仍有孔左右相连,进化尚不完善。心室发出三对动脉弓,由右边心室发出的动脉弓称肺动脉,内含静脉血,入肺;由左边心室发出的动脉弓称右体动脉,内含混合血,由右心室中央发出的动脉弓称左体动脉,内含动脉血。左右体动脉在汇合后称背大动脉,分支进入内脏和后肢等。龟鳖类属变温动物,活动受外界温度的影响较大,其淋巴系统也较发达。

　　由于躯干部具有背腹甲,呼吸运动主要依靠腹壁及附肢肌肉的活动,改变体腔的背腹径,从而改变内脏器官对肺的压力。例如腹横肌收缩时,内脏器官对肺的压力增加,肺内的气体便排出,为呼气。腹斜肌收缩时内脏器官对肺的压力减小,外界空气便通过呼吸道进入肺,为吸气。半水栖的鳖,头部前端有长吻,只将吻端的外鼻孔露出水面,就能进行呼吸。它的肺容量大,呼吸间隔长,特别在潜入水中时,可在水底维持较长时间不到水面呼吸。这与它的代谢水平较低,心跳慢,对血液中 $CO_2$ 的敏感性差以及缺氧时能以厌氧性的糖酵解获得能量等生理特性有关。龟鳖主要以肺呼吸,但也有辅助呼吸器官。如口咽腔和副膀胱壁的黏膜上都有许多微血管,在水中不断吸水和排水,微血管中血液可从水流中获得氧,排出 $CO_2$,进行辅助呼吸。实验证实,鳖的上下颚有绒毛状的鳃状组织,在冬眠期也能辅助呼吸。因此,在龟鳖养殖中同样需要及时清除池内污物以保持池水清洁,含氧丰富,避免造成中毒或诱发疾病。初孵的稚龟稚鳖需氧量较多,对水中缺氧和水质腐败而产生的 $CH_4$、$H_2S$ 等有毒气体尤为敏感。

### (四)泌尿和生殖系统

　　在体腔背壁,肺的后端,有一对扁平椭圆形、周围略有缺刻的红褐色肾脏,是主要的泌尿器官,从肾脏的腹面通出一根白色的输尿管,纵行向后,直达泄殖腔。泄殖腔腹面的薄膜囊为膀胱,以狭小的尿道与其相通。肾脏的腹面还有一条深黄色的肾上腺及一对副膀胱。

　　龟鳖的雌雄在外形上区别并不明显,内部构造上差异十分显著。

#### 1.雌性生殖系统

　　在体腔背壁有一对囊状的卵巢,以系膜牵附于体腔背壁的腹膜上,卵巢旁为一对白色的输卵管,其后端开口于泄殖腔。在泄殖腔的腹壁内侧,有一个小突起,为阴蒂。成熟雌体卵巢很大,除附有 10～20 个较大的黄色成熟卵外,还有大小不一,发育程度不同,数以百计的卵粒,充塞在体腔的两侧,输卵管长而大,前端膨大为喇叭口,位于体腔的背中线,靠近肺门处。输卵管本身弯曲盘旋向下,后端膨大为子宫,开口于泄殖腔。而未成熟个体,则卵巢小,橙黄色,内含小型卵粒,输卵管也很细小。

　　成熟的卵从卵巢排到体腔,再从喇叭口进入输卵管,在输卵管内与精子相遇而受精。受精卵顺输卵管而下,接受管壁分泌的少量蛋白质形成卵壳膜,又接受石灰质形成卵壳。在解剖雌鳖时,常会在输卵管的末端获得已有石灰质卵壳的卵多枚。

#### 2.雄性生殖系统

　　在体腔背壁的后方,肾脏的前面,有一对长卵圆形的精巢,其旁边有白色小管迂回盘旋而成的副睾。输精管从副睾通出,开口于泄殖腔,在泄殖腔的两侧有一对紫黑色的球形囊,是阴茎海绵体,其中间有一个肌肉质的棒状阴茎,平时收藏于泄殖腔中。阴茎的末端深褐色,鳖展开时为 5 个尖形小瓣,其他龟类为 3 个,合拢时犹如一朵合瓣花。在未成熟的个体中,精巢、副睾及阴茎均较小。

#### 3.泄殖腔

　　分为粪道、尿殖道及肛道三部分。将泄殖腔剖开或将膀胱从尿道外翻起,可以分辨出背面前方是直肠的开口。

龟鳖类一般4～5龄达到性成熟,据称,鳖的精子在雌性输卵管可存活较长时间,有时可存活半年之久。通常一年内交配2～3次。

（五）感觉器官和神经系统

龟鳖类的躯干有背腹甲保护,冬眠时代谢水平低,对周围环境变化的敏感性也随之下降,故其感觉器官和神经系统处于比较低级的水平。

1.感觉器官

嗅觉器官位于吻端两个外鼻孔,其后为鼻腔,吻的基部腹面有口。鳖生活于水中,主要依靠嗅觉探知食物和水中有害化学物质,因此,嗅觉比较发达。舌短小,不能伸出口外,辅助性嗅觉器官对龟鳖类几乎不存在。

视觉器官为眼,较小,位于头部两侧,无爬行动物所具的顶眼。眼具有眼睑、瞬膜和泪腺。

听觉器官包括内耳和中耳两部分,以鼓膜与外界相接。

其他感觉器官还有皮肤上的神经末梢或触觉小体,感受水压变化及机械刺激,比较灵敏。口腔、舌、咽和黏膜感受器也可感受来自食物的各种刺激。

2.神经系统

龟鳖的脑较小,分为嗅叶、大脑半球、间脑、中脑、小脑和延脑六部分。脊髓的灰质面积较两栖纲大,灰质和白质分界明显。脑神经12对。神经调节机制还不完善,仍属变温动物。

鳖由于营半水栖和肉食性生活,各种感官中,嗅觉最灵敏,嗅囊较大,眼和内耳较小。在水中声波通过头骨传到内耳,在地面爬行时,声波通过鼓膜、耳柱骨或直接通过头骨传导到内耳,从而获得听觉。鳖裸露的皮肤如裙边,感受水流压力和各种机械刺激也较敏锐。在水中捕食或避敌时能很快作出反应。与一般陆龟相比,鳖的小脑较大,这是由于在水中游泳时附肢活动需要更完善更协调的运动中枢。

# 第二节　生态特性

## 一、生活习性

龟鳖类多群居,栖于溪河、池沼中。鳖的胆子很小,生性好斗,特别是在陆地上喜欢相互攻击、撕咬,同类残食尤为严重;貌似笨拙,实则敏捷。而山瑞鳖和龟类警惕性较高,通常不敢远离水面,一旦遇到惊扰立即爬入水中,且行动迟缓,易于捕捉,性情温顺,几乎无同类相残。在正常情况下,龟鳖类时而潜入水中或暂伏于池底,时而浮出水面以吻尖呼吸空气,一般3～5min呼吸一次,频率随温度的升降而增减。并能长时间不进行空气呼吸。据研究,对于不同的个体,鳖在水中完全不进行空气呼吸的生存时间为6～16h。这证实了龟鳖存在辅助呼吸器官从水中进行氧的交换,进而说明龟鳖养殖同样需要好的水质条件,才能保证其正常生活与生长。

龟鳖性喜温,对环境温度的变化极为敏感。在天然条件下,适于摄食和生长的温度为20～35℃,最适温度范围为27～33℃,人工控温养殖的最佳水温为30℃,龟鳖没有调节体温的机能,其生存活动完全受温度变化的支配。秋季当水温降至20℃左右,食欲与活动逐步减弱,15℃左右即钻入泥沙中冬眠。冬眠时,往往几只鳖聚在一起,鼻孔微露出泥沙表面,不吃不动,仅以微弱的新陈代谢(靠体内积累的脂肪)维持生命,故经过冬眠后体重会减轻10％～15％,体质差的,特别是稚龟和稚鳖在冬眠过程中会逐渐死亡。冬眠期间几乎不用肺呼吸,基本上以皮肤呼吸维持代谢。冬眠期的长短因地而异,我国通常为10～11月至翌年3～4月,早春水温达15℃以上时开始复苏,20℃以上时,活动、摄食加强,逐步转入正常生活。当水温超过35℃以上,龟鳖类的活动和摄食明显减弱,出现"歇荫"现象。有诗形容其活动规律曰:"春天发水走上滩,夏日炎炎柳荫潜,秋季凉了入石洞,冬季严寒钻深潭"。

龟鳖的另一习性是"晒背",又称晒壳,晒盖等。当天气晴朗时,它们喜欢在栖息水域相连的安静、清洁、阳光充足的滩地或岩石上晒太阳,其头足伸出,背对阳光表现出一种非常舒展的样子。通过晒背,可以杀灭附于体表的寄生物和其他病原,也可使背甲革质或角质增厚变硬,增加对外部侵袭的抵抗力,还可提高体温,加快血液循环,增强新陈代谢。如果不具备晒背场地,龟鳖会因生理失常而患病,也可能出现"淹死"的情况。因此,晒背设施在任何养殖方式中都是不可少的。在白天除了晒背外,一般在水中活动较多,夜间安静时,则游向岸边爬行觅食、产卵等。

龟鳖类的生活习性一般总结成"三喜三怕",即喜静怕惊;喜阳怕风;喜洁怕脏。

## 二、摄食及生长

### 1. 食性

龟鳖类多是杂食性动物,如鳖以动物性饵料为主,而乌龟对动物性饵料要求较鳖低。龟鳖类的食谱十分广泛,且贪食性强。在天然条件下,稚鳖和稚龟阶段与某些鱼类相似,以枝角类、桡足类、水生昆虫和水蚯蚓等为食。成体时以鱼、虾、蛙、蟹、螺、蚌和蚬等动物饵料,藻类、水草、嫩草叶和瓜菜等植物性饵料为食。当食物缺乏时,也食腐败动物尸体。在人工饲养条件下可食人工配合饵料、畜禽内脏及蚕蛹等。

龟鳖类耐饥能力很强,在食物缺乏时,很长时间不摄食也不会死亡,但会停止生长甚至"掉膘"。龟鳖在食物不足或密度过高时,大小混养同类残食比较严重。

### 2. 年龄及生长

龟鳖类是变温动物,最适生长水温为30℃,据气象资料统计,长江流域能达到此水温的时间全年也不过3个月左右。因此,在自然条件下,每年除了冬眠外,水温低于25℃或高于35℃时,龟鳖的生长同样受抑制,所以一年中适宜的生长期太短,整个生活史就是在这样"一进一退"中完成,故生长速度缓慢。随地理位置不同,生长速度也有显著的差异。以个体重500g的鳖为例,台湾和海南需2年左右,华南3～4年才能达到,而华北、西北、东北则需4～6年时间。

另据报道,个体生长速度在不同性别、不同体重阶段有显著差异。如鳖体重在100～300g间,雌性生长快于雄性;300～400g间两者生长速度相近;400～500g间则相反,雄性生长快于雌性;500～700g间雄性比雌性几乎快一倍;体重在700～1400g时,雄性生长速度开始减慢,雌性个体增重更少。通过以上生长速度的比较,可以看出,鳖在3～4龄,体重250～400g之间生长最快,是生长的优势阶段。

龟鳖类生长方面的另一特点是:即使同源的苗种采用相同的饲养方式,个体生长速度也有很大差异。这种差异与受精卵的大小、稚体的轻重、争食能力的强弱等因素有着密切的关系。故在人工养殖过程中,培养好亲本,保证繁育健壮的苗种,按大小及时分级、分池饲养是使规格一致的重要措施之一。

龟鳖的寿命究竟有多长?中国自古至今都讲"千年的王八万年的龟",应该是有些依据的。鳖的肩胛骨上有疏密相间的纹理,这数目与实际年龄是一致的,可依此进行年龄鉴定。同样,龟甲上的疏密纹路也可进行年龄鉴定。

### 三、繁殖生态

**1. 交配**

龟鳖雌雄异体,卵生。在长江流域或以南地区,每年惊蛰后,3月下旬至4月上旬,水温上升到20℃以上时,复苏的龟鳖开始发情交配。交配一般在傍晚进行,雌雄交配前有明显的求偶行为:潜游、戏水,雄性为争偶尔撕咬争斗,发情到高潮时,雄性在上雌性在下,并用前肢拥抱雌性的前部,尾下垂,交配器插入雌性泄殖腔中,行体内受精。发情交配时间可持续5~6h,而受精过程5~8min即可完成,精卵在输卵管上端结合,经过2~3周后可再行交配。试验表明,每交配一次精子可在输卵管中生存至少5个月,一次交配,多次产卵。这种特性对于苗种繁殖是有利的,通过合理搭配,可减少雄性的饲养量,而获得同样的繁殖效果。

**2. 产卵**

交配后两周左右,开始产卵。产卵一般在天亮以前进行,这段时间最安静,也最安全。产卵的亲体在午夜先从水中伸出头来探视,确认无危险才爬上岸来选择产卵场地。对产卵场地的要求:隐蔽性良好,地势高低适宜,沙土干湿适宜,疏松透气,特别是沙粒直径大小极为重要,粒径太大,升温太快,粒径太小,升温太慢,透气性较差。鳖一般选择保温、保湿、适于孵化、沙粒直径0.6mm左右的沙地处产卵。选择好产卵场地后,就用前肢抓住沙地,用后肢交替挖出一个洞穴,其大小、深度与亲体体重、产卵数相关。穴掘好后,将尾伸入其中产卵,身体紧张而有节律地收缩,收缩一次产一枚卵,卵沿着内弯的尾柄徐徐滑入穴中,避免卵壳摔破。卵在穴内排成1~3层,产完后,用沙盖好,并用腹甲压平,伪装得与周围一样。这是一种本能,有防止水分蒸发,阳光直射和敌害侵袭的作用。然后离开产卵场不再护理后代,任其自然孵化。

龟鳖类属多次产卵型,但产卵窝数、每窝卵数及卵的大小,均与所在地理位置、亲体个体大小、年龄及饵料质量等因素有关。每只雌鳖每年的产卵窝数在北方2~3窝,长江流域4~5窝,台湾及海南6~7窝。每窝产卵数悬殊很大,以1个到20多个不等。

卵为多黄卵,细胞核偏向动物极,初级卵母细胞进行第一次减数分裂排出第一极体后,即离开卵巢进入输卵管,在输卵管上端与精子结合,然后在其外围形成蛋白、壳膜及卵壳。受精卵在输卵管中停留约1个月才排出体外,此时卵处于囊胚期或原肠期。

鳖卵卵径一般0.015~0.02m,重3~5g,最大可达0.02~0.03m,重6~7g;而山瑞鳖平均卵径为0.018~0.03m,重8.2~13.2g;乌龟卵长椭圆形,卵径0.027~0.038m,重3~9g。

## 第三节　种类及分布

龟鳖类的分类鉴别主要根据骨骼的构造、四肢形状、表皮结构、背、腹甲各骨板和盾片的形状、数目和排列方式、头部或鳞片的特征,韧带组织的有无,吻突的长短等特征。

龟鳖目是爬行纲中重要的一支,现存种类约260种,按照赵尔宓(1997)在《中国龟鳖动物的分类与分布研究》一文的记述,我国已知龟鳖动物6科22属35种,另有4种有效性待考证。现引述如下,供大家参考。

# 一、平胸龟科 PLATYSTERNIDAE

（一）平胸龟属 *Platysternon* Gray，1831

1. 平胸龟 *P. megacephalum*（Gray，1831）

国内分布：安徽，重庆，福建，广东，广西，贵州，海南，香港，湖南，江苏，江西，云南，浙江

# 二、淡水龟科（新拟中名）BATAGURIDAE

（二）乌龟属 *Chinemys* Smith，1931

2. 大头乌龟 *C. megalocephala*（Fang，1934）

国内分布：安徽，广西，湖北，江苏

3. 黑颈乌龟 *C. nigricans*（Gray，1834）

国内分布：广东，广西

4. 乌龟 *C. reevesii*（Gray，1831）

国内分布：安徽，澳门，重庆，福建，广东，甘肃，广西，贵州，湖北，河北，河南，香港，湖南，江苏，江西，陕西，四川，山东，天津，台湾，云南，浙江

（三）盒龟属 *Cistoclemmys* Gray，1863

5. 黄缘盒龟 *C. flavomarginata*（Gray，1863）

国内分布：安徽，澳门，福建，广东，广西，湖北，河南，香港，湖南，江苏，台湾，浙江

6. 黄额盒龟 *C. galbinifrons*（Bourret，1939）

国内分布：广西，海南

（四）闭壳龟属 *Cuora* Gray，1855

7. 金头闭壳龟 *C. aurocapitata*（Luo and Zong，1988）

国内分布：安徽

8. 百色闭壳龟 *C. mccordi*（Ernst，1988）

国内分布：广西

9. 潘氏闭壳龟 *C. pani*（Song，1984）

国内分布：陕西，云南

10. 三线闭壳龟 *C. trifasciata*（Bell，1825）

国内分布：澳门，福建，广东，广西，海南，香港

11. 云南闭壳龟 *C. yunnanensis*（Boulenger，1906）

国内分布：云南

12. 周氏闭壳龟 *C. zhoui*（Zhao，1990）

国内分布：广西，云南

（五）齿缘龟属（新拟中名）*Cyclemys* Bell，1834

13. 齿缘龟（新拟中名）*C. dentata*（Gray，1831）

国内分布：云南，广西

14. 滇南齿缘龟（新拟中名）*C. tiannanensis*（Kou，1989）

国内分布：云南

（六）地龟属 *Geoemyda* Gray,1834

15. 地龟 *G. spengleri*(Gmelin,1789)
国内分布:广东,广西,海南,湖南

（七）拟水龟属（新拟中名）*Mauremys* Gray,1870

16. 艾氏拟水龟（新拟中名）*M. iversoni*(Pritchard and McCord,1991)
国内分布:福建,贵州

17. 黄喉拟水龟 *M. mutica*(Cantor,1842)
国内分布:安徽,福建,广东,广西,海南,香港,江苏,台湾,云南

（八）花龟属 *Ocadia* Gray,1870

18. 缺颌花龟（新拟中名）*O. glyphistoma*(McCord and Iverson,1994)
国内分布:广西

19. 菲氏花龟（新拟中名）*O. philippeni*(McCord and Iverson,1992)
国内分布:海南

20. 中华花龟 *O. sinensis*(Gray,1834)
国内分布:福建,广东,广西,海南,香港,江苏,台湾,浙江

（九）锯缘龟属（新拟中名）*Pyxidea* Gray,1863

21. 锯缘龟（新拟中名）*P. mouhotii*(Gray,1862)
国内分布:广东,广西,海南,湖南,云南

（十）眼斑龟属（新拟中名）*Sacalia* Gray,1870

22. 眼斑龟（新拟中名）*S. bealei*(Gray,1831)
国内分布:安徽,福建,广东,广西,贵州,海南,香港,江西

23. 拟眼斑龟（新拟中名）*S. pseudocellata*(Iverson and McCord,1992)
国内分布:海南

24. 四眼斑龟（新拟中名）*S. quadriocellata*(Siebenrock,1913)
国内分布:广东,广西,海南

# 三、陆龟科 TESTUDINIDAE

（十一）印支陆龟属（新拟中名）*Indotestudo* Lindholm,1929

25. 缅甸陆龟 *I. elongata*(Blyth,1853)
国内分布:广西

（十二）凹甲陆龟属（新拟中名）*Manouria* Gray,1854

26. 凹甲陆龟 *M. impressa*(Gunther,1882)
国内分布:广西,海南,湖南,云南

（十三）陆龟属 *Testudo* Linnaeus,1758

27. 四爪陆龟 *T.*(*Agrionemys*) *horsfieldii*(Gray,1844)
国内分布:新疆

## 四、海龟科 CHELONIDAE

（十四）蠵龟属 *Caretta* Rafinesque,1814

28. 蠵龟 *C. caretta*（Linnaeus,1758）

国内分布:福建,广东,广西,海南,河北,江苏,辽宁,山东,台湾,浙江沿海

（十五）海龟属 *Chelonia* Brongniart,1800

29. 绿海龟 *C. mydas*（Linnaeus,1758）

国内分布:福建,广东,广西,海南,河北,江苏,山东,台湾,浙江沿海

（十六）玳瑁属 *Eretmochelys* Fitzinger,1843

30. 玳瑁 *E. imbricata*（Linnaeus,1766）

国内分布:福建,广东,广西,海南,香港,江苏,山东,台湾,浙江沿海

（十七）丽龟属 *Lepidochelys* Fitzinger,1843

31. 丽龟 *L. olivacea*（Eschscholtz,1829）

国内分布:福建,广东,广西,海南,香港,江苏,台湾,浙江沿海

## 五、棱皮龟科 DERMOCHELYIDAE

（十八）棱皮龟属 *Dermochelys* Blainville,1816

32. 棱皮龟 *D. coriaceca*（Vandelli,1761）

国内分布:福建,广东,广西,河北,香港,江苏,辽宁,山东,台湾,浙江沿海

## 六、鳖科 TRIONYCHIDAE

（十九）山瑞鳖属（新拟中名）*Palea* Meylan,1987

33. 山瑞鳖 *P. steindachneri*（Siebenrock,1906）

国内分布:广东,广西,贵州,海南,香港,云南

（二十）鼋属 *Pelochelys* Gray,1864

34. 鼋 *P. bibroai*（Owen,1853）

国内分布:福建,广东,广西,海南,江苏,云南,浙江

35. 斑鼋 *P. maculatus*（Heude,1880）（赵肯堂 1997）

国内分布:上海

（二十一）华鳖属（新拟中名）*Pelodiscus* Fitzinger,1835

36. 中华鳖 *P. sinensis*（Wiegmann,1834）

国内分布:除青海、新疆、西藏未发现外,广泛分布于其余各省、自治区、直辖市

37. 砂鳖 *P. axenaria*（Zhou,Zhang,and Fang,1991）

国内分布:湖南

38. 小鳖 *P. parviformis*（Tang,1997）

国内分布:北至湖南东安、祁阳,南至广西柳州,东至湖南道县,西至广西融水、三江等范围内的江河、溪流之中。

（二十二）斑鳖属（新拟中名）*Rafetus* Gray,1864

39. 斑鳖（新拟中名）*R. swinhoei*（Gray,1873）

国内分布:上海

# 第七章 鳖的养殖

## 第一节 场 地

鳖场的设计与建造必须根据鳖的生态习性、生产方式、生产规模及人工养殖所必须具备的条件来进行，以创造出适宜于鳖生活和生长的环境条件。

### 一、场址的选择

养殖场址的选择主要应注意以下几个方面。

（一）供水

鳖场的水源有地下水、地面水和工厂温排水等。地下水主要是地热水和井水，一般无污染，全年温度也较稳定，特别是地热水是养鳖理想的水源，但有的地下水含有有毒气体，应经检测后确保无问题方可使用。地面水主要有河流、湖泊、水库等水源，由于水体较大，环境变化幅度小，且含有丰富的浮游生物，透明度较低，可使鳖有安全感，减少相互撕咬，其 DO 也较高。但有的地方污染比较严重，应注意水质监测，确保养殖生产的安全。工厂余热水，如火电厂冷却水等，只要无化学污染，大多是较好的养鳖水源。

无论采用何种水源，都要求水质良好，符合渔业水质标准，溶氧丰富，温度、盐度和硬度适宜，水量充沛。

（二）饵料

饵料是鳖养殖生产的物质基础，建场时要确保饵料充足，供应方便，种类适宜，质量符合鳖的营养要求。因鳖喜食动物性饵料，因此鳖场最好选择在城镇肉类或食品加工厂附近，沿海、内陆渔区，以便利用畜禽加工下脚料，或人工饵料供应方便的地方。

（三）土质

建设鳖场的地方土质要求能保水，不渗不漏，且灌能注满、排能排干。因此土质最好是黏土或壤土。沙土因其保水性能较差，一般不宜建场，若非选用不可，则必须在建设时进行碾压或其他防渗处理。建成后在黏土或壤土上应铺一层约 0.2m 厚的沙土层以利鳖的蛰伏等。

（四）环境

鳖喜欢在温暖而安静的条件下生活，因此建场应选择避风、向阳、安静的地方，尽量避开公路、工厂等喧闹的地区，确保鳖不受干扰。

### 二、养殖场的总体设计

鳖的生长缓慢，而且其生长可分为几个不同的阶段，各阶段对生态环境的要求也不尽相同,加上个体间的生长速度差异较大,有相互残食的习性,特别是高密度人工饲养条件下,当饵料供应不足时,互相残杀更为严重,因此鳖场的设计要综合考虑各种因素。

在鳖的人工养殖过程中,通常将刚孵出的鳖称为"稚鳖";稚鳖经过冬眠,复苏后再经近一个周期的饲养称为"幼鳖";幼鳖经2~3年的常温养殖成为"成鳖",又称商品鳖;产卵繁殖用鳖称为"亲鳖"。不同阶段体重情况大约为:稚鳖个体重50g以下;幼鳖个体重在50~200g之间;成鳖(或商品鳖)个体重在200g以上;亲鳖个体重至少500g。根据不同阶段鳖的特点,应采取分级、分类饲养方式。

在生产上,一个自繁、自育、自养的养鳖场要分别设计稚鳖池、幼鳖池、成鳖池及亲鳖池,各池的面积比例为1:4:11:4。即:如建设一个面积为6000m²的养殖场,要5~6个50~60m²的稚鳖池,总面积300m²左右;二龄幼鳖池2~3个,每池面积200~300m²,总面积为600m²左右;三龄幼鳖池1~2个,每个池面积600~1200m²,总面积1200m²左右;成鳖池2~3个,每个池面积1000~1500m²,总面积2700m²左右;亲鳖池1个,面积1200m²左右。

一个完整而完善的鳖场,除养殖池外,还要有排灌系统,库房、饵料加工厂,管理及工具房以及人工孵化房等。就目前国内条件及技术水平和效益而言,稚、幼鳖的加温养殖前景广阔。因此,有条件的地方还要配备必要的加温、控温系统。采取自繁、自育、自养的配套养殖,有利于降低生产成本,提高经济效益。它适合于资金比较雄厚的单位及个体进行规模性养殖。如果场址较小、资金不足,可结合当地的实际情况因地制宜地根据不同的生产目的进行阶段性养殖。如果稚鳖、幼鳖来源困难,可减少成鳖池,增加亲鳖池及稚鳖池。总之,在设计时,要结合当地的实际情况,综合考虑,合理布局,突出最佳养殖经济效益。

## 三、鳖池的设计和建造

在具体设计和建造上主要考虑以下几点。

结构:我国鳖池主要有两种,一种是土池,四周离水面0.5~1m处设置0.5m高的防逃墙,墙顶端向内压檐0.1~0.15m宽。二是水泥池。前者适宜于亲鳖及成鳖养殖,而后者适宜于稚、幼鳖的养殖。

形态:养鳖的池子形状不限,长方形、方形、圆形、椭圆形、多边形均可,以能充分利用地形、地貌、有利于饲养管理为原则。

种类:养殖池的种类根据生产需要设置。具体种类见前述。

面积和深度(表7-1;表7-2):各类池的面积大小并无严格限制。总的原则是早期阶段因鳖的个体小,放养密度可大些,池塘面积也可小一些。但因其体质较弱,应精心饲养,水位亦可浅一些。随着个体的生长,养殖面积应适当扩大、水位加深。

表7-1　常温养殖鳖池的规格

| 种类 | 面积(m²) | 池深(m) | 堤坡比 | 铺沙厚度(m) | 防逃墙高(m) |
|------|---------|---------|--------|------------|------------|
| 亲(成)鳖池 | 1000~2000 | 1.8~2 | 1:3 | 0.2~0.3 | 0.5 |
| 稚鳖池 | 50~100 | 1~1.5 | 1:3 | 0.1~0.2 | 0.5 |
| 幼鳖池 | 100~500 | 1 | 1:3 | 0.1~0.2 | 0.5 |

表 7-2  控温养殖鳖池的规格

| 种类 | 面积(m²) | 池深(m) | 水深(m) | 铺沙厚度(m) |
|------|---------|---------|---------|------------|
| 亲(成)鳖池 | 50～100 | 1.2～1.5 | 0.8～1.2 | 0.2 |
| 稚鳖池 | 10～20 | 0.8～1 | 0.5～0.8 | 0.15 |
| 幼鳖池 | 20～50 | 0.8～1 | 0.3～0.5 | 0.1 |

（一）亲鳖池

亲鳖池是供亲鳖繁殖产卵用的。为便于亲鳖的产卵，要选择安静、地势稍高和阳光充足的地方修建亲鳖池。亲鳖池面积以 1000～2000m² 为宜。面积过小，亲鳖的活动范围小，水温、水质变化大；过大则管理不便，池深以 1.5m 左右为宜，有效蓄水深为 0.8～1.2m；若采取鱼与鳖混养方式，池深和蓄水池都应适当增加，这样既不妨碍鳖的生长，又对鱼的生长有利。池堤坡度为 30°，以便于亲鳖登岸产卵及活动。池底最好是中间深，向四周逐渐变浅，呈"锅底"形，深处铺 0.2～0.5m 厚的泥沙，供亲鳖栖息及越冬；浅处多铺细沙，供亲鳖夏天潜水休息及摄食。

此外还要在池边修建产卵场。产卵场有两种形式，一是在池塘的背风向阳的北侧岸上设沙滩，每个沙滩长 3～5m，宽 0.5～0.6m，铺 0.3～0.5m 厚的沙，沙滩的数量视池子的大小而定，一般以每只雌鳖占有 0.1m² 的沙滩为度。沙滩要有一定的倾斜面，逐渐伸入水面，这样雨天不积水，保持产卵场有良好的排水性能。产卵场所铺设的沙粒大小要适宜，粒径过大，温度上升快，粒径过小，温度上升慢，而且易于板结，不利于鳖卵胚胎发育，一般以干净的河沙为好。产卵场的附近种植一些阔叶树木或高秆作物，供亲鳖遮阴、纳凉、休息和产卵，还能防御敌害。二是建造利于孵化的产卵房，即将室外产卵场围成产卵房。产卵房面积 5m² 左右，高约 1.5m，堤外的一侧开一个小门，供人入内管理，靠池塘水面的一侧留一个洞口，在洞口和水面间搭设一"跳板"，便于亲鳖爬入产卵房。这种形式的产卵场所没有沙滩供栖息，可在池中浮些木板或竹块以解决亲鳖晒背的问题。

（二）稚鳖池

因稚鳖个体小、幼嫩，对环境的适应性较差，对生活环境和饲养条件要求较高，若无适宜的饲养池和一定的管理措施，将会严重影响其成活率。所以要建造适宜于稚鳖生活和生长的池子，这是提高其饲养成活率的有效措施之一。目前有条件的地方多将稚鳖池建于室内，通过加温保持水温稳定，并有良好的通风设备使之安全、顺利地渡过第一个冬季。如果将稚鳖池建于室外，则须选择背风、向阳、比较温暖的地点，以防严冬水温过低而造成损失。也可以将上述两种情况结合，即一部分建于室内，一部分建于室外。室内稚鳖池有良好的保温、防暑、通风条件，室外池背风、向阳。稚鳖池的面积不宜过大，一般室内池 5～10m²，室外池 40～50m² 为好，池深 0.5m，蓄水深度 0.3m。池底铺设 0.1m 左右厚的细沙，供稚鳖蛰伏及休息。稚鳖池最好是水泥结构，因稚鳖个体小，放养密度高，在泥土中不易寻找。因稚鳖喜晒背，因此应在饲养池内修建一定面积的休息场，一般约占全池面积的 20% 左右，供摄食、休息用的场所应设在出水口一端。摄食和休息场有两种形式：一种是在向阳一角水平面处用水泥板或木板架设而成，板与水面呈 30°～40°角；另一种是在向阳的池壁一侧修成角度与上相同的斜坡，坡顶留 0.3m 宽的平面。池壁的顶部修供防逃用的出檐，宽 0.05～0.1m，以防止稚鳖逃逸。

室内的稚鳖池从进水口到出水口应有一定的斜度,一般为1:100,而出水口要比池底再低0.03~0.05m,以便于排水、排污。无论是进水口还是出水口处都应设铁丝网防逃。出水口孔径一般为0.05~0.1m,用阀门控制。池底铺设0.05m厚的细沙,并在池底临近出水口1/3处设拦沙墙,防止沙的流失,其上方可设摄食和休息场。据生产需要,稚鳖池一般修建大小相同的一组,并行排列,以便于管理。

（三）幼鳖池

幼鳖的养殖介于稚鳖与成鳖之间,用于培育2~3龄鳖。幼鳖对环境的适应能力较稚鳖有所增强,但个体生长的差异较大,要根据不同规格的养殖需要建造。

在控温及集约化养殖条件下,稚、幼鳖池可以合用,按幼鳖饲养标准建造。使用时,若养稚鳖可降低水位和供摄食、休息用的台面高度。同样,用于养幼鳖时可提高水深及饵料台高度。池的面积以20~50m²为宜,深0.8~1.0m,使用时蓄水深0.5~0.8m。池壁由水泥砌成,四周顶部向内出檐0.1m宽,池底铺沙0.05~0.08m。其他要求与稚鳖池相同。

从投资效益角度考虑,幼鳖池可以建在室外。露天池既可用水泥池,也可用土池。每个池面积100~300m²,深1m,水深0.5~0.8m。同鱼混养的池塘水位应加深,若饲养池兼作越冬池,水深就提高到1m以上,防止水温变化过大,确保安全越冬。

（四）成鳖池

成鳖的养殖是养鳖的第三个阶段,其产品一是作为商品出售,二是作为后备亲鳖。进入成鳖养殖阶段,鳖的抗病能力及抗逆性有所增强,但同时其攀缘、潜逃的能力及相互残食的习性也达到了高峰。因此成鳖池除了有较好的防逃设施外,还应有备用池塘,以便适时分级饲养。成鳖池的建造除不需设置产卵场外,其他设施要求与亲鳖池基本相同。

根据各地的实际情况,成鳖池既可建于室内,进行控温集约化养殖,也可建于室外,用塑料棚保温或露天常温养殖。

成鳖池在建筑结构上可分为两种:一种是砖石水泥结构,水泥抹面,混凝土底;面积50~100m²,池深1.2~1.5m,水深0.8~1.2m;池壁顶端向内出檐0.15m,顶部四角设三角形出檐防逃板;池底铺设河沙0.15~0.2m,从进水口到出水口方向倾斜10%,出水口同样低于池底,进水管道用0.06m以上口径的阀门控制,并加防逃网;进水口应伸向池内0.1~0.2m,垂直高出水面0.3m以上;其他设施要求均与稚、幼鳖池相同。

另一种成鳖池可用成鱼池改造而成,增加防逃、休息场所和设施即可。成鳖池最好是泥土底质,池中央有0.2~0.3m厚的软泥,以便于潜伏于池底休息和越冬。池堤可以是土堤,也可以是水泥结构。池的西侧及北侧堤岸上应种植树木或高秆作物,以保持环境的阴凉和安静,东侧和南侧则不宜栽种树木,否则会影响阳光的直射;每个池的面积以500~1500m²为宜;过大管理不便,过小则水质变化剧烈,不利于鳖的生长和发育;池深一般为1.5m,水深1.2m左右。

## 四、温室的结构与建造

鳖是变温动物,在自然条件下的冬眠期长达半年之久,意味着常温养殖周期较长,对生产设施的利用率较低。许多单位为缩短养殖周期,达到快速生产的目的,多采用温室进行加温养殖,打破鳖的冬眠习性,使其始终保持快速生长。这种措施可将常温养殖条件下的4~5年养成缩短到仅14~16个月养成,而且会大大提高其成活率和设施利用率。据实验结果表明,室外常温条件下稚鳖的越冬成活率仅为 20％～30％，而室内加温养殖可提高到 80％～90％。

一个设备完整的温室应包括养殖池、供电、进排水及加温、控温设施等。温室的布局应根据地理位置、环境条件、热源和生产规模以及交通和供电情况统筹规划。若有数间温室，则前后间的距离应在 5m 以上，双层或拱形温室左右两间可以连接，也可以独立。光照与温室的方位有很大关系。当阳光照入温室的入射角越小，则采光越好，保温效果也越好。温室最好是南北向的双屋面或圆拱形，上下午的受光均匀，而且室内不产生阴影。

养鳖用温室无论采用哪种，在设计上都要达到下列要求：水温能保持在 30℃左右，室温 35℃左右，光照强度 3000 Lux 以上，每天光照时间 6h 以上，棚顶透光率在 30％左右。

**（一）塑料大棚温室**

塑料棚既可用于加温池，也可用于保温池。在结构上主要是镀锌钢管骨架，外履两层塑料薄膜。室内用水泥池或土池均可，一般加温池用水泥结构，保温池用土池。从保温及节能效果考虑，在棚的东、西、北三侧设墙，用两层塑料薄膜，两层间有一定空隙隔温。

**（二）全封闭温室**

全封闭式温室每栋 500～700m²，顶全封闭，钢混结构，屋顶和四壁填加保温材料，窗户小，双层。从保温效果上看，封闭性能好，热量散失小；双层鳖池使室内水的容积大，热容量也大，当水温升到一定高度后，易于保持温度的稳定。不足之处是缺乏光照。

**（三）玻璃和树脂板温室**

一般为"人"字形的双面屋顶，而用玻璃纤维增强聚酯板（FRP 板）和玻璃纤维增强丙烯酸树脂板（FRA 板）建造成拱形温室。但两种板的透光率会随时间的推移而逐渐下降，保温性能没有玻璃好，但不易破碎。温室分单栋和双栋两种，墙壁为砖混结构，内层加设保温材料。面积一般较小。玻璃层面一般为单层。这种结构的温室造价很高，国内不常采用。

室内加温养殖池的热源主要有锅炉加热、电加热、地热水加热、工厂余热水加热等。用蒸汽加温要在水池中铺设"U"形蒸汽管道，一般高出铺沙后池底 0.2m，防止鳖在池底活动时被烫伤背部。若用外源热水加热，热水又无污染，可直接引入调温池内，然后输入各室内水池。

# 第二节　鳖的人工繁殖

## 一、亲鳖的标准

### （一）亲鳖的来源与选择

#### 1. 亲鳖的来源

亲鳖是指为人工养殖提供种源的雌雄鳖。因此如何选择亲鳖是左右人工繁殖和饲养成败的重要问题之一。亲鳖主要有野生和养殖两个来源，两者之间的区别在于野生鳖呈茶绿色、橄榄绿色；体薄、较瘦；光洁、腹甲伤痕多；爪前端尖锐。而养殖鳖呈暗绿色、灰白色；体厚、肥满；肋下、颈部有污物，背甲伤痕多；爪前端较钝。

#### 2. 亲鳖的选择

亲鳖要求外形完整，体色正常，皮肤光亮，裙边肥厚，背甲后缘有皱纹，无明显伤残。来自养殖场的鳖，经过长期驯养适应人工养殖的生态环境，年龄易掌握，另外可避免捕捉过程中的损伤。但养殖鳖必须是在完全满足其生态要求的条件下饲养，一流的营养状况和体质，才具备作为亲鳖的标准。

野生鳖多是通过网、钩、钓、卡等工具捕捉所获。对于野生鳖，在收购过程中检查与选择的方法为：用毛巾引诱鳖咬住后将其颈部拉出，然后用手抓住并检查颈部，看有无钩、卡等硬物体，有的钩、卡已吞入腹中，这时可将鳖放入水中，引诱其张口，看是否有剪断的钩、卡、线头；用手扣住其后肢基部凹陷，如鳖的颈部伸得很长，且灵活扭转想咬人，说明颈部无伤；再将鳖仰放地上，如能立即翻身逃跑，说明无伤，而翻转困难，行动迟缓则有伤。有伤的鳖（特别是内伤）则不能作为亲鳖。

（二）亲鳖的年龄与体重

鳖的成熟年龄是随所在的地理纬度的高低而变化的。在长江流域一般在 4 龄，体重 500g 以上的雌雄鳖的性腺基本成熟，并出现交配行为。在华南地区只需 2～3 龄，而在华北和东北地区则需 6 龄以上。性成熟和作为繁殖用亲鳖的年龄要求不属同一概念。性成熟年龄是指性腺发育的生理过程，即达到这个年龄可以进行生殖。但作为人工繁殖的亲鳖，不仅要求可以生殖，而且要求产卵量多，卵的质量好。在一定范围内，亲鳖的年龄、个体大小与产卵量、鳖卵质量、受精率呈线性关系（表 7－3）。

表 7－3　亲鳖个体大小对鳖卵质量的影响

| 雌鳖体重<br>（g） | 被测卵数<br>（个） | 平均直径<br>（cm） | 平均重<br>（g） | 未精卵<br>（个） | 受精卵<br>（个） | 受精率<br>（%） |
|---|---|---|---|---|---|---|
| 2000～2256 | 206 | 2.24 | 6.38 | 26 | 180 | 87.38 |
| 1250～1500 | 162 | 2.18 | 5.72 | 52 | 110 | 67.90 |
| 600～750 | 117 | 1.88 | 3.79 | 39 | 78 | 66.67 |

由上表可见，0.75kg 以下的雌鳖产卵数量少，卵的重量小，受精率低；1.5kg 以上的雌鳖产卵多，卵的重量大，受精率高，大小相差一倍左右。

实践证明即使在同样的饲养条件下，由于稚鳖个体重量起点不同，在幼鳖和成鳖以后的成长过程中会出现明显的差异，即个体起点重量越大，增重越快（表 7－4）。

表 7－4　稚鳖个体大小与生长的关系

| 平均放养规格（g/只） | 饲养日期（月.日） | 饲养天数 | 平均增重（g） | 日增重率（%） |
|---|---|---|---|---|
| 4.90 | 1.6～1.21 | 15 | 0.69 | 0.94 |
| 5.85 | 2.9～2.25 | 16 | 0.74 | 0.79 |
| 7.90 | 2.9～2.25 | 16 | 1.14 | 0.90 |
| 9.10 | 1.6～2.21 | 15 | 1.34 | 0.92 |
| 11.00 | 2.9～2.25 | 16 | 3.37 | 1.91 |

因此，繁殖用亲鳖的最小年龄应该是性成熟年龄加 1～2 龄，即 6～8 龄，体重 1.0～3.0kg 为佳，现阶段我国通常把亲鳖的最低体重定为 0.5kg，无论从哪方面衡量，都显得太小。而日本为了谋求优质的鳖卵，认为亲鳖最佳年龄是 8～10 龄，体重在 1.5kg 以上。

（三）雌雄鉴别与配比

鳖在自然界雌、雄性比大致为 1∶1。通常从外观上鉴别稚幼鳖的雌雄比较困难，但成鳖鉴别还是比较容易。现将雌雄鳖主要特征列于表7-5,其中雌雄鳖尾部长短的差异,是性别鉴定的主要依据。

表7-5 雌雄鳖的区别

| 部位 | 雌 性 | 雄 性 |
|---|---|---|
| 尾部 | 尾短,不能自然伸出裙边外 | 尾长、尖,能自然伸出裙边外 |
| 背甲 | 椭圆形,中部较平 | 前部较宽,椭圆形,中间隆起 |
| 腹部软甲 | 十字形 | 不连贯的十字形 |
| 后肢间距 | 宽 | 窄 |
| 同龄体重 | 轻20%左右 | 重20%左右 |
| 生殖孔 | 产卵期红肿 | 交配后无红肿 |
| 体型 | 较厚 | 较薄 |

鳖的精子通过交配进入雌性输卵管后,能存活半年之久,并具有受精能力。凡达到性成熟的雌雄鳖同池饲养,无论在生殖或非生殖季节都可以在输卵管向泄殖腔开口处找到存活的精子,根据这一特点,雌性应多于雄性。有关亲鳖雌雄最佳配比问题,国内外都做过研究。日本的试验结论是:雌、雄比例在9∶1的情况下,受精率也不成问题,但以5∶1为合理。从既充分利用水体和能保证受精率着眼,同时又考虑到鳖生性好斗,当雄性多了,会相互撕咬,以至致残、死亡;同时雌鳖少了则影响总的产卵量,因此,生产实践中认定(4~5)∶1是最佳的雌、雄配比,鳖卵受精率可达95%以上。

## 二、亲鳖的培育

### (一)放养前的准备

亲鳖放养前主要是采用生石灰或漂白粉对亲鳖池清塘消毒,杀灭池水和底泥中的有害生物、野杂鱼和各种病原体;改良水质和底泥的结构,为鳖的生存创造一个好的生态条件。生石灰池清塘用量为60~75kg/667m²;带水清塘用量增加1倍,7d左右药性消失。漂白粉一般含30%的有效氯,干池清塘用量为5~10kg/667m²;带水清塘用量13.5kg/667m²,3~5d药性消失。

多年连续饲养的亲鳖池,每隔2年必须进行一次清池,以便进行池水消毒,底质改良和了解亲鳖生长、发育、成活等基本情况。

### (二)亲鳖的放养量

雌雄比例(4~5)∶1,而放养密度视亲鳖大小而定,一般个体重1500~3000g为1只/m²;1500g以下的亲鳖,开始的放养量可控制在1.5~2只/m²,但最终以1只/m²为好。个体间大小悬殊的亲鳖应分池饲养。

亲鳖大多为露天池饲养,由于它在冬季来临时要进行冬眠,因此亲鳖放养应在越冬之前的10~11月,水温不低于15℃的情况下进行。当进入冬眠阶段,亲鳖就可以安全地潜入泥沙越冬。如果在水温低时进行亲鳖放养,此时新陈代谢微弱,下水后无力潜入泥沙,严冬来临会造成大量死亡。

（三）亲鳖的培育与管理

**1.亲鳖养成**

目前国内外对亲鳖的养成大多采用常温条件下养成方式。但鳖在自然条件下需4～5年才能性成熟产卵，而要获得优质卵必须耗费6～8年的漫长时间。为缩短鳖的成熟期，作者在浙江丽水利用锅炉加温温室，水温常年保持30℃左右，使鳖无冬眠期，并保持水面光照强度3000 Lux，接近夏季日照的水平。其结果是出生后一年半（2龄鳖）即达性成熟，并可以产卵孵化出稚鳖。但2龄鳖产卵少，受精率低，为获得优质卵，再把这些亲鳖饲养1年，使其体重达1500g以上，繁殖效果比较理想。这种方式，使亲鳖养成时间缩短了2/3。一直保持这种温度和光照水平，可以延长产卵期，第2年以后就可能全年产卵，产卵数也相应增加。由于鳖的生长期较长，欲在较短的时间获得足够的苗种，这种方式有广阔的前景。

**2.亲鳖的饵料管理**

鳖的卵原细胞阶段（8～10μm），经生长期发展到初级卵母细胞（17～20mm），如此惊人的增长，主要是卵黄的大量积累，而卵黄来源于母体摄食消化后的营养。另外，鳖达到成熟的年龄后一年多次产卵，雌性卵巢除越冬休眠期外，几乎常年都需要大量的营养物质转化到卵母细胞形成卵黄，因此，亲鳖的营养状况与卵母细胞的生长、发育密切相关。以河北蠡县和平山县两个鳖场1990年的生产实绩为例（表7-6），在亲鳖的大小基本相似的情况下，由于前者没有重视产后培育，4000余只亲鳖仅产卵9000多个，而后者800余只却产卵3万余个（张幼敏等1993）。因此，饵料的质量对亲鳖产卵亦有直接的影响。为亲鳖提供良好的生态环境和优质饵料，加上科学的饲育技术，是提高鳖卵质量和产卵量的关键。

**表7-6　河北两县养鳖产卵情况比较**

| | 亲鳖数 | 均重（kg） | 雌雄比 | 产卵时间（月.日） | 窝数 | 产卵数 | 卵均重（g） | 受精率（％） |
|---|---|---|---|---|---|---|---|---|
| 蠡县 | 4444 | 0.6 | 1.8∶1 | 5.26～8.26 | 1189 | 9084 | 4.2 | 82.9 |
| 平山县 | 820 | 0.7 | 2∶1 | 5.21～8.9 | 2447 | 32232 | 4.19 | 86 |

一般亲鳖采用配合饵料或鲜活饵料相结合的投饲方法，要求做到"四定"原则。

定时，亲鳖的摄食随水温的变化而增减。一般水温在18℃以上开始摄食，此时应少量投饵，每天投喂一次新鲜鱼肉、螺蛳等进行"诱食"，使之早日开口摄食。20℃以上摄食基本正常，投饵量酌增。25℃以上摄食旺盛，可按正常标准每天上午9：00～10：00时，下午4：00～5：00时各投饵1次。

定位：饵料应投置在固定饵料台上。既符合鳖的摄食习性，又利于检查摄食情况和及时清除残饵，避免饵料浪费和污染水质。

定质：应包括三方面的含意。即无论活鲜饵料或人工配合饵料都必须是新鲜无腐败变质的饵料；无论哪类饵料其营养成分都必须符合亲鳖发育与生长的需要；饵料的适口性，如颗粒的大小、软硬等。那种把畜、禽和鱼虾等丢在池中，任由鳖摄食直至腐烂的传统做法是不可取的，可能造成水质污染、鳖病的感染和流传。

定量：对鳖每天的投饵量一般是按鳖体重的百分比计算的，活鲜饵料和人工配合饵料由于含水量的不同，投饵量有很大差别。配合饵料每天的投饵量（干重）为1.0％～1.5％；鲜活饵料的投饵量为体重的5％～10％。无论哪种饵料，其投喂量均应根据气候状况、鳖的摄食强度不断进行调整，通常认为在投饵后2小时内吃完，即为适宜的投饵量。

### 3. 亲鳖池水质管理

由于亲鳖池大量投饵,亲鳖个体较大,新陈代谢旺盛。一方面是残饵和排泄物沉积,另一方面鳖池不像鱼池每年清塘消毒,此外投喂的鲜活饵料也会带有病原体等,因此,在亲鳖冬眠复苏之后,每个月用浓度为 $10\sim15g/m^3$ 的生石灰遍洒一次,既可增加水体中的钙质,又起到消毒和控制水质的作用。

亲鳖池的水质要清洁嫩爽,透明度 $0.3\sim0.4m$ 为宜。透明度过大,池水清澈见底,会引起鳖的不安,相互争斗;透明度过小,水质过于浑浊会影响鳖的视线,摄食和交配难以寻找目标。因此,池水经常保持淡绿色或茶褐色是最好的水质。

## 三、鳖的性腺发育与繁殖特性

### (一)性腺发育

#### 1. 卵母细胞的生长发育

在正常条件下,鳖的卵细胞在发育过程中可以明显地分为卵原细胞、初级卵泡、生长卵泡、成熟卵泡四个时期。卵原细胞系从卵巢生殖上皮分化而来,通过有丝分裂来增加数目。它是未来形成鳖卵的基础,与产卵量多少密切相关。

初级卵泡为停止有丝分裂的卵原细胞,是由增殖期的卵原细胞进入生长期(初级卵母细胞)的准备时期。细胞质中普遍出现如植物细胞的液泡,将细胞核无定向地压到细胞边缘。生长卵泡其卵核又返回卵母细胞的中央,这是初级卵母细胞的标志。当雌鳖的年龄经过 3 龄跨入第 4 个年头时,生长卵泡内的初级卵母细胞进入生长期,先从卵周开始沉积卵黄,而后向中央发展,卵核则移向动物极。成熟卵泡,当卵核移向动物极定位后,初级卵母细胞长大到了最终大小,卵径达到 $17\sim20mm$,生殖季节(5~8 月),由垂体分泌促性腺激素,导致成熟、排卵。每个即将成熟、排卵的成熟卵泡都凸出于卵巢之外,仅以卵巢柄与卵巢相连。这种结构,便于鳖卵的排放。初级卵母细胞进入第一次成熟分裂(染色体减数分裂)排出第一极体之后,鳖卵即离开卵巢进入输卵管,在输卵管上端与精子结合成受精卵。由于输卵管的分泌作用,在卵的外围,形成蛋白、壳膜和卵壳。受精卵在输卵管内的时间较长,约一个月才排出体外,产出的卵已处于囊胚期。闭锁卵泡是生长卵泡中的初级卵母细胞出现的夭亡现象。雌鳖卵巢中闭锁卵细胞的特征是核溃散,卵黄颗粒液化。

#### 2. 精细胞的生长发育

雄鳖精巢中精细胞的生长发育与其他脊椎动物相比,可以说是大同小异。精巢中的曲精细管是产生精子的功能单位。足细胞和围绕足细胞排列的生殖细胞是生精上皮的基本结构。生精上皮从基膜到管腔各类生殖细胞排列的顺序是:精原细胞,初级精母细胞,次级精母细胞,精子细胞和精子。这与硬骨鱼类各级精母细胞同型成簇排列方式显然不同,而与哺乳动物曲精细管的生精上皮按成熟等级顺次排列的方式颇为相似。值得提出的是,达到性成熟的雄鳖曲精细管中的精子即使在越冬休眠状况下,也不像"四大家鱼"那样会出现衰老、退化现象。而且雌鳖产卵之后,越冬前与雄鳖交配时所射入输卵管的精子,到来年生殖季节仍然保持受精能力。

3.性腺发育的时序

现根据有关研究将鳖性腺发育时序的资料整理为表7-7。

**表7-7 鳖性腺发育的时序**

| 年 龄 | 性腺发育阶段 | |
|---|---|---|
| | 雌 性 | 雄 性 |
| 1 | 卵原细胞期和初级卵泡期 | 精原细胞分散和曲精细管内由精原细胞组成 |
| 2～3 | 生长卵泡的小生长期 | 曲精细管的生精上皮由精原细胞和初级精母细胞组成 |
| 4 | 生长卵泡的大生长期 | 曲精细胞出现减数分裂,除精原细胞和初级精母细胞外,还有次级精母细胞、精子细胞和精子 |
| 5 | 成熟卵泡期、成熟、排卵 | |

4.性腺的周期变化

鳖性成熟以后,随着季节的更替,其性腺变化有一定规律性。卵巢的变化可归纳为如下几点:

① 每年6～8月为生殖季节(产卵高峰,南北方略有不同)。

② 生殖季节卵巢的成熟系数为9%～10%。

③ 即将成熟、排放的鳖卵卵径为14～16mm,每次产卵间隔期为20～25d。

④ 生殖期过后,越冬期鳖的卵巢能用肉眼辨出4～5种(3～15mm)不同大小的卵母细胞,其中卵径5～15mm的卵母细胞数量较多,它们在卵巢中继续积累卵黄,多数能陆续生长成熟,翌年春天逐渐达到生长和生理成熟的标准。

精巢的曲细精管的生精上皮无论在生殖季节,或是处于越冬期,精子都能正常发生和存在,其形成和存活,似乎不受季节变化的影响。

(二)生殖季节与产卵量

在自然条件下,鳖在惊蛰后开始从冬眠中复苏,在水温高于20℃以上时,约一周后部分雌鳖即开始产卵。鳖的产卵与温度密切相关:气温25～29℃,水温28～32℃(盛夏夜间水温一般高于气温)为其产卵最适温度,因此,在我国鳖的产卵期为5～8月,其中85%左右的雌体产卵集中在6～7月份。

一般情况,每只雌鳖每年可产卵3～5窝,30～50个卵,即每窝10个左右。据中国台湾地区报道,当地亲鳖每年可产8窝左右,正常时每窝15～20个卵。根据性腺解剖得知,这些先后分批产出的鳖卵,系在上年秋末、冬初已等级分明地储存于卵巢之中。亲鳖产卵窝数、产卵量和卵的重量变化很大,一般与其体重成正比。

根据长江中游的资料,同一雌鳖,前后两窝产卵间隔时间一般为20～25d(最短10d,最长达38d);产卵期最短22d,最长73d。

另外,鳖的产卵与当地的天气因素关系密切。通常雨后晴天,产卵较多。若周围环境产生变化,如刮风或阴雨连绵,突然降温,或天气过于干燥,水分蒸发量大,产卵场沙土板结不易挖穴时,均会影响产卵以致造成停产。

# 四、鳖的胚胎发育

## (一)胚胎发育的分期

鳖的胚胎发育分为30期,包括鳖卵受精后在输卵管中进行的早期胚胎发育,起始孵化至稚鳖出壳的整个发育过程。在人工控制条件下,对鳖胚胎发育进行分期,有利于理解器官和形态发生的连续性以及相互之间的关系,下面介绍33℃时人工孵化的几个重要发育阶段。

头褶期(孵化15～16h):在胚体的头部出现头褶,这是产生系膜的前奏。脊索和神经板形成。胚孔拱形且出现细胞栓。

体节出现期(孵化24h):头褶凸起,出现头下囊。羊膜头褶举起,出现一对体节,神经沟和前肠形成,在胚体的四周出现血岛。

尿囊形成期(孵化第6d):尿囊凸起,胚体扭转90°。

前肾退化期(孵化第10d):前肾管退化,形成中肾旁管,前后肢出现指(趾)板和指(趾)根。

裙边形成期(孵化第20d):裙边明显可见,黑色素已沉积于背甲中央。

胚体竖立期(孵化第26d):胚体已具有鳖的全貌,并从卵黄囊竖立起来。

黑色素化期(孵化第28d):胚体背甲已出现黑色素,但未完全黑色素化。

稚鳖脱壳孵出期(孵化第36d):稚鳖用卵齿抵破卵壳,然后头和前肢伸出,破壳而出。刚孵出的稚鳖的脐孔处残留着尿囊膜、羊膜和浆膜,爬行一段时间后便自行脱落,脐孔封闭,从此开始独立生活。出壳稚鳖的初重一般为卵重的70％～75％。

(二)依卵壳变化判断胚胎发育过程(常温)

1.刚产出的受精卵,外壳新鲜而有光泽,呈粉红色或乳白色,通常经8～24h,在卵壳上方出现一圆形白色亮区(动物极),它出现的快慢与温度的高低有关,在29～30℃时一般为3h左右。然后逐渐扩大,其边缘清晰圆滑,动物极与植物极分界明显。

2.产后3～5d,动、植物极分界线下移,差不多各占一半,随后在分界线附近,呈现浅黄色。

3. 产后10～15d,壳面白色部分进一步扩大,对着光亮照能看到血丝分布增多,植物极由浅黄色变成粉红色。

4.产后30d左右,白色面积超过卵的一半以上,血丝和黑影分布更明显,黑影为胚胎头部,对光照看,鳖胚已基本形成,并有活动;植物极由红色慢慢变成黑色;动、植物极的区别不明显。

5.产后40～45d左右,对光照看,中部为胚胎黑影,胚胎头部有明显的伸缩活动。整个卵呈乳白色,仅壳底残留小块红黄色,稚鳖已全部长成。

6.产后50d左右,鳖胚胎发育完成,环境、温度、湿度适宜即破壳而出,出壳时间多在傍晚和天亮前后。

刚出壳的稚鳖,背部呈土黄色,腹部橙红色,腹部脐孔处残留尿囊膜、羊膜和浆膜(统称胎膜),以及豌豆大的卵黄囊。

## 五、鳖卵的人工孵化

### (一)卵的收集与鉴别

在进入亲鳖产卵季节之前,首先要对亲鳖池的产卵场进行修整。尽量使产卵场达到以下要求:周围环境安静,没有干扰,没有危害鳖卵安全的各种敌害,并有一定遮阴设备如树木、其他植物和人工搭设的棚子。产卵场在任何情况下既不能积水,又要保持一定水分。在产卵季节,如天气干燥,每周应在产卵场洒水2～3次,使产卵场的沙子含水量保持在3％～5％,沙子湿润,有诱使亲鳖产卵的作用。产卵场的沙子的厚度必须保持在 30cm 以上。要用干净的河沙,不能用泥沙,而且在产卵季节之前的一周内,应进行疏松和翻耙;产卵季节,采集卵之后,每天要用扫帚将沙平整好,恢复产卵前的原状,以便第二天采集卵。

鳖产卵多在深夜到天亮以前的时间内进行,即晚上 22:00 至次日凌晨 4:00 之间,尤其喜欢在雷阵雨后的晚上产卵,每次产卵持续时间不长,一般为 10min 左右。每天采收卵时间则应视产卵场条件而定。一般在产卵 8h 以后,采收鳖卵。

露天产卵场应在上午 8:00～10:00 寻找产卵穴的位置,即趁产卵场上的沙子水分还没有完全干燥,根据沙子颜色来判断产卵穴,因为覆盖在卵上面的沙是产卵穴下面挖出来的,较湿润。另外根据鳖爪和腹甲压过的痕迹来判断产卵位置。找到的鳖卵如鳖卵一端已出现明显的圆形白色亮区,即可把它运回孵化场地。或者将收集鳖卵的工作放在下午进行。但查找产卵位置仍在上午,发现产卵位置之后在其旁边放上鹅卵石作为标志,待下午 15:00 左右来收卵。实践证明,早收、晚收对鳖卵的孵化并无明显的影响。

采收卵时,动作要轻,用手小心扒开沙土,切不可损伤卵壳。收集到的卵轻轻地放到底部铺上 2～3cm 湿沙的容器中,将卵的白色亮区朝上,整齐地排放其中,用同样湿度的沙盖好鳖卵运回孵化场,运输过程应防止其随意滚动而影响胚胎的发育。

鳖卵产出后一般处于囊胚期(或原肠期),但也有未受精卵。在产卵场上收集到的卵,如其一端有圆形白色亮区,则为受精卵,如无圆形白色亮区,或这一区域形状不规则,即为未受精卵。白色亮区一端为动物极,是胚胎所在部位,相反一端为植物极,是储存营养的部位。但在鉴别时,对找不到白色亮区的卵,应将其埋入 30℃ 左右的湿沙中,待 48h 后,如仍无白色亮区出现,则可以处理掉(如食用);若出现了白色亮区,则应与前面的受精卵一起进行孵化。经过检查的受精卵,一般要求动物极向上,植物极向下,整齐地排放在孵化场中。

### (二)孵化的环境条件

鳖卵的孵化都是在含水量适当的河沙中进行。通常认为,能通过 14 号筛,而不能通过 30 号筛的河沙(粒径 0.6～0.7mm)透气性好,而且能长期保持适当的湿度。选好的河沙须经消毒处理,一般可用 $20 \times 10^{-6}$ 的漂白粉溶液,将沙子和孵化用具消毒;或将沙用水充分清洗后放在阳光下曝晒,再用水调到适当湿度备用。

只要沙的温度、湿度、通气状况三个主要生态条件稳定,加上其他技术问题处理得当,鳖胚的孵化率完全可以达到 95% 以上。

#### 1. 温度

鳖卵孵化最适温度范围 30～35℃,在适温范围内,胚体发育与温度呈正相关。孵化温度控制在最适温度范围,而产出后 50d 左右可孵出稚鳖,所需积温 36000℃·h 左右;室外孵化,由于昼夜温差大,则需 60～80d,所需积温也随之增加。鳖卵在超过温度临界高限(37～38℃)的情况下,只要几小时即出现胚胎。如果孵化温度在 25℃ 以下,胚胎发育缓慢,22℃ 以下发育就会停止,持续时间过长也会影响孵化率。尽管孵化温度高,可以缩短孵化期,但由于鳖卵属于卵白含量少的卵,温度愈高相应消耗水分愈多,如在 36～37℃ 下孵化,卵白失水极快,并在卵壳与卵膜之间形成空隙,在这种情况下,胚胎会因干燥而死亡。因此,鳖卵的孵化温度一般不宜超过 35℃。人工孵化时,应留有一定的余地,即控制温度在 30～32℃,孵化期 45～50d 是比较合理的。

#### 2. 湿度

湿度是指孵化用沙的含水量和空气的相对湿度。鳖卵对于抵抗低湿度的能力较强,抗高湿度的能力较弱,换言之,在一定湿度范围内,怕湿不怕干。通常认为沙子含水量如超过25%,会使鳖卵内胚胎窒息而死;如低于3%,则会引起卵内水分蒸发,降低孵化率;要保持适宜的孵化湿度,应使孵化用沙含水量保持在8%～12%,检查沙子的含水量以"捏之成团,落地散开"为适度。而空气的相对湿度主要是为了保持孵化用沙的湿度稳定,孵化过程中空气的相对湿度保持在80%～85%为最佳,前期可稍低,后期可稍高。

3. 通气

通气是为了保证胚胎发育所必需的氧气,否则会因缺氧窒息。影响沙子通气状况的主要因素是沙子粒径的大小。如果卵上层沙子粒径1mm以上,虽然通气性好,但保水性差,不能长期保持沙子的适当水分;如果沙子粒径0.1mm以下,虽然保水性好,但通气性差,容易板结。因此,鳖卵孵化用沙以粒径0.6～0.7mm为宜。鳖胚胎发育后期需氧量更大,有可能在胚胎发育的晚期造成死亡。因此,在孵化后期,更应当注意通气条件的稳定性。

沙的温度、湿度和通气条件三者对于鳖的胚胎发育关系极为密切,而且相互制约。比如沙子温度达35℃时,胚胎发育速度加快,呼吸加快,需氧量相应增多,要求通气条件良好。此时由于高温水分易蒸发,沙子湿度易下降,如果大量洒水,会使沙子湿度突然增大,通气条件受到影响,造成胚胎死亡。所以,在高温时切忌洒水过多(只要靠近卵的沙粒略带湿润即可),以免影响胚胎呼吸。

(三)孵化方法

现阶段国内外使用的方法可以分为常温孵化和恒温孵化两大类。

1. 常温孵化

常温孵化是在室外修建长2m、宽4m、南面高1.2m、北面高0.8m的孵化池。墙脚四周设通气孔,以及宽0.1m、深0.1m的防蚁沟。池底铺混凝土,设一个排水口,因为卵直接排放在地下,应使用不同规格的沙石,即将0.5～1cm粒径的小砾石放在孵化池最底部,厚2～3cm,再在其上铺粒径0.1～0.2cm的粗沙2cm厚,然后将卵一个一个地轻轻安放在粗沙上(动物极向上)。上一层的卵要排在下层3个卵的中间,这样交错排放,可排三层。排卵后,在卵的上面盖一层粒径为0.1～0.2cm的粗沙(2～3cm厚),再在粗沙上盖一层粒径为0.6～0.7mm的细沙,厚度5～7cm,一般1m²可孵化5000个卵以上。池上面设顶盖,向北倾斜。表面沙干燥时,要经常用喷雾器洒水,以保持湿度。夏季白天温度上升时,将顶盖打开,夜间关上,尽可能使沙中的温度控制在30℃左右。临近孵出时,在沙中埋入1～2个与沙表面平齐的小水缸,水缸中装半缸水,孵出的稚鳖即爬入水缸内,可方便地取出。

室内常温孵化在房屋内用长0.5m、宽0.3m、高0.1～0.15m的木盘或塑料盘。但盘底应戳若干滤水孔。用粒径0.6～0.7mm的河沙即可。在盘的底部先铺上约3cm厚的沙子,用板刮平,将卵轻轻排放在上面,每盘放2～3层,每层间铺沙1～2cm,在卵排放好之后再覆盖3～5cm厚的沙子,抹平,搬到孵化房内孵化。视孵化盘大小,通常可排放鳖卵100～150个。记上日期,放入室内。孵化盘用支架集中到一个大盆上,盆内盛少许水,稚鳖出壳自行跌入盆中。此种方法孵化容量大,使用较多,能满足较大规模生产需求,但由于无控温设施,孵化率不太稳定。

2. 恒温孵化

恒温孵化房一般根据生产规模自行设计,目前并无标准。现以上海市南汇某孵化房为例,总面积23m²,由机电设备、孵化房主体及自动控温装置三部分组成。孵化房主体温度控制在34～35℃,空气相对湿度81%～82%。沙盘长、宽、高分别为60cm×60cm×8cm,盘底钻孔,盘内铺河沙,每盘可放 500 个卵,一层层叠放,孵化房一次可孵化 3 万个卵,孵化时间比常温孵化缩短 20~30d。恒温孵化房造价较低,容量大,效果比较稳定,如再进一步改进和完善,可成为生产上最有前途的一种方法。一个年产 5000kg 商品鳖的鳖场,一般配备 20m² 的孵化房已足够。

现阶段,无论使用何种孵化方法,都要求孵化温度尽可能控制在 30~32℃,孵化期 45~50d 为合理。因为,一方面能减轻孵化管理的强度,孵化质量有保证,另外一方面孵化期短,等于延长了稚鳖越冬前的生长期。

**3.关于孵化介质与卵排放的讨论**

孵化盘(床)中用来埋置鳖卵的沙(或海绵等)称孵化介质。沙的来源有海沙、河沙(黄沙,不含泥土)和土沙(含泥土)三类。一般认为 0.6~0.7mm 的河沙最好。在同样条件下,用河沙的孵化率比用土沙高一倍,而海沙完全不能用于鳖卵的孵化。河沙的透气性好,而且能长期保持适当的温度。小于这一粒径的沙,保水性虽好,但通气性差;大于这一粒径的沙,通气性好,保水性差。

除河沙之处,孵化介质还可以用海绵。据孙祝庆等(1992)介绍,海绵的保水性好,孵化率极高,而且重量轻,有利于降低劳动强度。其具体做法是:使用孵化盘,把孵化介质由沙改为海绵。为了把鳖卵固定住,选用与孵化盘同样大小的无毒塑料板或不锈钢板,在其上打上直径 1.6~1.8cm 的小孔,将鳖卵放在孔内,使其既不能落到板下,又不会任意滚动,上下用两块浸水的海绵覆盖,盘放于孵化箱中。由于海绵保水性好,可以减少洒水次数。孵化管理与沙盘孵化一样。

一般认为鳖卵排放密度对其孵化率并无影响。根据谢文星(1991)鳖卵孵化排放密度的试验证实,只要沙盘通气状况良好,从鳖卵紧靠鳖卵,到鳖卵间隔 3cm,结果是一样的。但国内外一致认为鳖卵孵化过程中排放方式与其孵化率有密切关系,因为鳖卵只有少量稀薄的蛋白(蛋白与蛋黄的重量比为 3:7),卵中无蛋白系带,无气室,因此在孵化过程中动物极(白色亮区)必须朝上,并不能翻动,否则胚体会受伤乃至中途死亡。只有刚产出体外的受精卵,卵黄位于卵白之中,它具有与卵白一起流动的特性,这时胚盘尚未附着于卵壳膜之上,鳖卵自身有一定的调节能力,可以任意摆放。这与鸡胚在孵化过程中必须不断翻动的情况恰恰相反,因为鸡卵有蛋白系带,翻动后,胚胎所在的动物极始终会朝向上方,不会因位置变动而受到机械损伤,同时也易得到氧气。一般认为"动物极向上"的排放方式是正确的,生产中也是比较容易做到的。

**(四)孵化的日常管理**

**1.检查温度**

用两支温度计分别挂在室内和插在沙中,用来监测室温和沙子的温度。早、中、晚各检查一次,如孵化室温度达到 37~38℃,沙子温度达到 35℃左右则应立即采取通风、遮阴降温措施。

**2.检查湿度**

在晴朗、温度较高的天气,水分蒸发快,要注意检查湿度。若沙子表面发白,但靠近卵的沙层尚保持湿润,沙子温度又未超过 35℃,可以不洒水;若靠近卵的沙子也开始干燥,可用喷壶洒少量水。洒水时只要上层沙略带湿润即可,切不可在高温下大量洒水,以免通气不好造成胚胎大量死亡。洒水后 10min,可用手将沙层稍事松动,既可防止沙土板结、鳖卵窒息,又能防止水分蒸发。但松动沙子时绝不能拨动下面的卵,以免影响孵化效果。沙子的湿度应视天气干燥与潮湿程度,隔天或隔两天检查一次。室内空气相对湿度应由湿度计监测。

3.适时通风

晴天温度高时,要在上午 8:00～9:00 打开窗户通风降温;夜晚和雨天要及时关窗,保温、防雨。

4.防敌害

孵化过程中防止蛇、鼠和蚂蚁等的危害。

5.做好记录

大型孵化工具内不是同一批产的卵,要用木板隔开,插上标记,注明产卵日期和产卵量;小型孵化盘应把不同批次产的卵,分别放在不同的盘内,亦应按上面要求插上标记。同一批孵化的鳖卵产出的日期不能相隔太长,一般将三五天内产的卵作为同一批次。以便计算积温和使出壳时间相对集中。

（五）稚鳖的收集

鳖卵的孵化时间长短取决于积温,通常鳖卵的孵化积温为 36000℃·h 左右。孵化平均温度高时,积温略低于此值,温度低时略高于此值。在平均孵化温度为 35℃ 时,则计算出 $36000÷(35℃×24h)=43d$。即在平均温度 35℃ 时,鳖卵需 43d 左右就能孵出稚鳖。

推断稚鳖破壳日期主要根据温度。当胚胎发育完成后,稚鳖则用齿或前肢撞击卵壳,前后大约需 4～5min 的紧张挣扎,才能完全破壳。刚出壳的稚鳖,有趋水性,如果是大型孵化池,需在两端沙平面下埋盛水的容器,让自然出壳的稚鳖自动进入容器内。如果是用小型木制或塑料孵化盘,则在出壳前 1～2d,将其架在大盆上,盆中放水 2～3cm,底部铺经消毒的细沙 2～3cm,稚鳖出壳即落入盆中,任其自行潜入沙中。据观察稚鳖出壳时间,多在凌晨前。

另外一种是人工诱发出壳,当积温值达到 33000～36000℃·h,卵壳已全部由红变黑,黑色逐渐消失的卵,通过降温刺激(集中放到 20～30℃ 的温水中、水淹没卵壳为度,或放水泥平地上)10～15min,稚鳖因外界环境的变化,能较集中地破壳而出。如经 20min 尚未出壳,应立即放回原处。

利用人工诱发出壳方法简便,能使稚鳖出壳时间集中和缩短,成批收集稚鳖,便于管理。但目前尚缺乏对其胚后发育影响的进一步观察。如能正常孵出,一般不必采用人工诱发的方法。

# 第三节　鳖的人工饲养

## 一、稚、幼鳖的饲养

稚、幼鳖阶段是人为划分的。在常温条件下,由于鳖的冬眠习性,稚鳖一般指孵化当年的前一两个月和第二年夏天,幼鳖阶段多数从第三年开始。在加温的条件下,稚、幼鳖的养殖是从孵化出壳后到第二年 4～5 月,两个阶段是连续的,并无间隔。稚、幼鳖的生态习性,对饲养和管理条件的要求都十分相近,因此将其综合地加以叙述,以避免重复。

（一）稚鳖的暂养

刚孵化出壳的稚鳖,容易受到疾病的侵害,特别是水霉菌及嗜水性产气单胞菌的感染。

因此,刚孵化出来的稚鳖,需用1‰的高锰酸钾溶液浸洗消毒15min。

鉴于亲鳖产卵期很长,有早有迟,早期产的卵,7～8月即可孵出稚鳖,此时室外温度较高;后期产的卵,到9月前后始能孵出稚鳖,早晚温度较低。可见孵出的稚鳖都不宜直接放到室外稚鳖池去饲养。即使温度适宜,因稚鳖体质娇弱,也不要直接放到稚鳖池去饲养,需经过一段时间的暂养,待卵黄囊吸收完毕,胎膜脱落后,再转暂养池或进入稚鳖池。一个直径40cm的盆可暂养稚鳖20只左右。进入暂养池的部分一般是准备出售或运输的稚鳖。暂养池并无统一规定,最好修在室内,一般为深不足0.5m、宽不超过1m、长自定、池稍倾斜、有进排水口,是一个可任意调节水深的长形水槽。水面放养一些水生植物供稚鳖隐蔽并净化水质;另放一些木板,既作饵料台,又供稚鳖休憩之用。暂养池或稚鳖池开始阶段浅水区水深2～5cm,深水区10cm上下,按照100只/m²左右放养。

稚鳖进行暂养之前,用具、暂养池都应进行消毒。新建的水泥暂养池应放水浸泡两周,期间换水数次,使其酸碱度符合要求。已用过的工具,使用前用生石灰水、漂白粉等药物消毒;稚鳖则用抗菌素、食盐、呋喃西林等溶液浸洗。

已开口摄食的稚鳖应及时投饵。饵料有人工配合饵料和鲜活饵料两大类。鲜活饵料以水蚤(红虫)最佳,可从池塘捞取或用闲置的水面人工培养,然后用网收集投喂。也可以投喂摇蚊幼虫、黄粉虫、丝蚯蚓等。活鲜饵料利用率高,残饵少,水质易控制,鳖生长快。开始时把新鲜水蚤散喂到水中,饲喂3～5d,滤去水分,成团状放到暂养池水面投饵兼休息的木板上,稍后可喂鱼糜、去壳的小虾和捣碎的螺肉、猪肝等。活鲜饵料的投饵量为稚鳖体重的10%～20%,每日分两次投喂,以后逐步改为人工配合饵料。

全价的人工配合饵料作为稚鳖开口饵料,有营养全面、使用方便等优点。可用仔鳗或稚鳖专用饵料,蛋白质含量50%以上。加工成2mm的颗粒,或用菜汁揉成糊状投喂。使用配合饵料,日投饵量为稚鳖体重的4%～6%。

经1～2周精心暂养,稚鳖完全进入正常摄食状态,体色也变成有光泽的黑褐色,至此再转入稚鳖正式饲养阶段或运输。

### (二)稚、幼鳖的养殖方式与生产水平

#### 1.加温养殖

鳖的加温养殖主要在稚、幼鳖阶段。尽管加温养殖需消耗一定的能源,但综合效益是高的。首先,加温养殖打破了鳖冬眠的规律,整个养殖时间缩短了2/3左右;其次,加温养殖能使体重50g以内的稚鳖较安全地度过越冬危险期,从而大大地提高其成活率;第三,根据鳖的生长规律,50g以内时生长缓慢,200～500g为生长优势阶段,如通过加温能在第二年4、5月份培育出200g左右的鳖种,快速养殖就成为可能。日本现阶段80%的稚、幼鳖养殖是采用加温的方式,从孵化出壳到翌年4月,个体体重多数达到150～200g,这些鳖种再经过半年多的饲养完全可以达到商品规格。因此,我国欲发展鳖的养殖业,稚、幼鳖阶段应尽量采用加温养殖,才有可能提供足够的大规格鳖种。

#### 2."两头加温"养殖

"两头加温"即在稚、幼鳖越冬前期和越冬后期加温,以缩短越冬期。该养殖方式在温度较高的严冬前后加温,温度极低的时候让稚、幼鳖冬眠越冬,既延长了稚、幼鳖的生长期,增加了稚、幼鳖的体重,又满足了鳖冬眠的习性,还相对于常温越冬大大提高了成活率,节约了加温成本,是一种值得推广的养殖模式。

3. 常温养殖

在常温条件下,至越冬前,早期孵出的稚鳖饲养较好的其体重也不过10～20g,而后期孵出的仅3～5g,对不良环境适应力较差。再经数月室外越冬,往往会造成严重的后果:体重下降10%～15%,死亡率高达70%～80%。存活的稚鳖复苏后一时也难以恢复正常,直接影响下一阶段的养殖。因此,稚鳖常温越冬要仔细管理,凡是有条件的地方,最好不采用常温越冬。

（三）稚、幼鳖的放养密度

表7-8　不同养殖方式下稚、幼鳖的放养密度参考值

| 养殖方式 | 阶段 | 体重(g) | 密度(只/m²) |
|---|---|---|---|
| 常温养殖 | 稚鳖 | 10 | 50 |
| | 稚鳖 | 50 | 25 |
| | 幼鳖 | 100 | 5～10 |
| 加温养殖 | 稚鳖 | 3～5 | 100 |
| | 稚鳖 | 10～25 | 80 |
| | 稚鳖 | 50～75 | 50 |
| | 幼鳖 | 100～120 | 30 |
| | 幼鳖 | 150～200 | 15 |

（四）稚、幼鳖的饲养管理

稚鳖孵出后的三个月是生存的关键时期。故其饲养管理是鳖饲养全过程中最重要的阶段。

1. 饵料与投喂

进入稚、幼鳖正式饲养阶段,在水温适宜的条件下(30℃),生长快慢和成活率高低,在很大程度上取决于饵料。稚、幼鳖的饵料要求细、软、精、嫩,易于消化,营养全面。稚、幼鳖的饵料分为鲜活饵料和人工配合饵料。鲜活饵料要因地制宜,因时制宜,既受各种条件限制,如秋季生物饵料(水蚤等)就无法保证,又有营养不够全面的缺陷。较大规模生产时应以配合饵料为主,鲜活饵料为辅。

有市售的稚、幼鳖专用饵料,要求蛋白质含量在50%以上。因配合饵料在制作过程中多用脱脂鱼粉,故在投喂时须添加3%～5%的植物油,并把配合饵料与鲜碎鱼肉按1∶4的比例配合,再加1%～2%的蔬菜,揉成块状或制成软颗粒饵料,投放在饵料台上。对于稚、幼鳖,含脂量较高或不易消化的鲜活饵料如猪大肠、蚕蛹、肉粉等应尽量不喂。

稚、幼鳖饵料的投喂要求做到"四定":饵料一定要投在饵料台兼休息台上靠近水位线的地方;上、下午定时投喂两次;质量按上述要求调配;稚、幼鳖的日投饵量,一般为其体重的3%～5%(干物质),通常以投饵后两小时吃完为适量。

2. 及时分级饲养

鳖的产卵期很长,先后不同批次产出的卵,孵出的稚鳖个体大小也参差不齐,放养密度较高,个体之间容易相互干扰,加上即使同源、同重的个体,经一段时间的饲养很快就会出现大小分化,有的个体相差10～20倍。因此,为防止相互撕咬,在稚、幼鳖阶段必须一开始就实行大、中、小按规格分级、分池饲养。

在加温养殖的条件下,稚鳖孵出到幼鳖养成需视个体生长情况与个体差异,不断进行分养,目的在于通过不断调整稚、幼鳖的密度,使单位水体始终保持较适宜的负载量,重量较一致的个体饲养于同一池中,可加速其生长。这一阶段大致需进行三次以上分养,分养前需做好多种准备。如池子、工具和鳖用消毒药物、分养计划等。

分养需干池放水,冲除污泥,翻起池沙,人工捕捉。操作要细,动作要快,勿使鳖受伤。捉到的鳖迅速放入盛水的容器中,然后进行消毒处理,分规格转入事先准备好的池子中。

3. 温度调控

对于加温养殖,无论在哪一个养殖阶段,都必须保持水温 30℃±(1～2)℃,气温 33～35℃。池水加温可用热水和蒸汽,室内空气加温则是用散热装置。每次使用温室之前,都应对各种加热设备、控温装置等进行全面检修,以保证使用时不出故障。在养殖过程中,随时进行温度变化监测,及时进行调节。

稚、幼鳖的生长与日平均水温呈正相关。根据国内对稚鳖生长的研究(崔希群等,1991),水温 30℃时,增长最快,个体日增重为 0.226g,当水温降至 21℃时,饲养 35d 几乎无增重,水温从 30℃降到 27℃时温差仅 3℃,而日增重却下降 50％。可见水温调节的重要性。

在实际操作中,升温与降温都应循序渐进,使鳖有一个适应的过程;突然地升温或降温都会引起代谢紊乱,以致造成死亡。

4. 水位与换水

稚鳖池的水深一般为 30～50cm,幼鳖阶段随着个体长大,逐渐加深水位,水深范围通常为 50～80cm。

定期换水是改善水质的主要措施。影响鳖池水质的因素,是残饵和排泄物沉积,产生甲烷、硫化氢和氨氮等有毒物质。特别是越冬加温饲养后期,要严防水质恶化,考虑到热能损耗和成本,每周应换水 3～4 次,并注意增加光照和通风。如果认为鳖是用肺呼吸的动物,水质好坏无所谓则是错误的;池水作为鳖的栖息环境,水质好坏将直接影响鳖的生存和生长。

5. 水质调节

稚、幼鳖池面积小,蓄水浅,放养密度大。特别是加温养殖,在为鳖创造了一个优越的养殖条件的同时,也加深了环境的恶性循环:阳光不足→高温→高密度→强化投饵→残饵和排泄物沉积→水质恶化。即使不断换水,随着饲养时间的延长,每次换水所起的作用会一次比一次缩小。适当的光照对于调节水质至关重要。光照使水中藻类繁衍,补充水中氧气,分解有机物,可保持水质相对稳定。光照对于鳖的晒背习性是不可少的,没有充分光照的温室,不是理想的温室。

为调节水质,采用循环过滤装置和机械增氧也是一项重要措施。而定期(10～15d)将石灰($10 \times 10^{-6}$～$15 \times 10^{-6}$)和漂白粉($2 \times 10^{-6}$～$3 \times 10^{-6}$)交替使用,进行池水消毒和水质改良,是国内外一致推荐,而且经济、简单的方法。既可改良水质,又可防病。

另外,在稚、幼鳖池放养水浮莲、浮萍等水生植物,兼有改良水质和为稚、幼鳖提供隐蔽场所之功能。

## 二、成鳖的饲养

### (一)成鳖的养殖方式

随着名特水产养殖的发展,成鳖的养殖方式日益增多。尽管加温养殖可以大大缩短鳖的生产周期,但就我国能源供需情况,以及华中及华南广大地区露天水温有近 5 个月可以稳定在25℃以上的良好自然条件,大规模饲养成鳖应以塑料棚保温养殖为好。这种方式,不仅节约加温成本,而且产品的肉质、风味比全程加温养成的鳖好。

由于幼鳖的个体大小和所处地理位置上的差异,150g左右的幼鳖在适宜的天然水温持续时间较长时,养成商品鳖的过程一般为6个月左右;在150g以下的幼鳖在天然水温较低时,则有相当一部分需要越冬到下一年继续饲养。

以下简介国内外成鳖养殖的几种主要方式及有关的实例。

1. 加温养殖

成鳖阶段主要是在夏季,因此一般加温时间仅仅是在春末秋初,当鳖池水温稳定在25℃以上时,也就没有必要再采取加温措施。所以全程加温养殖,除了在一些特别寒冷或能源特别丰富的地区外,国内外都没有大量采用。加温养殖都在温室加温池内进行。

热源可以通过电、油和煤气直接加热或锅炉加温蒸汽,也可以利用太阳能流动型温水器加温,成本较低;还可以利用最经济实惠的温泉或工厂余热水。

日本鹿儿岛第二鳖场利用锅炉加温,稚鳖到第二年4月的幼鳖平均体重达200g,再养到10月中旬平均体重达700~800g,即在成鳖阶段体重增加了2.5~3倍。国内采用地热加温饲养成鳖在湖南、湖北的结果是,孵化至翌年4月稚鳖规格达30~40g,到年底,商品鳖均重308g,单产2.12kg/m²。

2. 塑料棚保温养殖

保温养殖与露天池常温养殖的区别在于,前者在鳖池上加盖塑料大棚,用来保温而不加温。具体做法是:当通过加温方式,将稚鳖养成150g左右的幼鳖时就转入盖有塑料棚的成鳖池。我国大部分地区,从5月到10月份,能达到鳖的最适生长水温30℃的时间,一般只有2~3个月,通过加盖塑料大棚保温,就可以使春末夏初和夏末秋初的养殖时间延长两个月以上。让鳖从孵出到养成,始终处于适温范围内,达到快速养殖的目的。在成鳖阶段,通过塑料棚保温,增加鳖处于适宜的生长温度范围的时间。但塑料棚保温不适合于我国中、北部的春、秋季,更适合于我国南方鳖池冬秋保温。因此,成鳖阶段保温养殖是较理想的方式。加温与保温棚相结合,是现阶段养鳖新技术中较完善的工艺,适合于我国能源紧张的现状,投资较少,各地都有条件采用。

3. 常温露天精养

常温露天养殖多数为土池,从所取得的效益和发展趋势看,这是值得提倡的养殖方式。具体做法又可以分为全程常温和阶段性常温养殖。前者从稚鳖开始即采用常温养殖,到成鳖阶段已经是第三年;后者是稚、幼鳖阶段加温养殖,第二年进入常温成鳖养殖。考虑综合效益和稚鳖死亡率高、生长慢等特点,有条件的地方和单位,应积极地推广阶段性常温养殖。普通鱼池只要加以改造,具有防逃墙和排、灌水系统,能保持一定水深和良好的底质,安静的环境和有投饵、休憩的场地,就可以作为成鳖精养池塘。

4. 常温露天混养

鳖与鱼混养符合生态学原理,是一种综合的养殖方式。传统的观念认为鳖、鱼互为敌害,不能同池混养。但实践证明,鳖、鱼不仅能同池共养,而且对相互生存有利。鳖用肺呼吸,因呼吸与摄食不停地在水体上下往返运动,从而使水的表层和深层间的溶氧得到交流,防止表层过饱和的溶氧逸走,弥补了深层的"氧债"。既有利于鱼的代谢,又能促进浮游生物繁衍。试验表明,鳖鱼混养池在7~8月份平均溶氧高于鱼池34.75%,在混养达到每平方米有鱼875g和鳖545g的高密度时,不设任何增氧设备,鳖、鱼仍能正常生长。由于鳖在底层活动,使沉积在池底的有机物能经常性地进行分解,既为浮游生物提供了营养,又降低了有机物耗氧量,减少了"泛塘"的危险。

另外,鳖代谢产生大量的氨,反过来抑制鳖自身的生长和生存。但由于浮游生物对氨的利用,既增加了浮游生物的产量为鱼类提供饵料,又净化了水质。鳖能将一些因病而游动迟缓的鱼和死鱼作为食物,起到了防止病原体传播和减少鱼病发生的作用。

鳖一般搭配鲢、鳙等以浮游生物为食的鱼类为主,另有草食性和杂食性鱼类。鳖鱼混养时,健康的鱼,游动敏捷,不会受到鳖的侵害。因此,鳖鱼混养时,鱼的成活率要比一般成鱼池高。

关于鳖鱼混养的效益,从淡水养殖观点看,能提高水体利用率,增加经济收入;从生物学的观点看,能充分利用水体的生物循环,保持水生态系统的动态平衡。鳖混养比鱼类精养池塘收益高出 5～8 倍,效益十分显著。

**5.庭院养鳖**

庭院养鳖多属常温养殖的范畴。一般是选择房前屋后或平房顶,有水源、阳光充足、温暖安静的空闲土地建池或已有的水面进行鳖饲养,既能为市场提供一定数量的产品,又能增加农民经济收入和生活兴趣。杭州市郊一户村民,家中建水泥池 22m²,投资 1300 元。1989～1991 年三年平均年放养幼鳖 177 只,体重范围 103～132g/只,年均起捕商品鳖 56kg,单产 2.55kg/m²,净收益达到 67 元/m²,年均净收入 2148 元。

**(二)成鳖的放养**

**1.放养前的准备**

鳖池的修整与消毒,主要工作是认真检查防逃墙,进出水管中有无破损,并进行修整;如池底土质过硬,需添加新沙;然后按要求进行鳖池的清塘、消毒。待药性消失再进行放养。放养前应对幼鳖的数量和规格进行检查,以便制订放养计划和按鳖的大、中、小放养到不同的鳖池,避免大小混养造成相互残食。放养时间应选在 4 月中下旬或 5 月上旬,当水温稳定在 20℃以上时进行。放养前应对幼鳖进行药物浸洗消毒。

**2.放养密度**

现将成鳖阶段不同养殖方式的放养标准归纳于表 7-9,在实际应用中应根据各自的养殖条件、技术水平酌情加以增减。

**表 7-9 成鳖阶段不同养殖方式的放养密度(引自张幼敏等 1993)**

| 养殖方式 | 规格(g/只) | 密度(只/m²) |
|---|---|---|
| 加温养殖 | >150 | 6～8 |
| 塑料棚保温养殖 | >150 | 6～8 |
| 常温露天精养 | >150 | 3～5 |
| 常温鳖与鱼混养 | 10～30 | 5～10 |
| | 50～100 | 2～4 |
| | 150～200 | 1～2 |
| | <500 | 0.5～0.75 |
| 庭院养殖 | <10 | 10～15 |
| | >10 | 5～10 |
| | >100 | 3～5 |

加温集约化养殖一般刚开始为高密度放养,中间逐渐分级分养。如果考虑到鳖生长最快时捕捉分养会影响鳖的生长,开始就低密度放养,一直养到年底出池,减少中间分养的环节。这种方式的缺点是商品鳖的规格可能不够整齐。

　　鳖虽不像鱼类,水中溶氧决定其容纳量和产量,但在一定范围内放养密度和产量之间同样呈正相关关系:随着放养密度的增加,单产也相应提高;密度过大,产量和个体增重则受到抑制。

　　鳖与鱼类混养能取得较好的效果,但稚鳖,不能作为混养对象。鱼种的放养和一般成鱼池相似。鲢占50%～60%,鳙占10%～15%,草鱼、鳊鱼等草食性鱼类占20%,鲤、鲫等杂食性鱼类占5%～10%,每亩的放养量控制在800～1000尾。鲢、鳙鱼种15～20cm,草、鲤10～15cm,经一年养殖,鲢可达600g左右,鳙可达1300g左右,草鱼可达1500g左右。

　　鳖与鱼类混养池同样可以套养草鱼、鲢、鳙等夏花鱼种。套养应根据成鱼生产情况和池塘饲养条件来确定。如成鱼生长快,饵料丰富,每亩可套养鲢夏花450～500尾,鳙夏花120～150尾,草鱼夏花100尾左右,鳊夏花50～80尾,鲤夏花30～40尾。

### (三)成鳖的日常管理

#### 1.饵料与投饲方法

　　成鳖的主要饵料应是高蛋白质的动物性饵料,也可以投喂含淀粉较多的植物性饵料。若动物性饵料与植物性饵料同时投喂,鳖通常只选食前者。使用蛋白质含量为45%的人工配合饵料和螺、蚌、鲜杂鱼、蚯蚓、小虾、禽畜下脚料等鲜活饵料。人工配合饵料,是解决大规模饲养鳖饵料的重要途径。

　　在实际应用中按下列要求进行调配,饵料效果会更好:即每一份(干重)人工配合饵料,加1%～2%的蔬菜,3%～5%的植物油,加3.5～4份(湿重)的鲜鱼肉或禽、畜下脚料等,充分混合,搏成团状。按上、下午各一次,定点投喂。各月饵料投喂率见表7-10,饵料的增减一般根据以下原则:随鳖的体重逐步增加而增加投饵量;当水温稳定在30℃和晴天时应适当增加投饵量;阴雨天则酌情减少。如遇到阴雨连绵,最好在饵料台上方搭设遮雨棚,以保证鳖的正常摄食和投喂。生长期旺盛的6、7、8月份,尽可能投喂活鲜饵料,以保持营养上的均衡。当水温降至18℃以下时,鳖逐渐不摄食,应停止投喂,准备捕捉上市。

表7-10　常温条件下成鳖的投饲率(引自张幼敏等1993)

| 月份 | 4 | 5 | 6 | 7 | 8 | 9 | 10 |
|---|---|---|---|---|---|---|---|
| 投饲率(鳖体重的%) | 0.5～1 | 2～3 | 3～3.5 | 3～3.5 | 3～3.5 | 2～3 | 0.5～1 |

　　通过加温和保温,使鳖池水温稳定在30℃±(1～2)℃时,则投饲率应按表7-10中6、7、8月份的标准投喂。

　　据观察,鳖在700g以下,鲜活饵料的饵料系数大体上为6～8,配合饵料大体为2左右。700g以上时,饵料系数将成倍增加。因此,当雌鳖达到500g,雄鳖达到700g时,应作为商品规格的上限,继续饲养就不划算了。

#### 2.水质的管理

　　成鳖的集约化养殖,由于鳖的密度大,水体小,自净能力差,对水质调控的要求较高,可参阅稚、幼鳖养殖部分。

　　常温精养或混养,池子面积较大,水位较深,水生态系统的自净能力较强,水质容易控制。但混养方式包括多种鱼类,在水质过肥和黎明时容易缺氧,应及时注入新水并定时开动增氧机增氧。每隔 10～15d 按(10～15)×10⁻⁶加施生石灰,调节池水酸碱度,达到 pH 7.5～8.5。混养池在需要施肥时,以发酵腐熟的有机肥为主,并坚持"少量,多次"的施肥原则,使水色保持浅油绿色或深绿色为好。

**3.水位的管理**

成鳖池的水位一般保持在 1m 以上,并视天气好坏而增减。过深,鳖在上下呼吸运动中消耗体力太大;过浅,水质多变。在正常情况下应避免水位忽高忽低,要求雨后水位不猛涨,久旱水位不锐减,控制水位恒定。

**4.水温的调节**

鳖摄食受水温影响很大,加温饲养的鳖对高温比较适应,对摄食水温的要求更高;成鳖摄食的水温范围比稚、幼鳖反倒更狭窄。因此,在日常管理中,应尽可能保持在 30℃±(1～2)℃范围。

常温养殖时早春、晚秋气候尚不稳定,应适当加深水位,防止水温频繁、过急地变化;盛夏水温达到 34℃、35℃时,同样对鳖的生长不利,应及时加深水位,以确保鳖池底层水温相对较低,使鳖始终能生活于较适宜的水温范围。

**5.定期巡池**

饲养人员定期巡池,观察鳖的摄食和晒背等活动,检测水温、水质和水位的变化,检查防逃设施和鳖的健康状况,并记录相关情况备查。

## 三、鳖的越冬管理

**1.越冬前强化培育**

除了按正常要求投喂质量好的人工配合饵料外,尽可能多投喂一些蛋白质和脂肪含量高的鲜活饵料,如动物血、内脏、螺蚬、蚌肉、鱼、虾等,使其体内积累贮存一定量的营养物质,增强对严寒的抵抗力。

**2.越冬池的选择**

越冬池选用阳光充足、避风、温暖和环境安静的池子,池底用(10～20)×10⁻⁶漂白粉清塘消毒,并曝晒池底 2～4d,使泥沙松软,避免越冬过程中发生病害。进入冬眠之前更换一次池水。

**3.稚鳖的越冬管理**

稚鳖室外越冬,若不采取任何保温措施死亡率会很高,一般成活率仅为 20%～30%。因此,稚鳖最好移入室内池中越冬,或露天池加盖塑料大棚,越冬时密度为 150 只/m²。做好室内保温防冻工作,将池水灌满,并在池顶放上竹帘,竹帘上面平铺一些柴草保温,有条件的可采用适当措施,保证室温在 0℃ 以上,防止池水冰冻等。越冬温度不能太高,若温度超过 15℃以上,稚鳖新陈代谢仍较旺盛,但不摄食;体内储存的营养消耗过多,同样会导致越冬期死亡。越冬池适宜的水温是 4～8℃,同时要注意空气的流通。只要稍有条件,尽可能采用加温越冬方式确保成活率。有人于 1988 年在广西将稚鳖置于室外让其自然越冬,成活率仅为18.27%,1989 年改为室内水族箱用电热棒加热,越冬成活率即达到 98.25%。

**4.幼鳖的越冬管理**

经一年饲养的幼鳖,对环境的适应能力增强,可以在露天池中自然越冬,但越冬期间,水位提高到 1.5m 以上。保持环境安静,使鳖不受惊扰,避免在水中活动消耗能量。

5.越冬池的水质管理

对于过分清瘦的越冬池,可在塘边堆施一些有机肥料,既肥水,又可通过发酵增加池水温度。但堆施量不宜过多,以避免因分解而大量耗氧。选择天气温暖的日子适当加注新水,确保水体含氧量。

# 第四节　鳖的营养需求与饵料

## 一、鳖的营养需求

鳖的营养需求主要是蛋白质、脂肪、碳水化合物、无机盐类和维生素五大类。如果饵料中缺乏某一种营养,就会妨碍鳖的生长,甚至会引起疾病,造成死亡。鳖的人工配合饵料研究与应用工作在我国已进行了多年,取得了较大进展,目前已大规模推广应用。

(一)蛋白质

鳖是以摄食动物性蛋白质饵料为主的动物。蛋白质是构成动物体的主要成分,还可作为酶和激素起重要的作用,对鳖的生长发育尤为重要。鳖能直接从饵料中摄取大量蛋白质,通常而言,饵料的蛋白质含量越高,其营养价值就越好,鳖的生长也就越快。因为鳖所摄取饵料中的蛋白质经过酶解作用,会分解成氨基酸,被鳖吸收转变为自身的成分,重新组合成动物自身特有的蛋白质。蛋白质多数是由20多种氨基酸组成的大分子化合物,因此,饵料的营养价值,不仅与蛋白质的数量有关,而且与蛋白质氨基酸的种类、含量和比例有关。确定饵料蛋白质的最适含量,是一个极复杂的问题。不同的蛋白质的营养价值是不同的,主要和氨基酸的组成有关。迄今,还没有弄清楚鳖饵料必需氨基酸的最适需要量。但鳖对粗蛋白的需要量通常随其个体的生长而减少,一般是稚鳖时期最高为50%左右;成鳖为45%左右。

鳖利用动物性蛋白质的能力较强,而利用植物性蛋白质的能力较弱。日本进行的试验表明:用豆饼代替鱼粉作蛋白源,在粗蛋白含量相同的前提下,豆饼的添加比例越高,则增重倍数越低,增肉系数越差。特别是当添加到30%以上时,生长速度会明显下降。

(二)脂肪

脂肪主要是作为鳖贮存于体内或作为生命活动的能量物质来源。脂肪的能量在各种营养物质中是最高的,是供给能量的原料,而且还含有脂溶性维生素 A、D、E、K 等,所以脂肪是饵料中不可缺少的成分。由于鳖用配合饵料采用脱脂鱼粉,故应添加3%~5%的植物油,其饵料效率和增肉系数方面都会取得非常好的结果。但脂肪极易变质,脂肪氧化后会产生毒性,因此油脂储存时应密封,并放在阴暗处。

(三)碳水化合物

碳水化合物又称糖类。饵料中的碳水化合物主要有三大功能:一是作为热能的主要来源;二是构成机体组织;三是减少蛋白质作为能量物质的分解消耗,具有保存和节约蛋白质的作用,一般来说,鳖对蛋白质的要求很高,且以动物性饵料为主,过多的碳水化合物反而有害。一般淀粉既作黏合剂,又可补充部分碳水化合物。鳖对饵料中碳水化合物如淀粉适宜的量为22.73%~25.28%。

（四）维生素

维生素是一类分子量较小的有机化合物,是调节鳖生长过程中新陈代谢、维持生命活动必需的生理活性物质,需要量虽小,但在体内一般不能合成,或虽能合成却不能满足需要,必须从外界摄取。它和其他营养要素不同,既不是构成组织与细胞的原料,也不是能量来源,但它参与新陈代谢的调节,控制生长发育过程,能提高机体抗逆能力。若缺乏某种维生素就会导致代谢紊乱,机体失调,生长迟缓,严重的导致死亡。据其物理性质分为水溶性和脂溶性两大类。据国外一些学者研究,鳖缺乏 $B_6$、烟酸、$B_{12}$ 时会有生长缓慢现象。目前好的市售鳖饵料添加维生素多达 10 种以上,以确保鳖能通过摄食获取足够的维生素。在养殖过程中弥补维生素缺乏有两条措施:一是添加市售复合维生素制剂;二是投喂一定数量的活鲜饵料,鳖可以补充部分维生素。

（五）无机盐类

无机盐类又称矿物质,也是动物体内非常重要的组成成分,是维持机体正常生理功能不可缺少的物质。无机盐类既是构成骨骼所必需的,又是构成细胞组织不可缺少的物质。无机盐类在体液内呈离子状态存在,可以调节体液的 pH 及渗透压,也是鳖体中酶系统的催化剂,可以促进生长的提高,营养物质的利用率。一般说来,高等动物需要的无机盐,对鳖也是必需的。特别是在饲养亲鳖时,无机盐的作用尤为突出。人工配合饵料中钙、磷的含量较高而制约镁的吸收,因此镁的添加量对鳖生长发育影响较大。有人初步证实镁的显著添加量为 $0.4\% \sim 0.5\%$。

## 二、对饵料营养价值的评定

人工配制鳖用的饵料,一方面要了解鳖的营养需要,另一方面还应对饵料的营养价值作出正确的评价。只有这样才能配制出适合鳖营养需要的饵料。

评价鳖饵料营养价值的方法很多,除了分析饵料的化学成分外,还可采用饵料的消化率、饵料的利用率以及饵料系数等评价指标。

（一）饵料的消化率

饵料的消化率主要是指饵料的营养成分被消化吸收的百分率。目前较多使用的是间接测定法,即饵料中混三氧化二铬作标记物,用这种饵料饲养鳖,然后测定其消化率。三氧化二铬不能被鳖吸收,不溶于水,对鳖体无害,又不妨碍对饵料的消化吸收。具体测定方法是:先将一定量的三氧化二铬均匀地混入饵料中,使饵料中各营养成分与标记物的含量呈一定比例关系。当试验鳖在摄食和消化该种饵料时,其中未被消化的物质会随粪便排出体外,粪便中未被消化吸收的各类营养物质的成分含量与标记物的含量形成一新的比例关系,利用这种比例关系的变动,即可以计算出鳖对某种饵料的消化率。计算公式为:

消化率（%）＝［1－（饵料中标记物%×粪便中营养成分）/（粪便中标记物%×饵料中营养成分）］×100%

（二）饵料的利用率

饵料的利用率是指对饵料中粗蛋白质的利用率,又称为蛋白质的生理价值、生物学价值。可用下列公式计算:

饵料粗蛋白质的利用率（%）＝（鳖粪中增长的氮/消耗饵料中的氮）×100%

上式中鳖粪中增长的氮一般采用化学分析与定性、定量测定获得（各生物体自身蛋白质的构成是常数），消耗饵料中的氮则可由国际通用蛋白质标准饵料同所投喂的蛋白质含量的比与差值中获得。

由于不同饵料蛋白质的含量不同，因此鳖对它们构成自身蛋白质的效率也不相同。所以，饵料的营养价值不仅表现于饵料消化率的高低，而且表现于饵料中蛋白质利用率的高低，表现在蛋白质的质量，即蛋白质的生物学价值上。

（三）饵料系数

饵料系数又称增肉系数、增重系数，是指鳖在一定时间内摄食的饵料总量与鳖体在这段时间内增重量的比值，即鳖每增重单位重量所消耗的饵料总量。可用下列公式计算：

饵料系数＝饵料消耗量(g)/鳖增重量(g)＝饵料消耗量/(鳖起水量－鳖放养重)

上述饵料的消耗量和鳖体增重量均以湿重计算，若以干重计算则称为饵料效能系数。

即：饵料效能系数＝消耗饵料干重/鳖增长的干重

用饵料系数来评定饵料的营养价值是生产上通用的方法。但因各种饵料的含水量不一样，单纯地评定饵料营养价值不尽科学，若结合饵料的效能系数评价就会更全面更准确。在生产上也可用饵料效率来评定饵料的营养价值。饵料效率是给予鳖的饵料能转化为百分之几的鳖肉。它与饵料系数成反向关系。计算公式为：

饵料效率(%)＝鳖增重量/饵料消耗量×100%

鳖饵料系数的大小通常表示其对饵料的消化吸收利用程度的高低。影响鳖类饵料系数的因素很多，有针对性地降低饵料系数是降低生产成本和提高经济效益的有效途径。影响饵料系数的主要因素有：

1.饵料的质量

鳖对蛋白质的要求较高，一般蛋白质含量较高的饵料易于变质，特别是在高温条件下，若贮存、运输不当就更容易变质。鳖摄食变质的饵料就会影响其饵料系数，甚至会引起疾病。

2.投喂方法

在饵料投喂时要求要均匀、适量，并坚持"四定"原则。在一般情况下，投喂方法的不当所造成的饵料系数上升情况较常见；若采取少量多次的投喂方法，一般饵料系数会小些。

3.水温的高低

鳖是变温动物，在其适温范围内，随水温的升高，摄食状态越好，生长越快，饵料系数也越低；反之则升高。

4.饵料的营养成分

饵料中蛋白质含量的多少是影响其饵料系数的主要因素，一般来说，饵料中蛋白质含量越高，饵料的营养价值就越好，饵料系数也越低。

5.鳖的年龄

一般稚鳖阶段的生长速度缓慢，饵料系数较高；幼鳖阶段的生长速度加快，饵料系数相应降低；而成鳖第一次性成熟后，生长速度又明显减慢，饵料系数又升高。

## 三、鳖饵料的种类

在鳖的养殖生产中常用的饵料，按其来源及加工性质等分为动物性饵料、植物性饵料及人工配合饵料三大类。

（一）动物性饵料

动物性饵料的来源大体上可分为两个方面，即天然的种类及加工处理后的产品。天然种类指所采捕或购买、培养的动物性饵料,包括贝类(螺类、蚌类等)、甲壳类(小虾、昆虫、水蚤等)、野杂鱼、蚯蚓、蝇蛆、蚕蛹等。加工产品及加工副产品有鱼粉、肉骨粉、胶原蛋白、液体鱼蛋白、液体贻贝蛋白、畜禽产品加工下脚料等。这些动物性来源的饵料蛋白质含量丰富,且必需氨基酸完全,故营养价值较高,是鳖养殖的理想饵料。但其来源有限,成本高,不易保鲜。

### (二)植物性饵料

植物性来源的饵料可分为两大类:一类是幼嫩的水草、瓜果、蔬菜等;另一类是农产品及农副产品,如豆饼、花生饼、棉籽饼、菜籽饼、各种谷物的籽实及其副产品等。虽然某些植物性来源的饵料蛋白质含量很高,但所含氨基酸不完全,尤其是某些必需氨基酸的含量较低,单独使用的饵料效果不理想,最好是与动物性饵料搭配使用,或配成人工配合饵料使用。

### (三)人工配合饵料

随着鳖养殖生产的不断发展和科研工作的深入,鳖的营养需要及饵料原料特性了解得也越来越彻底。为节约饵料源,提高饵料效率和降低饵料成本,鳖的配合饵料研究工作已日益引起人们的重视,经过广大水产养殖科研工作者多年的努力,目前已取得一些高水平的科研成果,并经生产应用,人工配合饵料具有以下优点:可以根据鳖不同养殖阶段的营养需要进行配制,最大限度地提高鳖的生长速度及对饵料的利用率;可以将动物性和植物性不同来源的饵料有机配合使用,不但扩大了饵料来源,也可较大程度地降低饵料成本,提高经济效益;可以根据需要加工成一定形状,可减少饵料的散失、流失、节约原料;饵料加工不仅能去除毒素,杀灭各种致病菌,减少由饵料所引起的各种疾病,而且配合饵料能全面满足鳖对各种营养成分的需求,可增强抗病能力,还可以根据需要添加药物防病治病;配合饵料可以常年供应,适应于集约化养鳖的需求。

## 四、鳖饵料配方

### (一)配合饵料配方

**1.鳗鲕饵料配方**

日本自20世纪70年代鳖养殖业开始发展以来,首先使用的配合饵料为鳗鱼饵料,现在虽然已有鳖专用配合饵料,但使用鳗鱼饵料养鳖仍很普及。故先给出一组鳗鲕饵料配方(表7—11)供参考。

表 7—11　鳗鲕饵料配方(引自张幼敏等 1993)

| 原料 | 幼鳗(%) | 黑仔鳗(%) | 成鳗(%) |
|---|---|---|---|
| 鱼粉 | 71 | 66 | 65 |
| 酪朊酸钠 | 3 | 3 | — |
| 鱼肝粉 | 2 | 2 | — |
| 活性小麦筋粉 | 6 | 5 | 2 |
| 啤酒酵母 | 2 | 2.8 | 3 |
| 大豆粕 | — | — | 4.4 |
| α-淀粉 | 9.5 | 16 | 22 |
| 维生素添加剂 | 2 | 1.5 | 1 |
| 50%氯化胆碱 | 0.5 | 0.4 | 0.3 |

续表

| 原料 | 幼鳗（%） | 黑仔鳗（%） | 成鳗（%） |
|------|---------|-----------|----------|
| 矿物质添加剂 | 2.3 | 2.3 | 2.3 |
| 聚丙烯钠 | 0.3 | 0.2 | — |
| 藻酸钠 | 0.4 | 0.8 | — |
| 瓜胶 | 1 | — | — |
| 粗蛋白 | ＞50 | ＞50 | 45 |

2. 稚鳖饵料配方（表7-12）

**表7-12　粗蛋白为46.63％，总能为1387kJ/100g的稚鳖饵料配方（引自刘春等1992）**

| 原料 | 酪蛋白 | 糊精 | 玉米油 | 无机盐 | 维生素 | 黏合剂 | 纤维素粉 |
|------|-------|------|-------|-------|-------|-------|---------|
| 含量（%） | 52.8 | 16.0 | 7.0 | 2.0 | 0.22 | 4.0 | 17.98 |

注：89.4g酪蛋白中添加精氨酸4.04g，组氨酸0.36g，苯丙氨酸2.25g，蛋氨酸0.35g，苏氨酸0.9g，胱氨酸1.8g以补足8种必需氨基酸的需要量。

3. 成鳖饵料配方（表7-13）

**表7-13　饵料系数2.0的成鳖饵料配方（引自张幼敏等1993）**

| 原料 | 北洋鱼粉 | α-淀粉 | 大豆蛋白 | 豆饼 | 引诱剂 | 啤酒酵母 | 食盐 | 维生素 | 矿物质 |
|------|---------|-------|---------|------|-------|---------|------|-------|-------|
| 含量（%） | 60 | 22 | 6 | 4 | 3.1 | 3 | 0.9 | 0.5 | 0.5 |

**（二）鲜活饵料的配方**

1. 稚鳖鲜活饵料配方

小鱼、小虾、碎茸肉或下脚料30％，禽畜肉及下脚料、蚌、螺碎肉20％，蛋类、奶粉、淡鱼粉调成糊状2％～4％，番茄、黄瓜瓤、米糠、花生麸调成糊状25％，碎蚯蚓、面包虫、水蚤、摇蚊幼虫5％，动物内脏、碎蜗牛肉、碎蛆、碎鱼虾15％，多种维生素、维生素D₃、土霉素、矿物质和微量元素适量。

2. 幼鳖鲜活饵料

鱼、虾、动物肉类或下脚料30％，动物内脏或下脚料、淡鱼粉、骨粉20％，蚌、螺、蚬、杂蟹、蛙、鳝肉粒20％，米糠、花生鼓、黄瓜、碎香蕉、番茄25％，蚕虫、蚯蚓、水蚤4％，多种维生素、维生素D₃、食母生、畜用土霉素、矿物质和微量元素适量。

3. 成鳖鲜活饵料

鱼、虾、禽畜下脚料粒状30％，蜗牛、蚬、蚌、蚯蚓、蛇、鼠、蛙、鳝肉30％，香蕉、西瓜、黄瓜、梨等果实或皮12％，淡鱼粉、骨粉、钙粉1％～3％，多种维生素、畜用土霉素、矿物质和微量元素适量。

4. 亲鳖（雌）鲜活饵料

鱼、虾、蟹、禽畜肉或下脚料30％，螺、蚬、蚌、蛇、鼠、蛙、鳝、蚯蚓30％，米糠、花生麸、薯类、玉米粉、黄豆粉25％，猪、牛、羊血2％，香蕉、西瓜、柿、梨或果皮12％，淡鱼粉、骨粉、钙粉或蚝壳粉1％～2％，多种维生素、畜用土霉素、矿物质、微量元素、维生素E适量。

## 五、提高鳖饵料效率的技术措施

从经济方面考虑,提高鳖饵料的利用率无疑是降低饵料成本的一条有效措施,也是节约饵料源,扩大养殖规模及饵料有效供给的有效途径。就技术上而言,具体提高鳖饵料效率的方式有以下几点。

### (一)提高饵料的黏合度

饵料的黏合性好,入水稳定性就好,不易散失,能保证鳖的摄取利用率,也有利于保持水质的良好。提高饵料黏合性应从两方面着手:一是加入适量和适当品质的黏合剂,如α-淀粉、胶原蛋白以及动植物胶体;二是改进饵料加工工艺,如通蒸汽,增加饵料的熟化程度和增加粉碎细度等。

### (二)选择合理的饵料制粒形状

饵料的形状是影响鳖摄食状态与速度的重要因素。人们常用块状馅饵,或软颗粒饵料。馅饵需搅拌而花费劳力或机械力,而且重量增加一倍。鳖的摄食习惯是到饵料台上咬住食物,潜入水中吞咽,加之相互拥挤爬动,使馅饵往往容易散失,既造成浪费,又污染了水质。有人使用馅饵和经膨化的浮饵进行对比试验,结果发现两种饵料成分相同,两者增重倍数几乎相同,但就饵料系数而言,浮饵比馅饵要小得多。这是因为人们通常将饵料放在饵料台水位线处,认为饵料消失即已被摄食,实际上食入量可能仅占大半。使用浮饵对减轻水质恶化也是有效的,池水中有机耗氧量减少一半,鳖池换水时间可延长一倍,特别是加温养殖时,能减少燃料费的开支。浮性饵料操作方便,但鳖的喜食性较差,有待改进。还有人根据鳖口裂的大小将饵料制成相应大小的软颗粒饵料,使饵料利用率提高到90%以上,大大提高了饵料系数。

### (三)注意水温对鳖摄食量的影响

鳖的摄食受水温的影响较大。在约30℃水温条件下的摄食状况和生长状态最好,低于25℃和高于35℃时都会使鳖的摄食与生长受到明显的影响。特别是加温养殖,已经习惯了高温的鳖,其摄食的水温范围更狭窄,有时水温相差1~2℃,对鳖的生长就会产生明显的影响。根据试验成鳖阶段平均水温相差1℃,日增重率相差10%以上;稚鳖阶段如有3~5℃之差,日增重竟相差一倍以上。在生产中尽可能地控制水温稳定,当加温时,必须使水温接近最适生长温度。在常温养殖条件下应据不同温度调节投喂量。

### (四)掌握正确的投饵次数与时间

目前习惯上认为鳖的投饵应在上午8:00左右和下午18:00左右各一次。主要理由是鳖在上午日出后1~2h会爬到岸上晒背,这段时间不宜投饵。鳖夜间虽有摄食,但温度过低,摄食量不如白天。另外鳖喜静怕惊,频繁出入池边对鳖影响较大,不利于其摄食,投饵次数不宜过多。

## 六、生长量与投饵量的修正

在鳖的养殖过程中,为满足各个生长阶段的需求,需不断修正投饵量。投饵量是根据鳖的实际重量和生长变化计算确定的。现将与之有关的计算方法简介如下。

### (一)增重率与增重量

鳖的日增重率计算公式为:

$$I=(n\sqrt{W_1/W_0}-1)\times100\%$$

式中:$I$ 为日增重率(%),$W_1$ 为鳖的末重(g);$W_0$ 为鳖的始重(g);$n$ 为饲养天数。

鳖的增重量可据抽样实测;在求出日增重率后,也可按下列公式计算:

$$W_1 = W_0(1+I)^n$$

式中:$W_1$ 为鳖的末重(g),$W_0$ 为鳖的始重(g),$I$ 为日增重率(%),$n$ 为饲养天数。

**(二)投饵量的修正**

当得知池中鳖的总重量,投饵率(依不同月份实际确定)和饵料效率=净增重/摄食量×100%,则当日投饵量=池中鳖的总重量×投饵率。

例,某地某日鳖的总重量为 100kg,投饵率为 3%,预计饵料效率 50%,求当日的投饵量和增重量。

当日投饵量=100×3%=3(kg)

当日的增重量=3×50%=1.5(kg)

在实践中,由于鳖的总重量每天都在变化(增长),一般每半个月左右,需根据实测或推算进行一次鳖的总体重估算,以补充、修正投饵量。如在 15 日内喂给某池 10kg 饵料(干重,鲜鱼则按 1/4 折算),鳖的体重增加了 5kg(饵料效率以 50%计算),因此,把 15 日前放养时鳖的重量加上增加的重量(此时为 5kg),再乘以 3%投饵率,所得的数量为 15 日后一日的给饵量。根据上述原理计算若干天后的投饵量的公式则为:

$$M = A(1+F \times G)^n$$

式中:$M$ 为若干天后的投饵量(kg),$A$ 为当天的投饵量(kg),$F$ 为预计期间内的平均投饵量(kg),$G$ 为饲养效率(%),$n$ 为天数。

# 第五节　鳖的疾病防治

## 一、引起鳖病的原因

在自然条件下和室外露天池养殖密度较小时鳖很少发病;但若集约化养殖程度较高及冬季加温养殖条件下,由于生态环境的变化,鳖的疾病较多,应加强疾病防治技术的推广。正确地认识鳖的疾病,并坚持贯彻"无病早防,有病早治"、"全面预防,积极治疗"的方针,才能减少或者避免鳖病的发生,保证鳖的健康生长,促进鳖养殖业的发展。

对鳖疾病的发生有影响的环境因素,主要有下列几个方面。

**(一)水温变化**

鳖是变温动物,体温随外界环境的温度变化而改变。所以鳖不能适应水温的急剧变化,水温的急剧变化会严重地影响其抵抗力,导致各种疾病的发生。鳖在不同的发育阶段,对水温变化的忍受力有差异。在适宜的温度内,稚鳖温差不超过 3℃,幼鳖、成鳖不超过 5℃。气温、水温过高,鳖会发生热休克;偏低,会感冒;过低,则发生冷休克。

**(二)水质变化**

鳖的最适 pH 是 6.0～9.0。也就是说 6.0 和 9.0 分别是最低和最高临界度,所以在运输、放养、换水时不能有半度的相差。鳖生活在最适弱碱性水中,生长快,疾病少;如果生活在酸性水至弱酸性水(如 pH6.0～6.8)中,生长慢,易生病。尽管鳖是用肺呼吸,但是一旦遇到意外,受到惊吓即潜入水中呼吸水中的溶氧。通常水中溶氧量为 4～5mg/L 是适宜的。鳖从低氧的水体骤然进入富氧的水体中,没有不良的影响;反之,从富氧的水体中进入低氧的水体中,轻则鳖体质消瘦,重则致病、死亡。其他水质条件都要符合国家颁布的渔业标准。

（三）放养密度

放养密度不当与疾病的发生有很大关系。密度过大,鳖代谢产物多,影响水质,病原体感染机会也多,为流行病创造了有利条件。怎样才算是合理的放养密度?目前要视养殖条件、养殖水平的高低以及水源条件而定。

（四）饵料

在养殖过程中,如果长期投喂营养不全面的饵料而不能满足鳖生长发育的需要,就会发生营养性疾病,继之鳖的抗病力降低,往往易感染病原,造成鳖病的流行。例如,饵料中缺少维生素 E,亲鳖性腺发育不好,繁殖力降低,产卵量减少,并患脂肪肝,有腹水,使抗病力降低,就特别容易感染毛霉菌、水霉菌和绵霉菌等多种水生真菌。另外,没有根据鳖逐日的需要量投喂饵料,或时饱时饥,摄食不匀,会削弱鳖的抵抗力。或投喂变质的畜禽下脚料和未经消毒的蝇蛆等鲜活饵料,也会削弱鳖的抵抗力,使鳖体质衰弱,直接导致鳖发病。

（五）机械性损伤

捕捞、运输鳖时操作不当,容易擦伤、压伤鳖。一旦有伤口,水中致病病毒、细菌、真菌便容易从伤口进入鳖体内。这些也是鳖发病的主要原因之一。

（六）鳖的种质

鳖的野生资源丰富,需要选育抗病力、生存力强的后代。在人工繁殖选择亲本时,尽可能地采用不同来源的雌雄亲本,防止近亲交配出现种质退化的现象。

## 二、鳖疾病流行情况和病理特点

（一）鳖疾病流行规律

鳖疾病的流行一般集中于水温 20～30℃时,幼、成鳖冬眠和稚鳖越冬前。也就是说每年 4 月底至 6 月,是鳖发病的高峰期,8～10 月初是稚鳖的发病高峰期。冬季加温养殖池,如果能把好苗种消毒、鳖池消毒两大关,一般不会形成鳖病的大流行。鳖病流行的区域基本上遍及我国南北各养殖区,尤以福建沿海、长江流域最严重。表 7－14 是几种危害较大的鳖病流行情况。

表 7－14　几种鳖病流行情况（引自徐兴川等 1993）

| 病名 | 发病率 | 流行月份 | 流行温度 |
| --- | --- | --- | --- |
| 疖疮病 | 10%～15% | 5～7 | 30℃ |
| 腐皮病 | 20%～30% | 5～9 | 20℃ |
| 红底板病 | 10%～20% | 4～5 | 20℃ |
| 红脖子病 | 20% | 2～6 | ＞18℃ |
| 脂肪代谢不良症 | 5%～10% | 6～8 | 30℃ |
| 白斑病 | 20%～30% | 4～6,8～10,冬季温室内 | 20～25℃ |
| 白斑、洞穴、鳃腺炎并发症 | 25%～90% | 4～11 | 20～30℃ |

（二）鳖疾病的病理特点

1.行动迟钝。鳖患病后首先表现对外界反应敏感性降低，或全身不安，迟缓地在水面游泳，或静伏在饵料台或岸边。死亡时往往头与四肢均向外伸出。

2.出血。红脖子、红底板、疖疮、鳃腺炎以及氨中毒等鳖病均伴有出血症状。如红脖子病导致口腔薄膜呈弥散性出血点的占80%，胃肠黏膜出血的占60%。出血的原因是血红细胞坏死，渗入到皮下层所致。

3.呼吸系统障碍。鳖在死亡时，大多伴有脖颈异常，如发炎、充血、溃烂、肿胀等症状，或咽喉病变、口鼻流血，或肺组织变性、充血等，这说明病鳖呼吸系统障碍是导致最终死亡的原因。患红底板病的鳖其肝、肾中乳酸脱氢酶亚基消失，失去了呼吸的机能，这样使病鳖不得不离水到空气中呼吸，进一步加重了肺等呼吸系统的负担，使病情恶化。

4.心、肝、脾等实质性器官变性。肝脏因黑色素颗粒增多而发黑，这是由于色素细胞坏死，色素颗粒溃散的原因，肝、脾肿大，质脆，心、肝、肾呈变质性发炎，脾淤血，肾小球萎缩，肾间质淋巴细胞浸润等，内部器官的变性使鳖的生理机能进一步紊乱。

# 三、鳖疾病的预防方法

（一）设施和用具消毒

1.鳖池消毒

鳖池在放养前一般用生石灰（$100 \times 10^{-6} \sim 150 \times 10^{-6}$）或漂白粉（$10 \times 10^{-6} \sim 20 \times 10^{-6}$）彻底消毒。放养后常用$100 \times 10^{-6}$福尔马林（甲醛）或$0.5 \times 10^{-6}$呋喃唑酮（痢特灵）消毒。

2.用具消毒

小型工具在使用前用$10 \times 10^{-6}$硫酸铜溶液浸泡5min以上，可以达到消毒的目的。大型工具可在日光下曝晒后使用。

（二）鳖消毒

在鳖分养转池时，消毒鳖体，可以预防疾病的传播，常用的方法有：

1.高锰酸钾浸洗

用$100 \times 10^{-6}$高锰酸钾溶液浸洗5～10min。

2.食盐浸洗

对稚鳖，食盐溶液的浓度为2.5%，浸洗10～20min，可以杀灭体表寄生的钟形虫、累枝虫、水蛭等。

3.呋喃唑酮溶液浸洗

稚鳖浸洗的浓度为$20 \times 10^{-6}$，成鳖为$30 \times 10^{-6}$。稚鳖的浸洗时间为：20℃以下时20～30min，20℃以上时10～15min；成鳖的浸洗时间相应增加一倍。此法可预防稚鳖的细菌性疾病，对预防外伤感染和局部炎症有一定作用。对成鳖的皮肤充血糜烂、红脖子病等有预防作用。

4.食盐和碳酸氢钠合剂浸洗

$500 \times 10^{-6}$的食盐和$500 \times 10^{-6}$的碳酸氢钠合剂浸洗稚、幼鳖10h左右，可预防毛霉病和水霉病。

（三）免疫预防

接种免疫疫苗预防鳖病是行之有效的好方法。疫苗最好在头一年制备，或者在放养前购买，进行肌肉或腹腔注射效果均好。

## 四、鳖疾病治疗的常用方法

防治鳖病的给药方法可分为体外给药和体内给药法两类。了解、掌握并正确使用给药方法可取得较好的预期效果。

### (一)体外给药法

可能是因为鳖类革质的皮肤阻碍了体表对药物的吸收,也可能是因为鳖常浮于水面,进行肺呼吸,减少了药物对呼吸器官的毒性作用。鳖对外用药物如生石灰、硫酸铜、漂白粉等极不敏感,其安全浓度比鱼高几十至几百倍(表7—15)。

**表 7—15　鳖常用药物安全浓度及推荐使用浓度(引自徐兴川等 1993)**

| 药物名称 | 稚鳖安全浓度(mg/L) | 推荐使用浓度(mg/L) | |
|---|---|---|---|
| | | 浸浴 | 遍洒 |
| 高锰酸钾 | 19.5 | 10～15 | 2～4 |
| 漂白粉 | 35.9 | 15 | 3～4 |
| 甲醛 | 42.0 | 50(1～2h) | 20 |
| 硫酸铜 | 94.9 | 10 | 1～1.5 |
| 生石灰 | 239.0 | | 60～75 |

#### 1. 泼洒法

鳖对一些常用药物的敏感性较低,耐药性较强。如硫酸铜对鳖的安全浓度为 $94.9 \times 10^{-6}$,是加州鲈鱼的 66.8 倍。因此使用时可适当加大浓度,以提高效果。也可用常规浓度连续泼洒;在鳖发病高峰期内,应保持池内几天如一的药物浓度。此外,也应避免过高的药物泼洒浓度,否则,即使鳖不死亡,也会因耐受性问题而使其逃离池水而爬到岸上,达不到预期目的。当温度较高、水质较肥时,应当适当降低药物浓度;反之应增大浓度。因鳖为水陆两栖动物,用药时除泼入池内外,还要在岸边、饵料台和晒台上泼洒。为不干扰鳖的摄食与晒甲,使鳖与药物接触时间延长,下午 16:00 至 17:00 之间用药较合适。

微碱性的水质能增强鳖的抗病能力,而大多数药物都呈酸性,所以泼洒药物 7d 左右应用生石灰调节水质。用量为 50～85g/m³ 水体。

#### 2. 浸浴法

浸浴法有两种方式,一是浓度低、长时间浸浴,一般浸浴时间为 8～20h;另一种是高浓度、短时间的浸浴,一般时间为 0.5～2h。前者适用于病情较轻时的治疗,而后者适用于病情较严重时的治疗。无论是采用哪种方式,浸浴时间均不得超过 24h。因为病鳖若长时间处于药物中呼吸更困难,应激反应强烈,易加速其死亡。

浸浴操作要点:浸浴用药的溶液以淹没病鳖 0.1m 左右为度。一个容器内所浸浴的病鳖的数量以排满一层即可,最多不超过两层。浸浴时要经常查看,并防止上层鳖露空,下层鳖呛药。药浴水体的温度与病鳖原来饲养池水温大体相同,最大温差不要超过 2℃。浸浴后的药液不要倒入鳖饲养池内。

另外,还可辅助用一些收敛药物,如高锰酸钾,中草药的金樱子、虎杖等辅助浸浴,以促进病鳖表皮溃烂的愈合。

**3.挂篓(袋)法**

篓(袋)宜挂在食物周围鳖出入处的水下 10cm 左右的水层中。根据采食场地大小,并能保证鳖正常摄食而确定篓或袋的个数。篓或袋中的药量应以鳖将饵料台上的饵料吃完而药物尚未完全溶化完为度。但各篓或袋的总药量之和应低于全池泼洒的总用量。一般篓(袋)应连续挂 3~5d。

**4.涂抹法**

一般用于鳖表皮性溃烂等病,可用药膏或药液涂抹,以促使创伤的愈合。涂抹药物的浓度不可太高。在涂抹前先将病鳖用药液浸洗干净,或用清水洗干净,但在浸浴或清洗时应避免药液流入鳖口内。然后对病灶部位涂药,涂抹后在无水条件下放置病鳖 0.5~2h,不可太久。

**(二)体内给药法**

**1.口服法**

一般用于杀灭体内的病原体,通过药物的吸收,对体表病原体的感染也有杀灭作用。可用于预防和治疗病情轻的鳖病。将药物与鳖喜欢吃的配合饵料混合,拌以适量的黏合剂,制成药面、药团或大小适口的颗粒,投喂到鳖饵料台上;将药物与适量的黏合剂混合,用水调成糊状,然后用鳖喜食的活鲜饵料黏上药物,晾干后投喂。此法方便、安全,易于实施,对水体无污染,也不会对鳖造成药害。为了提高疗效,使更多的鳖能吃到药饵,应在投药前停食 1d,药饵应多投几个点。不应长期使用同一种抗生素或磺胺类药物投喂,并严格控制抗生素或磺胺类药物的投喂量,以免产生抗药性。

**2.注射法**

适用于病情严重的鳖,是一种促进病鳖快速吸收药物,发挥药物疗效的给药方式。注射部位一般在后肢基部,注射前,应先用酒精棉球对注射部位消毒,根据鳖的大小选用 2~5mL 的注射器,5~7 号针头,针头与注射部位表面成 10°~15°角,注射深度为 1~1.5cm。注射的方式有肌肉注射和腹腔注射,前者是将药物注入鳖后肢的肌肉内,后者是由后肢与腹甲相连处注入腹腔,针头应不伤内脏器官。二者效果基本相同。此法用药进入鳖体药量准确,吸收快,疗效好。注射药液不可太多,一般 500g 体重的鳖注射量为 0.5mL 左右;200g 以下的鳖为 0.1~0.2 mL;多次注射时,不应在同一部位注射。

**(三)日晒疗法**

其原理是利用太阳的紫外线与河沙的温度杀灭鳖体表体外的病菌。将鳖捞出,用生石灰(50kg/667m²)消毒水池;根据病鳖选用药物浸浴 20~30min;将病鳖放在湿润的河沙内曝晒 30~60min,该法对防治水霉、白斑、腐皮病有一定的疗效。

## 五、鳖疾病的防治技术

鳖的疾病大体上可分为传染性疾病、侵袭性疾病和其他原因引起的疾病三大类。其具体防治技术为:

**(一)传染性疾病**

传染性疾病指细菌、霉菌或病毒引起的各种疾病。

**1.红脖子病**

又名俄托克病。病原体为产气单胞杆菌。

此病的主要症状为腹部出现红色斑点,咽喉部和颈部肿胀,肌肉水肿,行动迟缓。红肿的脖子伸长不能缩回,时而浮出水面,时而匍匐于沙地。病情严重时口、鼻出血,肠道发炎、溃烂,全身红肿,眼睛混浊发白而失明,不久死亡。此病全年均可发生,且传染快,一旦发病往往来不及治疗就会蔓延。幼鳖与成鳖均可感染,危害性较大。

防治方法:保持水质的清洁,勿使发病个体混入池内;当水温下降时应注意采取防病措施。用土霉素、金霉素等抗生素类药物或磺胺类药物拌入饵料中投喂,每公斤鳖每天用药0.2g,第 2~6d 减半,视病轻重持续 2~3 个疗程,每个疗程为 6~7d。人工注射金霉素,每公斤鳖用药 30 万~40 万 IU,在鳖后肢基部或底板呈 $10°~15°$ 角注入。

2.腐皮病

病原体为产气单胞菌、假单胞菌、无色杆菌等数种细菌感染所致,其中以产气单胞菌为多。

此病主要是由鳖间相互撕咬或机械性损伤后细菌感染所致。肉眼可以看到四肢、颈部、尾部、裙边等处的皮肤腐败、糜烂坏死,形成溃疡。严重时四肢的皮肤烂掉,爪脱落,骨骼外露,颈部的肌肉和骨骼也露在外面,裙边溃烂。此病中鳖的生长季节均可发生,随着放养密度的增加发病几率也会增加。

防治方法:保持水质的清洁,合理的放养密度及按不同规格分级饲养,投喂高质量足量的饵料。一旦发病就及时隔离治疗,用 $10×10^{-6}$ 磺胺类药物或抗菌素浸洗鳖 48h。其后每两周用 $(2~3)×10^{-6}$ 漂白粉药浴一次。

3.白斑病

又称毛霉病。病原体为毛霉菌属的一种霉菌。

主要病症:鳖的四肢、裙边等处出现白斑,早期仅表现于边缘部分,后来逐渐扩散,形成一块块的白斑,使表皮坏死,产生部分溃疡。此病常年均可发生,特别是在水质较清瘦的养殖池中,或在捕捉运输过程中受伤后的鳖个体上最易感染此病。一般情况下死亡较少,但在霉菌寄生到咽喉部时则易影响呼吸,而导致窒息死亡。

防治方法:用生石灰彻底清塘、消毒,使池水始终保持嫩绿色,可减少该病的发生;用 $10×10^{-6}$ 漂白粉溶液浸泡病鳖 1~2h,或 0.04% 的小苏打合剂全池泼洒防治;发现鳖体受伤时,用磺胺药物软膏涂擦患处。因为这种霉菌在流水池中繁殖迅速,而在污水中因生长受其他竞争细菌的抑制,故抗菌素类药物有促进霉菌蔓延作用,切忌使用。

4.出血病

病原体目前还不是很清楚,许多人认为过滤性病毒是直接因素。鳖发生出血病后,再由产气杆菌二次感染致使病情加重。

主要病症:腹甲遍生出血斑点,背甲出现溃烂状增生物并溃烂出血,咽喉内壁大量出血和坏死严重,甚至肠道出血和黏膜溃疡明显,肾脏、肝脏也出现出血症状。

防治方法:及时将病鳖隔离。用磺胺类药物和抗菌素口服及涂抹有一定疗效。

5.疖疮病

病原体为点状产气单胞菌点状亚种。

主要病症:发病初期,鳖的颈部、背腹、裙边、四肢基部有一至数个黄豆大的疖疮,其后疖疮逐渐增大,向外突出,此时用手挤压,或挤出像人面部粉刺样物,并伴有腥臭气味,鳖体上留下一个洞穴。随着病情的发展,疖疮自溃,四周炎症扩散;背甲柔软的革质皮肤、四肢、颈部、尾部肿胀连块,发生溃烂成数个洞穴,脚爪脱落,不久衰竭死亡。疖疮出现后,鳖的全身不适,停止摄食,活动减少或静伏,体渐消瘦,进而头不能伸缩,眼不能睁开。若病原体侵入血液,则会迅速扩散全身，可导致急性死亡。此病在冬季加温池中和高密度集约化养殖条件下极易发生，通常鳖体重接近20g时即可感染此病，发病率一般在10%左右，最高发病率可达50%。此病的传染性很强，危害严重，如不及时治疗两周左右即可死亡。

防治方法：用(2～3)×10⁻⁶漂白粉药浴，每5～6d一次，反复3～4次，同时进行池水消毒，用0.001%～0.01%呋喃西林溶液浸泡病鳖30min，并结合用消毒后的竹签排出疖疮内含物，用高浓度呋喃西林溶液涂抹患处。用0.1%～0.2%利凡诺水溶液浸泡15min，或用每毫升25μg的抗生素药液浸泡30min。

**6.鳃腺炎**

病原体目前尚不清楚，可能是病毒所致。

主要病症：先是颈部发肿，进而全身浮肿，口鼻出血，腹部呈纯白色的贫血状，无出血点和出血斑。此病的传染很快，危害大，一旦发病几乎全池的鳖都会传染上，从而造成毁灭性的危害。

防治方法：对于此病目前尚没有有效治疗方法。主要的预防方法是及时对病鳖隔离，然后对养用器具、池塘、池水进行彻底消毒，一般是用200×10⁻⁶漂白粉浸泡。

**7.水霉病**

病原体为水霉科中的水霉。

主要病症：此病主要是鳖因捕捉或运输过程中受伤，导致水霉菌感染伤口。发病初期肉眼看不出什么症状。当肉眼能看到时，菌丝已深入肌肉，蔓延扩展，向外生长形成棉毛状菌丝，称为"长毛"。菌丝与伤口的细胞组织缠绕黏结，使组织坏死；同时因病菌在鳖体表、四肢、颈部等处大量繁殖，引起鳖的食欲减退，最后消瘦而死。

防治方法：用生石灰清塘消毒，经常换水，保持水质的清洁。在饵料中拌入适量的磺胺类药物投喂。

**8.赤斑病**

又称红斑病、红底板病、腹甲红肿病。病原体为点状产气单胞菌点状亚种。

主要病症：外表最为显著的是腹部有红色斑块，此病即由此而得名。日本认为此病与产气单胞菌症属于同一种病。此病多发于越冬后的4～5月份，病鳖爬到池塘斜坡上，停食，反应迟钝，一般2～3d后便死亡。经解剖，口、鼻呈红色，舌红，咽部红肿，肝呈紫黑色，肝脏和肾脏发生严重病变，肠充血，肠内无食物。

防治方法：在发病期间注意观察，发现病体及时隔离。进入越冬前，可在饵料中加呋喃唑酮进行预防。若已发病，按每公斤鳖20万IU注射硫酸霉素，一般3d后会恢复摄食，5d后赤斑开始消退，7d后痊愈。此外也可注射疫苗，治疗效果也较好。

**(二)侵袭性疾病**

由寄生虫引起的各种鳖疾病称为侵袭性疾病。目前已发现的鳖侵袭性疾病的病原体有蛭类、螨类、原生动物、吸虫、棘头虫等。这些寄生虫可寄生在鳖的体表、血液以及内脏等部位，吸取鳖的营养，破坏鳖的组织、器官，从而影响鳖的生长发育与生存。

**1.累枝虫病(钟形虫病、吊钟虫病)**

病原体为纤毛虫类与一种累枝虫。

主要病症：肉眼可看到鳖四肢、背甲、腹甲、颈部等呈现一簇簇的白毛。当池水呈绿色时虫体的细胞质呈绿色，使得病鳖的身体也呈绿色。

防治方法：用10×10⁻⁶漂白粉溶液浸洗鳖体24h，4～5d内重复2～3次即可。用2%～3%的食盐水浸洗鳖体3～5min。

2.水蛭病

病原体为水蛭(蚂蝗),吸附于鳖的体表,吸食鳖的血液。

主要病症:鳖四肢及颈部收缩能力减弱,反应迟钝,不怕人,身体消瘦,皮肤苍白多皱,喜欢待在岸上,不愿下水,食欲下降或停止摄食。此病感染轻者虽不会很快死亡,但会因此而降低生长速度和繁殖能力,重者会因缺血而引起死亡。

防治方法:在养殖池内的向阳一侧设置"晒背"场所。鳖经日光浴可以防止此病发生,提高自身抵抗能力。经常用生石灰消毒水体,用量为 25 g/m²。水蛭在碱性环境条件下不易生存。用10%的氨水浸洗病鳖 20min,或用 0.77×10⁻⁶ 高锰酸钾溶液浸洗或全池泼洒。

此外,鳖的侵袭性病原还有螨类、原生动物、吸虫、棘头虫等15种寄生虫。寄生部位不尽相同。主要的防治方法是经常更换池水,进行池塘的消毒以及食盐水浸洗鳖等。因具体做法与前述大体相同,此处不再赘述。

### (三)其他因素引起的疾病

除上述两类疾病外,还有许多物理、化学和营养等因素引起的各类疾病。这些疾病在一定的程度上也会对鳖的生活、生长产生一定影响,引起机体的机能失调,甚至导致死亡。

1.脂肪代谢不良症

主要病因是在鳖的人工养殖过程中投喂过量的臭鱼、虾、肉类和腐败变质的饵料,或者贮存过久的干蚕蛹等,使得饵料中的变质的脂肪酸在鳖体内大量积存,造成鳖的肝、肾机能障碍,代谢机能失调,逐渐出现病变。

主要病症:鳖营养失调,拿在手上有厚重感。病情严重时身体隆起较高。腹甲暗褐色,有浓的黑绿色斑纹、四肢、颈部肿胀,表皮下出现水肿,外观鳖体表异常。剖开鳖的腹腔能嗅到恶臭味,脂肪组织呈黄土色或黄褐色、硬化,被结缔组织包裹,肝脏发黑,骨组织软化。鳖生此病后,体质不易恢复,并逐渐转为慢性病,最后停止摄食而死亡。

防治方法:保持饵料新鲜,不投喂腐败变质和霉变的饵料,尤其不能投喂变质的干蚕蛹。保持池内清洁卫生,及时清除残饵,保持水质清新。发现此病,及时更换池水。

2.水质不良引起的疾病

在静水或越冬池中,由于水不能较好循环,长期处于静止状态,当水中溶氧不足,有机物过多,在厌氧条件下氧化分解时放出大量氨氮,当氨氮达到100×10⁻⁶ 以上时,就会引起鳖生病。

主要病症:鳖的四肢、腹部明显充血、红肿、溃烂以至形成溃疡、裙边溃烂或呈锯齿状。

防治方法:经常保持池水肥嫩、清洁。发现此病后及时更换池水。

3.萎瘪病

有许多资料报道此病是由于营养失调所致,也有的认为是水质恶化所致,真正的病因并不是很清楚,此病主要发生在稚、幼鳖阶段。病鳖表现为不爱活动,枯瘦干瘪、腹甲柔软发红,骨骼轮廓非常明显,体重减轻,食欲降低,最后拒食而死。

由于病因不明,治疗困难,特别是在加温高密度饲养条件下易发此病。目前的主要预防措施是保持水质的清洁。若发病应立即用(10~20)×10⁻⁶ 的呋喃西林浸浴,并使用营养全面的优质饵料。

4.维生素缺乏症

此病是因饵料中缺乏维生素所致,且主要是缺乏维生素 $B_6$、烟酸、维生素 $B_{12}$ 等水溶性维生素。发病个体表现为发育不良,瘦弱,易患炎症,食欲降低,生长缓慢,繁殖力下降。一般饵料中缺乏维生素 E,亦会引发此病。

预防方法是在饵料中添加复合维生素,但不能过量添加。投喂营养丰富而全面的饵料可防止维生素的缺乏。

此外还有冻害、暑害以及敌害生物的预防,以确保鳖健康。

# 第六节　鳖的捕捉和运输技术

鳖的捕捉与运输是鳖养殖过程中的一个环节,无论是作为商品上市还是作为产前、产后亲体或苗种的购销都要经过的过程。

## 一、捕捉技术

鳖的捕捉包括人工养殖和天然水域两个方面的捕捉。

### (一)人工养殖鳖的捕捉

作为鲜活水产品上市的鳖,起捕水规格在国内最低仅300g,正处于生长的最佳时期,此时上市最不合算。日本商品鳖一般为700~800g,建议国内养殖单位以500~1000g作为上市规格比较恰当。另外,捕捉时要小心操作,使鳖不受损伤,确保商品外观质量。

1.徒手捕捉

赤脚进入鳖池,鳖受惊往往都潜伏在池底,用脚探索到鳖立即踩住,然后用手将鳖掀入手网内。徒手尽可能抓住鳖两后肢之间的部位,不易被咬住。一旦被鳖咬住,立即将其沉入水中,鳖就会马上松口。该方法适用于临时性少量捕捉鳖。

2.渔网捕捉

捕捉鳖的网衣比一般渔网高,网眼大,放网和收网的动作要迅速,因为稍有动静,鳖就会立即潜入池底泥沙中而难以捕捉。

3.齿耙捕捉

利用齿长0.15m,齿间宽0.1m,柄长1.5m左右的木质齿耙,深挖入水底泥沙中,根据手感和触及鳖背甲的声响判断鳖位置,再徒手捕捉。该方法适用于成鳖、亲鳖和越冬后的鳖捕捉。

4.干池捕捉

晚上将池水放干,在池塘四周用灯光徒手捕捉。该方法适用于清塘时大规模捕捉。

### (二)天然水域鳖的捕捉

人们采取许多方法捕捉天然水域中的鳖,现介绍几种不伤害鳖的捕捉方法供参考。

1.刺网缠捕

在较大的水域中鳖活跃的4~10月,利用小船将三层刺网呈"之"字形排放在水中,鳖活动时触网即被缠绕而难以逃脱。鳖不能在水中呆太长时间,所以收放网间隔时间以2h左右为宜,以免鳖溺水死亡。

2.笼子诱捕

用竹、芦苇、木条或铁丝做成笼子,笼口有倒须,只能进不能出。傍晚在有鳖出没的岸边浅水中固定好笼子,笼内放入猪肝、鱼肉等腥味比较浓的诱饵,次日凌晨及时去收取笼子。

3.灯光照捕

在产卵季节的晚上,在有鳖活动的水域附近的沙地中用手电照明,寻找到岸边产卵的鳖徒手抓捕。

## 二、鳖卵的运输

一般认为鳖卵没有像鸡蛋那样的系带固定胚胎的位置而不能运输。笔者经过多次试验认为,只要选择孵化时间适当的鳖卵,运输方法得当,孵化率不会受到影响。

(一)适于运输的鳖卵要求

1.重 3～5g;

2.卵径 1.9cm 以上;

3.形状呈圆形或椭圆形;

4.孵化时间为 15～30d;

5.动物极白色亮区为卵表面积的 1/3～1/2,与植物极界线明晰,植物极淡黄色或粉红色,卵面光洁,无杂色斑点;

6.对光观察,胚胎眼点清楚,血管鲜红色且分支明晰,能见胎动。

(二)鳖卵运输方法

在出发前,将塑料桶、食品箱、河沙、海绵洗净并消毒,晾干备用。开始装卵前,把一层拧不出水的湿海绵铺在食品箱底,再在其上面铺含水量 8％～12％ 的河沙 5cm 厚,将选出的卵一箱箱排满,盖上 5cm 厚的湿河沙,把食品箱叠在一起,固定在专车上,使之与车体成一整体,以减少震荡,在运输途中用喷水的方法保持车内空气湿度,昼夜兼程,选择平坦路面,车速控制在 50～80km/h,运回后及时移入孵化房孵化。

## 三、鳖的运输

鳖的运输是其养殖生产过程中的一个环节。它关系到产品的质量和销售价格,或亲体、苗种的成活率。

(一)运输前的准备工作

因鳖用肺呼吸,可以直接利用空气中的氧气,相对于鱼类而言,鳖的运输比较容易。但在运输过程中必须注意以下几点:其一是为防止相互撕咬,不要堆压,不要使甲壳干燥,不能让鳖自身排出的尿液及粪便污染运输环境,因此应尽量散装运输。其二是捕捉后的鳖最好及时运走,不能及时运走的应事先暂养,不能在运输工具中大量挤压或堆放。暂养方法因季节不同而异,春秋季可在池塘内暂养,池底铺沙 20cm,并定时、定量投喂饵料和注意换水。冬季捕捉时可在背风向阳比较暖和的室内暂养。地上铺 30～40cm 的细沙,并淋水使其湿润,让鳖自行钻入沙内。若是夏季高温季节捕捉,应在室内或露天暂养池底铺细沙 30～40cm,并放上一些水草,放鳖后经常淋水,注意通风,以保持适宜的温度、湿度和清洁度。其三是因不同温度下的运输成活率有所差异,为保证较高的运输成活率,夏季运输时最好在阴雨天或夜间进行。其四是运输前做好周密的计划,选择好运输工具、路线,尽可能缩短路途中的时间。此外,冬眠后刚苏醒的鳖不宜做长距离和长时间的运输。

(二)稚鳖的运输

一般采用木箱、塑料箱或塑料桶运输。若是木箱,应采用杉木板与聚乙烯纱窗结构,一般

4～5层为一组,两层之间有镶槽,每层的规格为45cm×35cm×10cm,箱的四周是木板框架,箱底钉25目的聚乙烯纱窗网,箱的顶部有纱窗盖。为便于通风及调节湿度,箱四周的板上钻5～7个孔,但注意只在相对的两个面上钻,另两面不钻。运输时先在箱内铺一层水草,放入稚鳖后再放一层水草,并在运输途中经常淋水。

若是塑料箱运输,箱的规格为20cm×30cm×7.5cm,在底部放一层水草,约放60只稚鳖,上面再铺一层水草。此外也可用规格为60cm×40cm×15cm的塑料周转箱运输,每箱可装稚鳖600只左右。

若是用塑料桶或鱼篓运输,要在容器中注入1/2体积的水,直接将稚鳖装入其中,路途中每隔一定时间换水一次。

### (三)成鳖的运输

成鳖包括商品鳖和亲鳖,可采用相同的运输方法。

用规格为90cm×60cm×40cm的塑料桶或木桶,桶底打几个滤水孔,每桶装鳖约20kg。此法一般是低温季节运输时使用。若是在高温季节采用此法运输,应在桶内设一带孔隔板,板上放冰以降低温度。

用特制的木箱或塑料箱运输,为防止鳖相互撕咬而将箱分成若干个仅能容1只鳖的格子,箱底部钉几个滤水孔,格内底部铺上一层水草,装上鳖后,上面再盖一层水草,可多层作为一组,最上面加盖,并固定好。运输途中注意淋水。

### (四)注意事项

为提高运输成活率,应在运输过程中注意以下几点:

1.包装工具内侧应平整光滑,并在使用前刷洗和消毒。所使用的水草要新鲜,并防止其发热及腐烂,最好不使用稻草或木屑,因为稻草及木屑淋水后会放出有害物质。

2.一般运输以春秋气温低的季节为好,运输成活率很高。若是夏季高温季节运输,要选择夜间或阴雨天进行。因为高温季节的鳖代谢旺盛,运输环境易污染,而且水草等易腐烂发臭,不利于鳖成活。

3.为防止运输途中的环境污染,最好在运输前让鳖停食1～2d,以减少运输过程中代谢物的排出。

4.运输过程中要有专人护理,注意观察鳖的活动及反应情况,及时淋水调节湿度及通风降温等。

5.运到目的地后,应在较阴凉的地方打开包装物,并将鳖移到大木盆或小水池内暂养,待其体力恢复后用2‰～3‰食盐水或$5×10^{-6}$的漂白粉浸洗消毒30min,然后再下池饲养。

# 第八章 乌龟的养殖

乌龟(*Chinemys revesii* Gray)是龟鳖类动物中最常见的一种龟,又名泥龟、金龟、草龟、香龟、臭龟等。乌龟是爬行动物,隶属于脊索动物门、脊椎动物亚门、爬行纲、龟鳖目、龟科,多分布在热带和温带地区,到目前为止已发现 17 个种。随着人们对乌龟价值的充分认识,其社会需求量急剧增加,供求矛盾十分突出,人工饲养和繁育就成为必然。

乌龟具有广泛的价值。龟肉鲜美可口,营养滋补,被当作佳肴美味,具有保健食品作用,冬令季节进补,更能强身健体。乌龟的药用价值也很高。龟肉有益阴补血的药功,可治久咳咯血、血痢、痔血、筋骨疼痛等。龟血可治跌打损伤、脱肛等。乌龟腹甲入药称作"龟板",是中成药主要原料,其中含磷酸钙、碳酸钙等无机物 36.08%,蛋白质 36.14%,其他占 17.78%。它具有治疗肾阴不足、久咳、吐血、咽干燥、肾虚遗精、无名肿毒、筋骨疼痛等功效。同时,乌龟还是名贵的观赏宠物,它的寿命在动物界名列前茅,因此人们常把乌龟当作长寿的标志,用作祝寿礼品,以期龟鹤延年。还有人将乌龟养殖在室内水族箱内或庭院水池内供观赏。至于根据龟类动物许多特殊生理机能和习性,如长寿、耐饥、耐渴、冬眠、夏蛰等现象,进行解剖、仿生试验,则是更高级的科学研究了。

## 第一节 人工繁殖

### 一、生殖习性

雄龟的生殖器官包括一对睾丸、一对附睾、一对输精管和一个交配器。雌龟的生殖器官包括一对卵巢和一对输卵管。雄龟的精子能在雌龟的输卵管中存活半年以上,故可隔年受精。

5 龄以上的乌龟才达性成熟。雌龟的卵巢在成熟过程中依序经历卵原细胞期、初级卵母细胞期、生长卵母细胞期、成熟卵母细胞期。当卵巢成熟时,腹腔中可见到橘黄色大中小各类卵,像葡萄一样连成串,卵巢成熟系数(即卵巢重占龟体重的百分比)均值为 6.3%,最高达 8.8%。5 冬龄母龟的卵巢即达成熟期,可于第 6 个夏天产卵。雄龟的精巢依次要经过精原细胞期、初级精母细胞期、次级精母细胞期、精子细胞成熟期。当精巢成熟时,原有的精子细胞在不长时间内,便通过变态而成为精子。此时,睾丸杏黄色,外形圆润饱满,呈长椭圆形,长短径最大值达 9mm×7mm,平均成熟系数(即精巢重占体重的百分比)为 0.8%,切片可见成熟的精子。5 冬龄雄龟即达成熟期。

乌龟的生殖季节为 4 月下旬到 9 月初。在水温 20～25℃时开始交配。雌龟发情后,多在水面上浮动划水,有时爬到河岸边,往往 1 只雌龟后面有 1～3 只雄龟在追逐,追至雌龟周围打转。

有的用前肢爪,头碰触雌龟的头和背部,甚至阻挠雌龟的爬行。力大、灵活的雄龟总是先腾起前身扑到雌龟身上,用前肢的爪抓住雌龟背两侧,嘴咬住颈皮,以后肢立地跟雌龟爬行。雌龟不动,雄龟紧伏在雌龟身上,交接器下弯交配。在水上交配,雌雄龟戏游,上下潜游,头伸出水面,交配时间只有几分钟。

乌龟一般5月开始分批产卵,9月结束,6～8月为盛产期。一只雌龟一年可产3～4批卵,每批产卵数一般4～10枚。产卵时间多在黄昏后至黎明前。产卵前,雌龟到处爬行,以选择土质松软的沙土地段,往往多在较为隐蔽的树根旁和杂草中,土壤的含水量为5%～20%。

龟卵呈长椭圆形,壳灰白色,长径0.027～0.04m,短径0.013～0.02m,大小不等,重3～9g,需50～80天孵出雏龟来。

## 二、种源

### (一)亲龟选择

选留亲龟一般要求达6龄以上(背壳盾片上的疏密环纹圈有5个以上),个体较大,体色正常,体质健壮。雌龟体重应在300g以上,雄龟要求达到性成熟,个体可略小于雌龟。雌龟能在输卵管中储存精子长达半年之久,一般以(2～3):1的比例为宜。

选购时,要掌握龟源、起捕方法和时间。体表若受伤严重,或用金属探测器获知体内有钓钩或起捕后离水时间过长,或体质较差、行动迟缓的龟均不宜选作亲龟。最好暂养一段时间后再选定。

### (二)雌雄鉴别

体重在250g以上的乌龟才达性成熟。一般成龟的雌雄,可根据个体大小,颜色和尾的长短来分辨。雌龟壳呈黄褐色或土黄色,盾片沟为黄色,躯干短而厚,体较大,长约0.2m以上,大者重可达1000g以上。雄龟壳为黑色,深黑色或棕黑色,体较小,体形稍长且较薄,一般体长不超过0.2m。雌龟背壳前窄后宽,质地粗糙而厚,盾片上的同心圆清楚。雄龟背壳与雌龟相反,前宽后窄、质地光滑而薄,盾片上的同心圆模糊不清。雌龟背甲扁平,腹甲平直。雄龟背甲隆起较高,腹甲稍凹入。将龟拿在手中,雌龟无肛前腺而无异味,而雄龟有肛前腺且有特殊臭味。雌龟尾部粗短,基部较细小,雄龟尾部细长,基部粗大,内藏交接器(表8-1)。

表8-1　乌龟的雌雄鉴别

| 性别 | 雌性 | 雄性 |
| --- | --- | --- |
| 体色 | 壳呈褐色或土黄色,盾片沟为黄色 | 壳为黑色、深黑色或棕黑色 |
| 体形 | 体较大,躯干短而厚 | 体较小,体形稍长且薄 |
|  | 背壳前窄后宽,质地粗糙而厚,盾片同心圆清楚 | 背壳前宽后窄,质地光滑而薄,盾片同心圆模糊不清 |
|  | 背甲扁平,腹甲平直 | 背甲隆起较高,腹甲稍凹入 |
| 气味 | 无肛前腺及异味 | 有肛前腺和特殊臭(骚)味 |
| 尾部 | 尾部粗短,基部细小 | 尾部细长,基部粗大,内藏交接器 |

强迫生殖器外露识别雌雄龟,虽然方法简单但容易伤害到龟。取龟一只,用手指使劲挤住缩入龟壳内的乌龟头及四肢,不让其呼吸,随即可见泄殖腔内有水排出,随后生殖器就慢慢向外翻出。若是雌龟,向外翻出的只是纵裂的带皱纹状的内壁。若是雄龟,则可见交接器向

外突起。起初是一长条形,随后充血膨大成菱形,呈褐紫色,从阴茎沟向两侧翻起,并卷向腹腔。若在交配季节,还可见有乳白色的精液排出。

## 三、采卵与孵化

### (一)采卵

亲龟产卵在5～10月,6月中旬至8月中旬是盛产期。产卵时间多在黄昏至黎明,也有延续至次日清晨8:00左右的。产卵季节夜间最好不要到产卵场去惊动亲龟。次日上午,亲龟多已离开产卵场而进入水池中。遍翻产卵场,就能挖到卵,并轻轻拣起平放于集卵箱(盆)中,再送去孵化。盛卵器内要铺一层厚0.03m左右的湿润细沙,卵要整齐排列,防止挤压。

采卵后,要用手整平产卵场。如场地过于干燥,还应洒水调节湿度,以便亲龟下次产卵。

### (二)孵化

将采集来的龟卵加以鉴别,选出好的受精卵进行孵化。同一窝卵中有受精卵与未受精卵。首先应选卵壳光滑有色泽,不易粘沙的受精卵,并剔除畸形卵、破裂卵、死卵(有腥臭味)和未受精卵。受精与未受精可逐个鉴别。对光观察受精卵,卵内部红润,产出24h后,在室温28～31℃的条件下,龟卵的长轴中部出现一长形白色区域即胚胎,并随胚胎发育,逐步向两端和周围扩展,到一定程度后稳定下来,此时卵的中央一部分全为白色,长度约为卵长径的一半。未受精卵,内部较浑浊,且中央部分不出现白色区,即使有不规则的白斑,也不能继续扩大。

龟卵的自然孵化时间,随温度而异。在沙温21℃时需80d,28℃时需56d,30℃只需50d左右便孵化出壳。孵化温度越高,孵化周期越短,但幼龟成活率越低,一般以28～32℃为佳。

将选好的龟卵,置于孵化器内,底部铺上0.05m厚的湿润细沙。然后将卵单层排好,并使呈白色亮区的动物极朝上,间距1cm左右,上面覆盖2cm厚粒径为0.5～0.6mm的细沙。龟卵的适宜孵化温度是28～36℃,约经50d可孵出。如果恒定在最适温度(35～36℃)时,只需36～38d就可孵出。温度偏低,孵化期延长。温度如超过37～38℃的临界温度,就会导致中途死胎。龟卵的孵化相对湿度为81%～85%,沙床中的含水量为7%～8%。每天应根据湿度情况确定是否在孵化沙床洒水。沙床既不能积水,又要保持适宜的含水量(手握细沙成团,松开手自然散开)。

孵化器可采用孵化箱、孵化房、恒温恒湿箱等。

孵化箱:可制成或利用现成木箱,箱长0.4～0.7m,宽0.3m,高0.1～0.2m。上用窗纱做成盖。箱底打孔,以便滤水。先用清水将木箱洗刷干净,在箱底铺上0.05～0.1m厚细沙,然后把卵放在沙中,卵上撒着一层0.02～0.05m厚的细沙。将箱体置于室内箱架上进行孵化。

卵化房:在阳光充足的地方,坐北朝南,修建一座10～20m² 的孵化房,四周采用玻璃门窗结构,可启可闭,以利增温或通风降温。房内修建几排宽0.5～1m,深0.2m的水泥槽,槽内填入0.1m厚的细沙。

恒温恒湿箱:将龟卵排放于解剖盘的沙中,置于可调温、调湿的孵化器内,调节温度、湿度达最适范围,可提早孵化,提高孵化率。利用木箱、海绵(不用沙)也可孵化。

# 第二节 饲 养

## 一、龟池建造

### (一)场址选择

养殖场地应背风向阳,环境僻静,水源必须充足,排灌方便,无污染,水源宜选择富含浮游生物的河川、湖泊、水库、池塘、井水或地下泉水宜先引入贮水池后再用。如要加温养龟,还必须考虑热水资源,或选在工厂附近,或选在温泉旁。建龟场的土质以保水性能良好、渗透性差的黏土或黏壤土为好。池底要求保持 0.2~0.3m 厚的淤泥或泥沙混合层。因龟是两栖动物,池中要求既有水体,也要有陆地,池水与陆地要以缓坡相接,池陆比为 8∶2 或 7∶3 较好。

选择养殖场地时,龟的饵料来源也是要考虑的因素,有畜禽屠宰下脚料,或缫丝厂的下脚料(蚕蛹),或水生软体动物资源丰富的地方都可优先考虑。如确有困难,也可自繁自养螺蚌、小鱼、蚯蚓、黄粉虫等饵源性动物,以保证充足的饵料来源。

### (二)各类龟池

养龟池既可是土质的,也可是砖石水泥的。各类龟池在总面积中的百分比分别为稚龟池 5%,幼龟池 25%,成龟池 50%,亲龟池 20%。

1. 稚龟池

稚龟池采用水泥砖石结构,部分建在室内,部分建在室外。室内池面积 5~10m²,室外池面积一般为 20~30m²。池深 0.5~0.8m,水深 0.5m,底铺细河沙 0.1m。饵料台兼休息台由水泥预制板或木制板制成,要设在池的向阳一角或一侧,面积占全池的 10% 左右。

2. 幼龟池

幼龟池一般建在室外,采用水泥池或土池结构。面积较稚龟池大一些,可在 20m² 至 80m² 之间,池深 0.8~1.2m,水深 0.5~0.8m,底泥厚 0.2m。四周防逃墙高 0.4~0.6m,墙顶向内压檐 0.1m,以增强防逃效果。水池周围要留有陆地,陆地从常年水位 0.07m 处以 30°角倾斜与水池相接,便于幼龟上岸活动。

3. 成龟池

鉴于乌龟生长速度慢,可采取龟、鱼或龟、鳖混养。成龟池的设计要综合考虑,一般宜建成东西长、南北短的长方形水池。成龟池面积可大可小,一般为 667~3335m²,池深 2m 左右,常年水深 1.5m 左右。池坡以 1∶(2~3)为宜。防逃墙高 0.6m,墙的基脚要深达地下 0.2~0.3m 以防龟打洞逃走,墙顶出檐 0.1m,墙内壁用水泥抹光滑。一般不要将龟的栖息陆地设置在池的中央,否则不便于管理。

池中用木板或水泥预制板制成 1m×3m 或 0.8m×1.5m 的饵料台。2/3 浸入水中,1/3 露出水面,小于池堤坡度倾斜度。饵料台临水的三方应有一矮的沿边,防止饵料滑走流失,沿边高 0.05m。饵料台还可用竹木结构做成活动饵料台。1 亩大小的龟鱼混养可在东西斜坡上各设置一个饵料台,较大的池子则相应增设饵料台。如果龟鳖混养即按养鳖要求建池即可。

成龟池的进排水系统要合理设计。进水采用进水管或 0.2m×0.2m 的明渠,入水口要伸入池中 0.3m 左右,在与水口对应的部位设出水口。出水口采用"台阶式"形式,按 0.5m 为一个出水高度。出水口外设排水沟,排水沟底部应低于各池底部。随时可自由调节龟池水位。在进、出水口要安装栅栏,防止龟、鱼、鳖跳逃。

4. 亲龟池

建池要求大体与成龟池相同。单个的亲龟池面积以 200～600m² 为宜,保留池堤宽度 1.5m 左右,堤坡要缓,临产的母龟尤其笨,要使之较易爬上堤岸产卵。池底以硬质黏土为好,保持 0.2～0.3m 的沙性肥泥。水池的水深保持在 1.5m 左右,要在池堤上设置沙盘供其产卵,每个沙盘长 2m,宽 0.5m,深 0.2m,内铺松软湿润的细沙。按每个沙盘供 20 只亲龟产卵计算全池所设沙盘数。沙盘上部要有遮阴防雨设施,可用 50cm 高的木桩撑起石棉瓦挡护沙盘。设沙盘的龟池,每年春季应将非沙盘部位捶紧,使龟卵产在沙盘内。

亲龟池也可不设沙盘,只由水池与产卵场组合。水池是亲龟的常年栖息场所,一般建在南端,北端建产卵场,东西向短,南北向长,池东南西三面用水泥修筑池壁并与池底垂直,需高出常年蓄水水位以上 0.3m 左右。墙顶有防逃檐,北面以缓坡与产卵场相接,便于亲龟上下产卵。产卵场面积按每只亲龟 0.05m² 设置,全部用优质壤土堆成厢状,便于人工采卵。最好在厢上适当种植一些没有葡匐叶的蔬菜或鱼草等,以利于亲龟隐蔽产卵,产卵季节千万不能施粪肥以防污染龟卵。

(三)龟池清整

龟池的清整包括改良底泥,龟池消毒、清除污物、整理产卵场、修补防逃和排灌设施等内容。改良底泥:无论新旧龟池都应对龟池底泥进行处理。新池开挖后或旧池在秋后(应将龟移出),排干水,晾晒塘底数日,再注水按每亩 75～100kg 生石灰全池泼洒,充分杀灭病原体,形成中性或微碱环境,改良塘底。过 7～10 天药性消失后,再放种苗。

龟池消毒:乌龟的适应性很强,耐饥力惊人,很少发生疾病,但饲养管理不当也会发生病害,甚至发生成批死亡的传染病。乌龟除冬眠时可不消毒外,一般都要经常预防。平时可每月一次按每亩 15～20kg 生石灰用量泼洒全池。每月也可用漂白粉(约 $1×10^{-6}$ 的含氯量)对饲养池消毒一次,还可在每年 5 月份前后使用一次硫酸铜($0.5×10^{-6}$)、硫酸亚铁($0.2×10^{-6}$)和敌百虫($0.2×10^{-6}$)的混合物对饲养池进行消毒。换注水时,要严防农药污染。

另外,每年春季都应对龟池加以整修,整理好产卵场,扶筑池埂,加固防逃设施,以及疏通进排水沟等。

## 二、稚龟饲养

刚从龟卵中孵出直至当年冬天的龟苗叫稚龟。刚出壳时,稚龟的脑袋显得格外大,喜往沙子里钻。此时比较娇嫩,不宜直接放入池中,可先让它们在细沙上自由爬动,待脐带干脱收敛、躯体变平直后,再放入室内木盆或塑料盆中暂养。盆内表面应光滑,内盛 0.03～0.06m 深的清水,暂养盆应置于阴凉处。前 1～2d 的稚龟因其卵黄尚未被吸收完,可不必投饵。两天后开始投喂水蚤、蚯蚓、熟蛋黄,一天投喂多次,每次以吃饱和下次投喂时无剩余为度,稍后投喂绞碎的鱼、虾、螺、蚌肉并掺有少量的米饭、麦粉等混合饵料。每天换水 2～3 次,保持盆内水体干净。

暂养一周后可转入稚龟池。入池前,稚龟要用 $40×10^{-6}$ 的高锰酸钾溶液或 2%～3% 的盐水浸泡消毒 10～15min。按每平方米 40～50 只放养密度放入稚龟池,池内蓄水 0.3m 左右,并放养一些水葫芦之类的漂浮植物,让稚龟栖息。在稚龟饲养池内,水下要设置饵料台,饵料台上投喂适量适口食物,如蛋黄、蒸熟的富含动物性蛋白质的配合饵料,捣碎的鱼、蛙、蚌肉等,并辅以植物性的瓜类、浮萍及谷物等饵料,也可先用上述饵料饲养一个月,然后用含蛋白质45%的人工全价饵料投喂。

因稚龟一般只有10g左右,体质较弱,当室外水温降到12℃时,应放在室内稚龟池中越冬。池底放上0.1m深的泥沙,浇上水,泥沙湿润程度以手捏成团而不出水为宜。再在池上面用铁丝网盖住,防止敌害侵食。越冬期不需投食,但当池中泥沙过于干燥时,要适当洒水。气温过低,可在泥沙上面加盖草帘保温。如采取加温养殖,就会消除越冬过程,解除冬眠,稚龟继续吃食、生长。

## 三、幼龟饲养

1冬龄后到3龄的龟统称为幼龟。4～5月,幼龟可移出越冬池,每平方米幼龟池(含陆地在内)可放养体重在100g内的幼龟10～20只。在幼龟池内还可按每平方米10尾放养滤食性鱼类,如鲢、鳙等,以利用残饵,调节水质。幼龟饵料与亲龟基本相同,只是颗粒要求较细软,投喂量约为幼龟体重总量的5%～8%,上、下午各投一次。如采用幼龟人工全价颗粒饵料则按总体重3%～5%,分早、晚两次撒于饵料台上投喂。如人工粉状配合饵料,则要充分拌湿、久揉,使之柔软并富有黏性,投在饵料台上时靠近水面投喂。瓜皮、菜叶、浮萍等青饵料,一般将其绞碎或榨成汁拌入其他饵料中投喂也可直接投喂。龟池上要有阴棚防晒,应常加注新水,保持水质清新,还要用细孔铁丝网或严筑围墙来防鼠、蛇等敌害。幼龟的分级饲养不十分严格,大小基本一致或同龄就可同池饲养。幼龟池水体少,水质易坏。在水温较高的夏季,乌龟摄食量大,残饵与排泄物较多,沉积水底后发酵产生有害气体,造成水质污染(水的透明度0.3m、pH呈酸性、有腥臭气味、水面浮有彩色浮沫等)。因此,应每10d左右换注三分之一的水,池中央水深应保持在0.8～1m。水池中可放入一些泥鳅等鱼类,以吃掉水底残饵。每隔15d左右按每亩(水深1m)用15000～20000g生石灰化浆,随溶随用,全池泼洒(洒后半小时拉网,使之均匀),能防病杀菌,改良水质。高温季节要搭棚遮阴。冬季换水应不用温差大的水,最好不相差3℃,不要过分惊动冬眠龟。自然越冬时,水温低于0℃,不能结冰,结冰后要打开冰面,换水充氧。大规模的室外龟池,冬眠期池水不能太浅,水位要保持在1m以上。室外过冬最好在池上架个塑料棚。也可将幼龟移入室内水泥池或其他容器中越冬。还可在室外背风处挖一距地面0.5m以上的地洞,或大或小,洞口背北向南,用木板或水泥板封死,并用泥土堆实,只伸出一根通气管,地洞四周留好排水沟,顶上用稻草或者油毛毡盖好,防止冻土。

## 四、亲龟饲养

营养物质是促进亲龟性腺发育的物质基础,除保证正常的生长外,还要有大量供给性腺发育的需要,要求饵料中含有丰富的蛋白质。可投喂如小鱼、虾、蚯蚓、蚕蛹、螺蛳、河蚌、家畜家禽的内脏等动物性饵料,还可投喂豆饼、麦麸、玉米粉、米饭等植物性饵料。动、植物饵料的配比为7∶3或8∶2。饵料要求新鲜,当天加工当天投完,不投喂腐烂变臭的食物。饵料较大时剁碎或机械绞碎,增强适口性,投喂点要固定。每天的投喂量一般为体重的5%～7%,亲龟产卵前应多投,气候正常且温度较高时可多投,天气闷热、雨天可少投或不投。在水温较高的5～9月,是亲龟摄食旺季,每天分2次投喂,即上午8:00～9:00点,下午16:00～17:00点各一次。

其他季节,可只投喂一次(上午 9:00~10:00 点),或 2~3d 投食一次。

## 五、龟鱼混养

3 年以上的龟叫做成龟,成龟饲养同幼龟、亲龟的养殖。因常温下养龟,生长速度较慢,单养龟的成本高,养殖周期长,在实践上大多实行龟鳖、龟鱼混养的综合经营模式。

龟鳖混养,多以养鳖为主。

龟鱼混养,龟、鱼互不争氧,龟的频繁活动增加了水中溶氧,可加速鱼的养殖,龟的残饵及粪便可变为鱼的饵料,龟吃病(死)鱼,可防止病原体扩散,减少鱼病发生;防治龟病,施药在池内时,鱼有死亡但不多,往往可当做下药适宜的试金石。总之,龟鱼混养好处多。

当水温稳定在 15℃ 以上的春季,可按每亩 2000 只左右 3 龄以上龟放养到清整消毒 7~10d 后的成龟池内。而鱼的放养在春季前后均可。一般每亩放 50~100g 的鲢鱼 500 尾、50~100g 的鳙鱼 100 尾、100~250g 的草鱼 150 尾、50g 左右的鲴鱼 100 尾、25~50g 的团头鲂 100 尾,富有螺蚬资源时还可放养 100g 左右的青鱼 4~6 尾,适量放养鲫鱼。鱼种下池前,应用 5% 食盐水浸泡 5min。

龟鱼饵料台要分设,相互距离要远。鱼的饵料台可设在东、西头,草架完全浮于水面,沉性饵料台距池底 0.3m。龟的饵料台可设于南、北倾斜的堤坡上,常年只要有一部分浸入水下 0.15m 即可。一般先投鱼饵再投龟饵。动、植物性饵料比例为 4:6 或 5:5。

鱼的饵料有黑麦草、莴苣叶、鹅菜、苏丹草及鲜嫩旱草等,日投喂量为草鱼、团头鲂体重的 30% 左右。若投麦麸、糠饼、碎米等精饵料喂养,日投量约为吃食性鱼类总体重的 3%~4%。同时应根据池内水质肥瘦,适时投施一些有机肥或无机肥,以保持水体的肥度,促进浮游生物的繁殖,为鲢、鳙等滤食性鱼类提供自然饵料。

龟鱼混养,每日要坚持巡视饲养池塘,随时视察,掌握龟、鱼生长、活动状况。黎明前后看有无鱼浮头、缺氧现象;白天查看乌龟"晒背"及龟、鱼摄食状况以及水质、水温变化,乌龟的市场价格好,又是爬行动物,水陆活动自如,要重视防偷,防逃;池塘周围要经常铲除杂草,防止虫、蚊滋生和蛇、鼠、黄鼬隐藏。对龟、鱼饵料台要经常清扫,消毒,定期防病,还要防止稻田里的农药水入池毒害龟、鱼。龟、鱼混养池要经常灌注新水,保持一定的水位。早春、秋末池水宜浅,提高水温;高温季节或越冬期间,都要加深水位,或促进摄食,以确保乌龟冬眠。

乌龟和鲜鱼可在年底一次性捕捞起水,也可轮捕轮放,捕多少补多少。但在冬末春初,切不可将市场上收购的乌龟放入龟鱼混养池。因这种龟冬眠习惯已被打破,受寒冷侵袭,成活率低。一般等春天再补幼龟入池。

## 六、加温快速养龟

常温养殖,要 5~6 年才能将稚龟培育成商品龟。实际上乌龟的冬眠是对恶劣环境的适应,并非生理必需,若利用温泉水、工厂余热水或锅炉加温,使饲养水恒温在 30℃ 左右,解除冬眠,使其在最佳状态下继续生长,则可在 2 年左右时间里养成体重达 250g 的商品龟。

养龟温室按供热情况可分为采光保暖型、采光供热混合型和供热保温型。供热保温型温室屋顶或四周为封闭型的保温围护结构,有少量玻璃窗,采用锅炉等人工热源,使用寿命长,养殖运行可靠,能常年进行快速养殖。但一次性投资高,不能有效地利用太阳能光照采暖,杀菌、"晒背"。一座设备完善的供热保温型温室基本由养殖池、加温保温系统、供排水系统、增氧系统、控温控湿系统和供电系统组成。

（一）温室养殖池

一般年产1万只商品龟的养殖场，应配备温室稚、幼龟池净水面500m² 左右。温室内的平面布置多采取"两边池、中间路"的形式，中间通道下面建排水干渠。加温式成龟及幼龟池每个面积一般以50m² 为宜，稚龟池为5m² 左右。池底及四壁均为水泥结构，底铺0.2m 左右厚的泥沙，池底泥中铺设曲线形或"S"形加热管道。如果用电热线加温，可直接将其放入水中。饵料台、晒背场、进排水渠等与室外龟池同样建造。为加强增温效果，池底应铺设隔热材料，池上采用双层塑料薄膜保温，同时应有光照和通风设施。为充分利用热源和空间，温室养殖池按二至三层设计，第二、三层的面积分别为底层的65%、50%。一般来讲，二层养殖池的温室层高3.8~4m，三层养殖池的温室屋高4.6~4.8m。设计中，要充分兼顾采光、均温、通风等方面的要求。

（二）加温和保温系统

供热加温有电加温、工厂余热水（汽）或地热水加温、锅炉烧煤加热等多种方法。

电加温选用电流加热器，根据龟池水体及加热的功率均衡配置。

工厂余热水和地热水是廉价热源，水质合格的余热水或地热水可直接进入调温池引入养殖池。如果水温较高还可经散热器对室内进行加温。当水质不合要求时，则应利用池底管道间接加温。

锅炉烧煤加热，一般选择汽、水两用低压锅炉或蒸汽锅炉。热水或蒸汽经管道输入调温池，经调温后引入养殖池。同时，在温室中沿内墙四周设置散热装置，将蒸汽或热水导入，通过散热装置提高室内气温。一般一座净水面为1000m² 的越冬温室可配用一台500kg 锅炉，500m² 温房选用200~300kg 锅炉，200m² 温房选用100kg 卧式锅炉即可。

温室供热加温流程：①锅炉供热→调温池→养殖池→排出；②锅炉供热→热水池→散热器再回流到热水池。

温室的围护结构（基础地坪、四周墙体、门窗和屋盖）必须要有较好的隔热效果。在围护结构中，设置一层或几层隔热材料做成的保温层，通称为隔热层。隔热材料性能要好，有机保温材料如软木制品、聚苯乙烯、泡沫塑料、硬质聚氨酯泡沫塑料、蜂窝板、木屑板、硬质纤维板等；无机保温材料如炉渣、石棉制品、膨胀珍珠岩及其制品、矿渣棉及其制品，加汽混凝土等。隔热层应连续构造，不能形成缺口，以防止传热出现"冷桥"现象。隔热层应配置适当的隔气层、防水层，确保隔热层不受潮。泡沫塑料隔热外墙体，由外至里为防水层、水泥砂浆找平层、砖墙、水泥砂浆抹面、隔气、泡沫塑料隔热层，加气混凝土抹面。硬质保温材料隔热层盖，由上至下为防水层面、架空层、防水隔气层、隔热层、钢筋混凝土天棚、防水层。炉渣隔热地坪，由上至下为钢筋混凝土面层、炉渣、石灰、水泥混合层、块石基础层。温室门宜建单扇门，门外有过渡间或管理房。门、窗隔热层有足够的厚度，门窗与框接缝严密，不漏风。窗户南北向，面积不宜过大，采光以正常天气管理人员能在室内操作为度。窗户采取双层玻璃，接缝严密。冬天在接缝处用胶纸粘贴，靠北窗户外侧，墙挂草帘。

温室屋面应建架空层。温室采用斜屋顶，屋顶与隔热天棚之间构成"阁楼式隔热覆盖"。对于直接以钢筋混凝土（含隔热层）建成的平屋顶，上面应设置架空层，层高0.2~0.4m，覆盖混凝土预制板。

一般当系统在最冷月份得不到任何热量补充时，调温池水温（40~55℃）及养殖池水温（30℃）在3d 或以上才能降至最佳养殖水温下限（28℃），则认为该系统符合养龟温室的生产要求。

### (三)供水和排水系统

一般规模养殖场室外池进水总管采用直径 0.12m 的镀锌铁管,温室选用 0.8～0.1m。各类排水渠道底部应低于养殖池底高度,总排水渠应低于池底 0.4m 以上。各排水干渠、总渠(包括温室)都应建成砖混结构的明渠,覆盖钢筋混凝土预制板,不宜采用管道。

一个净水面 500m² 的温室,一般应配备 60m³ 容量的调温池。调温池包括进水管(冷水)、进热管(热气或蒸汽)和出水管,并安装自动控水控温装置。调温池的池底应高于养殖池水面,以便自流供水。

养殖池在冬季一次性放足水量后,如水质好,一般每隔 3d 换池水的 1/5～1/3。池水的一个换水周期为 10～15d。春季随外界水温的提高,应适当加大换水量,减少换水次数。

### (四)供电系统

温室中的用电包括水泵提水、控温控湿、增氧、照明等方面,用电量大,要保证连续供电,最好配备一台发电机。温室应建配电间,用配电设备和电缆把电源通到各用电设备。每项用电设备需设置单独开关控制。另外还要注意用电设备的防潮。

### (五)增氧系统

为防止养殖池水质过快污染而导致经常性换水,应设置充气增氧装置。一座 500m² 的温室可选用 0.3m³/min 的空气压缩机一台,并配备贮气罐一只。空气压缩机应安在温室外的工作间里,并配上消音装置。还可安装罗茨鼓风机,通过散气石向水体压缩空气,增加水中溶氧,更新水体环境,确保乌龟的正常生长和发育。

充气增氧流程:空气压缩机压气→管道送气→池边阀门控制→乳胶管道输气入池→气体扩散增氧。

### (六)控温控湿系统

从锅炉出来的热水水温一般高于 90℃,与冷水混合后,使调温池水温调至 35～40℃,再供给各养殖池。调温池采用电子式自动控温仪调节水温。各养殖池的水温主要靠调节进水控制。

温室内,适宜的室温应高于水温 2～3℃,保持在 32～33℃,空气湿度控制在 70％～80％。空气加湿由热水池、胶水管和散热器提供热水循环来完成。一般不采用"锅炉蒸汽—暖气管—散热器"形式。热水循环供热,相对可使室温比较稳定。散热器的安装应尽可能沿墙边、低位置,使室温达到均衡分布。

温室中的湿度分布,下层空间要高于上层。因此,排风机应安装在离地面 0.5m 左右处的墙体上,最好能配备自动控湿仪。

加温养殖一般自 9 月至翌年 5 月进行,其他时间可在室外或室内进行普通常温养殖。

# 第三节　病　　害

乌龟属变温动物,在自然界中乌龟虽然食性广,耐饥能力强,但生活环境要求严格,尤其对温度的变化适应能力较弱。因此,在人工饲养条件下,常有疾病发生。现将乌龟主要病害及防治方法介绍如下。

## 一、传染性疾病

### (一)龟甲脱落

症状:乌龟的背甲和腹甲溃烂,外壳破裂并纷纷脱落。

防治方法:饵料中加少量鱼肝油,同时多喂些动物性饵料。此病有时不治也可自愈。

### (二)白眼病(眼睛红肿病)

病因:水质污染后,病龟常用前肢擦眼部而感染细菌。

症状:病龟眼部发炎充血、红肿,逐渐变为灰白色肿大,角质糜烂,鼻黏膜继而呈灰白色,眼球和鼻孔也被白色分泌物遮盖,严重时双目失明,呼吸受阻,病龟不能摄食,消瘦至死。此病多发于春秋和冬季。

防治方法:

1.平时应使水质清洁,发病后把病龟离水放置在阴暗处,促使白色分泌物脱水掉落。

2.发病期间可喂给动物肝脏,以增加营养,增强抗病力。

3.可用人用氯霉素或其他抗菌素眼药水或眼膏涂抹,每天 1～2 次。或用青霉素或红霉素等注射,每 1000g 体重用 4 万～5 万 IU,每天 1 次,2～3 次即可。

4.若病龟数量较多,则可用 1～2 种抗生素,溶于水中浸泡,每毫升含抗生素500～1000IU时可浸泡 30～60min,一天数次,直到痊愈。

5.可采用1‰呋喃西林或1‰雷夫奴尔水溶液,经棉球或新毛笔蘸取药液处涂抹1～2min后,立即放入清水中,漂出多余药后再置清水中饲养,每天一次,连续 6 天,有一定疗效。

### (三)肠炎(胃)病

病因:饵料腐烂变质,水质恶化,病龟感染了产气单胞菌。

症状:病龟精神不好,反应迟钝,减食或停食,腹部和肠内发炎充血。粪便不成形,严重时呈蛋清状,颜色呈黑色或生猪肝色。

防治方法:

1.经常更换池水,使水质清洁。

2.不投喂腐烂变质食物,饵料要新鲜。

3.在饵料内拌入磺胺脒或磺胺噻唑或盐酸土霉素投喂。磺胺类药物首次用量为每公斤龟用药 0.2g,第 2～6d 减半。投喂期间,饵料投饲要少于平时,以使药饵全部吃入。土霉素用量为每只成龟喂 0.5g,分早、晚投喂,7d 为一疗程。

4.每隔 10d 用一粒四环素或 SMZ 研成粉,加适量水浸 20 粒黄豆(其他食物也可),浸一天后取出,切碎后可供 5 只乌龟吃两天。

5.可按每公斤龟重 4 万～5 万 IU 注射氯霉素或广大霉素。

6.对大群病龟可试用氟哌酸全池泼洒或浸浴治疗,用量为$(0.5～1)×10^{-6}$。也可拌食喂服。

7.若龟已全无食欲,可进行金霉素肌内注射,剂量为 250g 重的龟用 10 万 IU,效果较快。

### (四)水霉病(皮肤病)

病因:因冻伤,敌害咬伤、机械性擦伤、碰伤后引起龟类皮肤损伤,在伤口处感染了水霉、绵霉而致病。而水霉、绵霉的繁殖适宜温度为 13～18℃。因而水霉病多在秋末到早春季节流行。

症状:病龟体表局部发白,接着身上发出灰白色棉絮状的肤霉菌丝体。病龟食欲下降,消瘦无力,严重时部分病灶,伤口充血或溃烂,最后衰竭死亡。幼龟发病时,在甲壳上、颈部、四肢均长满水霉。

本病一般肉眼就可观察到水霉生长情况,在清水中更加明显,必要时可用显微镜检查菌丝体以确诊。

防治方法:

1.在饵料中增加维生素 E 等营养物质,提高抗病力。龟池水质要清新,池底不能硬而粗糙,以免龟体受伤。要彻底清除水蛭和其他体表寄生虫。

2.龟体受伤后应立即进行抗菌消炎,加快伤口愈合,将抗菌素或磺胺类药物浸泡或拌在饵料中饲喂,药饵比为 1:100,每公斤病龟每天投喂磺胺类药物 0.2g,连喂 3d。

3.用(400~500)×10⁻⁶的食盐和小苏打合剂全池泼洒,若结合上述局部用药方法治疗,效果更好,若每立方米水体中用 2g 五倍子煮汁淋洒,也有一定疗效。

4.发现病龟,立即隔离。用 0.5%高锰酸钾溶液清洗患部,彻底消除患部溃烂物,用高锰酸钾结晶粉涂擦。对于背甲、腹甲溃烂处,也可用呋喃唑酮浸泡 30min,连续 6d,效果也很好。

(五)外伤烂皮病

病因:因龟互相搏斗咬伤或被物体碰伤后感染产气单胞菌、假单胞菌及无色杆菌后所致。

症状:病龟四肢、颈部、尾部的皮肤发生糜烂,皮肤组织坏死,皮肤变白或有红色伤痕。

防治方法:

1.应防止各种原因导致龟体受伤,长途运输和捕捉龟时尤应注意。龟的密度应合理,最后按规格大小分开饲养,以防咬伤。

2.发现病龟,应采用抗生素类药物(青霉素、氯霉素或红霉素等)浸浴或全池泼洒或注射均有较好疗效。

3.当发现大量病龟时,可采用(0.5~1)×10⁻⁶氟哌酸或 1×10⁻⁶呋喃唑酮或(0.3~0.4)×10⁻⁶强氯精或优氯净全池泼洒,每两天用药一次,每次应更换新水。用磺胺类药物进行药浴也有一定效果。

4.将病龟置于每公斤水含 4 万 IU 的庆大霉素水中浸泡 2~3d,并每日阳光晒壳 1~2h,病龟基本痊愈。

(六)颈溃疡病

病因:因感染病毒和水霉而致。

症状:病龟颈部肿大、溃烂、伴有水霉菌,食欲减退,颈部活动困难,不吃不动。若治疗不及时,数天内即可死亡。

防治方法:

1.用 5%食盐水浸洗患处,每天 3 次,每次 10min。

2.用土霉素、金霉素等抗菌素软膏涂抹病龟患处。

3.隔离病龟以免传染。对尚未发病的龟应用(0.3~0.4)×10⁻⁶强氯精或 1×10⁻⁶漂白粉全池泼洒,或加大浓度做短时浸浴。

(七)烂板壳病

病因:病菌侵入龟壳发生糜烂。

症状:龟的背壳或底板最初出现白色斑点,慢慢形成红色,块状,用力压之,有血水挤出。

防治方法：

将患处表皮挑破，挤出血水，用食盐涂擦，擦后即冲洗，每天一次，连续一星期。也可用紫金定加醋调匀至糊状后，涂于患处，数次即可。

（八）钟形虫病

病因：钟形虫寄生所致。

症状：在病龟的四肢和颈部可见到棉絮状或水霉状的钟形虫寄生群体，病龟消瘦，食欲不振。

防治方法：

1. 用 5‰ 浓度的食盐水浸洗龟体 5min。每天 1 次，连续 2d。

2. 用 1‰ 浓度的高锰酸钾水溶液涂抹病灶部 1～2min。涂完后，立即置于大量的清水中，以降低药物浓度，以免造成龟体不适或药物中毒。

（九）水蛭病

病因：病原为蛭类，俗称蚂蟥。常见危害的是扬子江鳃蛭、鳖穆蛭。

症状：龟体被蛭寄生，其颈部、腹部和四肢上有点状血斑，龟体消瘦。龟体皮肤破伤处，可继发性感染水霉等，大量寄生能引起死亡。

防治方法：

1. 用 5‰ 浓度的食盐水浸泡 5min 左右，多数水蛭可以脱离龟体。

2. 用清凉油涂抹水蛭，水蛭立即脱离龟体掉下（切忌用镊子钳住水蛭强行拉下，这样会因水蛭吸盘的较大吸力使龟体受伤），然后立即采用机械方法或其他致死性方法灭蛭。

3. 用 $(1～2)×10^{-6}$ 呋喃唑酮或其他抗菌药液浸泡病龟，促使伤口痊愈。

4. 用万分之四食盐水和小苏打合剂全池遍洒，预防肤霉病。

## 二、其他因素引起的疾病

（一）脂肪代谢不良病

病因：超量饲喂变质肉类，干蚕蛹等高脂肪饵料，造成变性脂肪酸在龟体内大量积蓄，致使肝、肾、胰机能障碍，代谢机能失调而出现病变。

症状：病初不易识别。随病情发展病龟行动迟钝，常游于水面，食欲降低，最后拒食死亡。重病龟的腹部发现臭味，外表变色。表皮下出现水肿，体变厚，身体隆起较高，四肢基部肌肉无充实感，用手指压，感觉细软无弹性。剖检内脏，脂肪组织由白色或黄色变成土黄色或黄褐色，肝脏肿大变黑。

防治方法：

1. 不投喂高脂肪饵料（如肥肉等）和贮存过久的干蚕蛹。

2. 不要喂腐烂变质的饵料。

3. 在饵料中适当加入维生素 E、维生素 C 和 B 族维生素，防止饵料蛋白质、脂肪氧化变质。

4. 应将动植物饵料按比例搭配饲喂。

（二）营养不良病

龟类食性粗杂，但也不能长期饲喂某一营养价值不高的单一饵料，否则仍会造成营养不良病。病龟体质消瘦，精神差，反应迟钝，伴有消化不良，体色加深，并有死亡现象，龟体重下降 20%～30%。

防治方法：

增喂营养丰富的饵料（如猪、牛的肺、肝等）和适量的酵母片等药物即可痊愈。

### （三）中暑症

病因：当温度超过 36℃ 以上，龟又无处遮阴和无隐蔽的场所，即发本病。

症状：中暑病龟，四肢无力、行动迟缓、停食，最后昏迷而死。

防治方法：

露天饲养要有遮阴设施，在高温季节要加深水位，有井水的可换用井水饲养，换水温差不超过 4℃ 为宜。如已中暑，应转移到凉爽处饲养。

### （四）冬眠死亡病

病因：冬眠时水温过低，无保温措施。冬眠前投喂蛋白质饵料不够，体内能量过度缺乏。冬眠前未清除腐烂变质等有害物质，而发生腐烂，产生硫化氢、甲烷等有害物。

症状：冬眠期病龟不动而亡。

防治方法：

1.在夏秋季应投喂充足的饵料，龟体贮足营养抵御寒冷。

2.在冬眠前应清除腐败物质，保持水质清新。

3.保持冬眠的水温不低于 5℃。

4.有条件的，可进行加温养殖。

### （五）水质恶化病

病因：水质恶化，水体中氨、硫化氢、甲烷、二氧化碳等过多，加之龟缺乏陆地栖息场所，致使龟中毒。

症状：龟颈部、四肢红肿，严重时出现溃烂。

防治方法：

定期换水，经常清除污物和排泄物。发现此病，应全部更换池水，若已有溃烂，可采用抗生素或中草药消炎，控制继发感染。

### （六）龟浮病

病因：不明。可能是龟的水面活动使水中缺氧而龟对其敏感所致。

症状：病龟常浮于水面，四爪伸直、无力、肌肉无弹性。

防治方法：

出现病龟最好隔离，更换养殖水体，各处设置登陆和水上活动场所，并投喂可口饵料。

# 第四节　捕捉、运输、加工

## 一、捕捉

### 1.刺网捕

刺网又叫丝挂网、粘网，一般在傍晚时将刺网拦设于乌龟的过往水域。通过时就会被网衣裹缠，第二天即可收获。

**2.钢钩捕**

钢钩是普通鱼钩。在长数十米到数百米的干线上,分系若干长 0.4m 左右的支线,支线的另一端系钩,钩间距为 1m 左右,钩上系有新鲜猪肝、鱼虾、蚯蚓、螺肉等诱饵。干线上每隔一段距离系一浮标,借以识别钩的位置和水体深度。一般傍晚放钩翌日凌晨即可顺线捕起贪饵上钩的龟。

**3.滚钩捕**

将多道磨得锐利的滚钩拦设在乌龟活动频繁的浅水处,一旦被钩住某一部位,因挣扎活动往往被数钩所牵制而被捉。

**4.摸捕法**

当确知乌龟在水中的大体位置后,顺气泡位置潜水用手脚摸捕。因龟遇惊扰后,便速沉入水底,使劲往泥里钻,呼出的气泡垂直冒出水面,小气泡和小水波略显浑浊。

也可先用探测耙(手柄长约 0.8~1m,齿柄宽约 0.5m,齿用 8 个基本平行的竹条或木条制成,齿长约 0.4m)探测乌龟的位置。当探测耙在泥沙中逐块顿插,凭手感触齿尖碰到石样的东西,并发现咚咚闷响,即可断定此处有龟,再下水摸捉。

**5.光照捕**

乌龟多在夜晚安静时上岸到离水较远的地方觅食活动,产卵季节雌龟上岸掘穴产卵。此时用灯光照捕乌龟即束手就擒。

**6.弹杆捕**

用弹杆(专门捕龟鳖工具)对准浮头的乌龟,甩出线上铅砣,线上前端设有若干钩钓。一旦钩住乌龟的身体,摇动弹杆手柄收回钓线,即可将龟拖上陆地捕捉。

**7.池内捕**

因转池分级或销售运输时,在养殖池内可先拉网起捕。捕龟网与捕鱼网相似,但网眼较大,网衣较高,底纲较重,拉网操作时动作要特别轻巧迅速,以防乌龟逃走或钻入泥沙。若要全部捕捉,将池水排干,顺次翻开泥沙,捕捉潜入泥沙中的乌龟。

## 二、运输

乌龟比鳖易运输,可用箱、筐、篓、袋等装运。

木箱运输时,箱底板钻有滤水小孔,箱侧板钻有通气小孔,内壁光滑。木箱可大可小,一般为 0.7m×0.4m×0.2m。箱内先用水草、刨花或海绵物垫铺一层,再放乌龟,放入量以挤满并重叠一层为宜,而后在其背上铺以水草等柔软物质,使之无处活动,最后钉紧箱盖即可启运。

用筐或篓装运时,内壁最好铺上一层麻袋片,避免刺伤或者划破龟体表。其他装运方法同上。

用洗净的编织袋,放些水草后再放龟,数量以不超过袋子容积的 1/3 为宜,最后扎紧袋口平放,可进行较近距离的运输。

如果用水桶装稚龟做近距离运输,先在桶底铺上 0.05~0.1m 厚的细沙,可装水或不装水,然后把稚龟放入,桶口用透气且结实的布包严扎紧即可。

运输时要注意,器具要用高锰酸钾溶液浸洗消毒,并要清理内壁至光滑,器具要牢固。运输前要停食并暂养在清水中 2~3d,排空粪便,运输中要尽量缩短中转时间。有条件时,最好采用冷藏车运输,车内温度控制在 6~12℃。

## 三、龟板及龟板胶的加工

乌龟腹甲,俗称龟板、龟甲、八卦板、玄武板、龟壳、龟底甲。能入药,可治多种疾病。龟板胶则由龟板制成,药用价值更高。其制法如下:

1. 龟板

将活龟杀死,取腹板剔去筋肉,洗净晒干或晾干,称血板,品质最佳。若把龟先用沸水煮死,再取腹板,去尽残肉、晒干或晾干,称为烫板。血板或烫板往往连有残肉,应将其放在缸内以水浸泡,夏秋 20d,冬季 40d,不换水,最后取出用清水洗刷干净,直到无腥味,晒干即成生龟板。

也可将收购来的龟板放入缸内,加清水浸泡。春初秋末和冬季泡 2 昼夜,春末夏初泡 1 昼夜。然后擦洗表面污物,去掉污水,换上开水再浸泡 2h,用铁刮子刮去肉筋与黑皮,再洗净晒干。晒时置屋顶上日晒夜露。至无臭味时止。

还可将血板或烫板放入约 23℃水中浸泡 2d,去水后加入卡氏酵母菌罐液,用量占龟板体积的 1/6～1/3。再加入清水浸过龟板,盖严。2d 后即可见浸泡液上层起白沫,10d 后将龟板捞出,用水冲洗 4～5 次,将皮肉冲洗干净,晒干至无臭味即可。

2. 醋龟板

取油砂入锅炒热,再加入龟板,炒至手掰即断时,取出,用筛去砂趁热将醋淋入,每公斤龟板用 150～200g 醋,待醋全部吸收后取出、晒干。

3. 酒制龟板

取油砂入锅炒热,再加入龟板,文火与武火交替炒,至浅黄色转深黄色后,用手掰即断,取出筛去油砂,趁热淋入酒。每公斤龟板用 120g 白酒或黄酒,待酒全部吸收后,取出冷却。

4. 龟板胶

将洗净的生龟板放入锅内水煮至胶质溶尽,余下龟板变得松脆,手捏即碎。将胶质溶液滤出,加入少许明矾粉末,静置,滤取清液,以文火浓缩,可加入适量黄酒,冰糖。至呈稠膏状,倒入特制的凹槽内,待自然冷凝,切成小块,阴干即成龟板胶。

# 第九章 绿毛龟的培育

绿毛龟是自然界中淡水藻类与水栖龟类的一种偏利共生体,是在天然或人造环境中形成的一类背甲着生有绿色丝状藻类的珍稀水生观赏龟类。在自然条件下,绿毛龟多数是黄喉水龟和乌龟,附生在龟体上的淡水藻类是基枝藻属的丝状藻类,其中以龟背基枝藻为主,这是因为这两种龟的分布地区与生活习性与基枝藻、刚毛藻等丝状藻类的生活条件十分接近。

天然绿毛龟历来被国人视为珍品,近年来,绿毛龟在台港澳及东南亚产生了广阔的市场前景,但随着自然环境的变迁和龟类资源的减少,已很难找到天然绿毛龟的踪迹,人工培育绿毛龟是一项较为成熟的技术,可满足市场的部分需求。

## 第一节 绿毛龟人工培育技术

人工养殖绿毛龟是一项技术性很强的细致工作,必须了解龟种、藻种的生活习性和生态条件,并具备合适的场地和培育环境,在实际培养过程中不断学习,掌握和提高培育技术。

### 一、场地、设备和工具

#### (一)场地选择

培育绿毛龟的场地应宽敞、向阳、通风、水源方便、环境安静、无空气污染,以宽敞的庭院最为适宜。要求四周有围墙,地面平整,不积水,有下水道,具有遮阴的藤蔓、瓜果植物。另外,居室阳台、窗台等处也可作为培育绿毛龟的场地。一般来讲,培养 100 只绿毛龟大约需要 $10m^2$ 的场地,初养者根据条件,因地制宜地选择场地。

#### (二)培育容器

培育绿毛龟的容器可用塑料桶、陶缸、玻璃缸、搪筑缸、瓷缸等,要求内壁光滑,无瑕疵,一般以高 0.22m,上口径 0.25m,下口径 0.2m 的深色塑料桶,或者高 0.22m,口径 0.27m,底径 0.2m 的小陶缸为主,半透明的塑料桶易培育出腹甲长绿毛的"天地底"优质绿毛龟,而小陶缸培育绿毛龟时,背甲上容易接种绿毛,但腹甲不易长毛。玻璃缸适合于养殖绿毛龟,供人观赏。

#### (三)贮水器

通常用大水缸、水池作为贮水容器,以沉淀净化水质,保证池水温度接近于常温,以备停水时使用。

#### (四)其他工具

包括洗涤绿毛的毛刷、海绵块,用以换水的虹吸管、橡胶软管、勺子、温度计、加工饵料的刀、剪、贮存食物的冰箱等。

## 二、龟种的选择

一般地,大部分淡水龟类都可以人工育成绿毛龟。由于乌龟、黄绿闭壳龟等属半水栖性,平胸龟、眼斑水龟等数量稀少、价格昂贵,均不适宜规模培育绿毛龟,而引进的红耳龟每年有部分龟甲脱落,培育绿毛时亦有难度,所以,无锡后宅绿毛龟研究会认为,黄喉水龟是较适宜的龟种,并以此为正宗,乌龟较少,而以眼斑水龟最为珍稀。

龟种作为培育绿毛的载体,首先要求健康无病,检查方法可用手将龟脚拉出,看龟能否迅速有力地收回,龟的头、尾在龟甲中缩合是否紧闭。其次要求龟种体形完整,龟甲无明显损伤。将龟放入水中能迅速潜入水底,若龟浮在水面长时间不下沉,则不宜选用。

在龟种驯养阶段可以集中群养,每天以动物肉类饵料投喂,挑选出因钓捕而来的个体并淘汰掉,经过一段时间驯养,选择摄食正常,健康灵活的龟作龟种培育绿毛龟。

## 三、藻种的选择

绿色丝状藻类种类比较多,并非所有的种类都能培育绿毛龟。因此,必面注意以下几点:

1.藻体必须终年营固着生长,并是多年生的丝状体。

2.藻体粗壮,固着力强。

3.藻体对环境的适应性强,分布广。

根据以上标准,发现绿藻门中的基枝藻和龟背基枝藻是培育绿毛龟的理想藻种。

### (一)基枝藻属的生活史

基枝藻属的繁殖有三种方式:营养繁殖、无性生殖和有性生殖。但以无性生殖为主。藻体在外界原因作用折断后,每段藻体均可长成一个新个体。基枝藻的生殖细胞多在夜间分裂,在一定的温度、光照刺激下,丝状藻体的细胞壁稍加厚,并在细胞侧或两侧形成 1~3 个乳状突起,突起增大后与原生质分开,最后在突起的顶端形成 1~2 个小孔,在细胞壁加厚并形成突起的同时,细胞核迅速分裂,细胞质也分裂成无数小块,每一个细胞核及淀粉质核逐渐被细胞质包围,形成一小团,并迅速分化为一个游动孢子,其形如梨,前端有喙状突起,在其周围发出 4 根等长的鞭毛。游动孢子借助鞭毛在作螺旋状运动,从突起的小孔中逐个排放于水中,通过化学趋向性寻找适宜的基质,遇到钙性基质后,便以顶端的喙状突起附着,并分泌黏液着生于基质上,以后脱去鞭毛,进入休眠阶段。一般每个细胞可产生几十到几百个游动孢子。游动孢子若没找到适宜的基质固着,不久就会自然分裂成许多碎片消亡,游动孢子在 25℃ 的中性水体(pH=7)中的寿命为 15~25min;在常温下经过 30~40d 的休眠,游动孢子开始萌发,先分裂成上下两个细胞,一个向上分裂生长成直立枝,一个生长成假根状的固着器,在适宜的条件下,经 2~3 个月就能形成一枝新的绿色丝状体。

### (二)基枝藻和龟背基枝藻的特征

#### 1.基枝藻属的特征

植物体粗,着生在水中石块或水生动物的甲壳上,以近方形的细胞组成匍匐枝着生,或仅以直立枝基细胞末端形成的假根状突起着生。在直立枝近基部发生分枝,但分枝稀少。直立枝基部细胞圆柱形极长,上部较短而宽。细胞壁厚,分层。色素体周生,网状,具多个蛋白核。活体时,藻丝为深绿色,颜色鲜艳。

2.基枝藻的特征

植物体由直立枝和葡萄枝组成。直立枝由厚壁的,长约 3mm 的多枝细胞组成。直立枝有时为双分叉枝,分枝直出,坚硬,向上扁渐细,上部宽 0.05~0.12mm,一般着生在石块或螺蚌外壳上,需要浪花拍打或水流速度较急的地方才能生长良好,在静水中时间长了易枯萎发白,逐渐消亡。

3.龟背基枝藻的特征

植物体为直立丝状体,仅基部具分枝。基细胞末端形成假根状的突起,着生在龟背上。主枝下部宽 0.012~0.02mm,上部宽 0.035mm,细胞圆柱形,其细胞长可达宽的 50 倍,细胞壁厚,分层。藻丝厚实,不易断裂。适宜静水水体中生长。

4.几种藻类的外观识别(表 9-1)。

表 9-1　几种藻类的区别

| 藻类 | 形状 | 色泽 | 固着力 | 手感 |
|---|---|---|---|---|
| 基枝藻 | 呈丝状,分枝极少,毛粗,较硬 | 深绿色 | 较强 | 粗糙 |
| 龟背基枝藻 | 呈丝状,仅基部分枝、毛细、较软 | 绿色 | 一般 | 粗糙 |
| 刚毛藻 | 呈丝状,毛细软 | 黄绿色 | 弱 | 粗糙 |

通过以上的介绍,龟背基枝藻为首选的藻种,其次是基枝藻。

5.藻种的保存方法

基枝藻分布广且易得,龟背基枝藻分布区域较窄,不易得,目前主要从纯正的绿毛龟背甲上得到,从绿毛龟上收集的绿毛或购买的藻种,若暂时不用,应将其洗净后保存备用。短期保存可用暗色的敞口陶作容器,放置于阴暗潮湿的地方,在缸中注入清水,将洗净的藻种放入水中,并不时添加新水,一般可保存 2~3 个月,若长期保存,可将藻种洗净晒干,置于干燥阴暗的环境中,一般可保留 1 年以上,也可放在冰箱的保鲜箱内,需要藻种时,将其放入备好的清水中,加温加光,促使游动孢子形成即可。

# 四、绿毛龟的接种技术

## (一)接种前的准备

1.龟种处理

在接种的前两天停止给龟种喂食,让龟尽量排尽粪便和尿液。临接种前将选好的龟种体表洗刷干净,若粘有油污,可用毛刷蘸一些洗涤剂反复刷洗,刷洗干净后,将龟放入 $8×10^{-6}$ 的 $CuSO_4$ 液中浸泡 30min 杀死杂藻,然后用清水洗净 $CuSO_4$ 液后放入清水饲养备用。

关于龟甲的处理,部分养殖者在接种前用细沙轮或粗沙纸摩擦龟甲,把龟甲表面打磨粗糙,或用钢锯条或小刀刻画龟甲,这样游动孢子更易着生在龟甲上,另一部分养殖者认为龟甲表层非常粗糙,在显微镜下观察,龟甲表面凹凸不平,是一层极薄的角质化磷脂片,若打磨龟甲,易磨破盾片,引起龟甲炎。

2.藻种处理

在接种前两天,将保存的龟背基枝藻按 1 只绿毛龟需 3~5g 取出,在清水中反复洗涤,去掉污泥、水草、杂物及其他藻类的孢子,洗涤时用新排笔或软毛刷刷洗,并用小镊子小心地将一些明显的大型杂藻除去,洗涤清爽的藻种放入清水中,放置于阳光下,保持温度在 20~25℃。

3.接种容器的处理

将接种所需缸、桶进行严格消毒,可用 10%的食盐水、10%的 $KMnO_4$ 或 1%的漂白粉浸泡缸、桶 1～2h,然后用清水洗净,为便于操作,缸桶按单层排放。

(二)接种

1.接种时间

绿毛龟的接种一年四季均可进行,但以初春到初夏最适宜,此时水温在 18～24℃,龟冬眠时接种后孢子休眠期太长,日常管理不方便,不易成功,夏天龟活动旺盛,气温高,接种后易受杂藻影响,孢子不易固着在龟甲上,也不容易接种成功,秋季温光适宜,接种易成功,但孢子萌发生长接近冬季,当年不能见到绿色,若冬眠期管理不当,嫩绿毛则会损害,难保证质量,初春到初夏这段时间,龟活动量小,孢子易着生萌发,接种后温光适宜藻体生长,一年即可使绿毛长到 0.05～0.07m,当年可培养出合格的成品绿毛龟。

2.接种方法

接种就是把龟背基枝藻的孢子通过一定的方法促使其着生在龟种背甲上。现简单介绍5 种方法:

(1)靠接接种法

在长方形的水族箱中间用尼龙纱网框隔成两半,保持 0.15～0.2m 深的水,在一端放入一纯正的绿毛龟,另一端放入一只驯化好的龟种,经过一段时间饲养,龟种背上便会长出一层丝密的茸毛,这种方法简单易行,但所需时间长,接种数量少。

(2)孢子水接种法

将洗净的藻种饲养在光照强,温差大的条件下 2～3d,促使大量孢子的形成并释放在水中,接种时取出藻种,留下孢子水,并按 $0.1m^3$ 孢子水加入捣烂的松针50g,当归100g,红糖25g,钙片 20 片,维生素 $B_{12}$ 10 支配成孢子水,然后将水分盛于各容器中,将准备好的龟种放入孢子水中静养,气温合适 1 个多月即可长出藻的芽尖。

(3)绿水接种法

将洗净藻种用剪刀剪成 1mm 以下的小段,放入清水中,并添加孢子水接种法一样的药物,将龟种放入绿水中静养,1 个多月即可见龟甲上长出芽尖。

(4)直接接种法

把龟种洗净后放入当归水(配方同前)中浸泡 1 昼夜,接种前将龟种取出,用藻种遍擦龟背,擦好后将每个龟分开,重复两遍,然后将龟种放入清水中静养,数月后即可见芽尖长出。

(5)快速接种法(混和接种法)

将(2)(3)(4)三种方法综合起来,先按孢子水法制备好孢子水,并按直接接种法处理龟种,然后将擦过龟甲的藻种剪断配成绿水,将孢子水和绿水混合,将龟种静养其中即可,半月后可见芽尖长出。

接种中当归的配制,在量上宁少勿多,也可不必添加。药物主要是促进游动孢子着生和萌发。

(三)接种后的管理

1.水质

接种后几天水质发臭,龟体发腻发黑,龟甲炎频发,则是水质恶化所致,引起的原因主要是接种后喂食过多,龟排泄物过多所致,另外,藻丝体用量过多,腐烂,也会引起水质变坏。防止的方法是：接种后不给龟喂食或尽量少喂食，接种后1个月可不喂食，接种龟背基枝藻应适量，每只龟种用量不超过5g。

2.光照

接种后1月内孢子处于休眠期，保持以阴为主的环境，龟种放于室内或在室外搭棚架遮阴，绝不能在阳光直晒或曝晒的地方饲养，否则龟种易感染杂藻而发黑起苔，光照2000 Lux左右最好。1个月以后，孢子开始萌发，以半阴半阳环境为佳，但不能让阳光直晒。

3.温度

龟背基枝藻着生萌发和生长的适宜温度为20～25℃，接种后应采取措施保持水温达到最适范围内。

4.龟种情况

接种后及时清洗龟种，对藻类的着生和生长十分重要，一般在接种后10～15d开始清洗藻种，用手抓住龟的腹甲边缘，使龟背向下腹向上，在清水中轻轻地往复漂洗，洗去在龟背上的大部分脏物为止，再放回原缸，清洗时不能摸背甲，每隔3～5d洗1次。

5.换水

一般接种后1个月内不予换水，直到看见龟背甲上的龟背基枝藻芽尖分布均匀后，才考虑换去藻种水，若接种后发现缸内污物多，为防止水质变坏，可在清洗龟体时用虹吸管吸去部分污物，添水时不能让水直接冲在龟背甲上。

6.接种质量的鉴定

接种后40～50d，龟背甲上着生的游动孢子已开始萌发生长，这时应取出龟种鉴定接种是否成功，及早知道龟背基枝藻的生长情况，以便清除杂藻，使绿毛长得更长、更密，如果质量不理想，还能抓住时机，重新接种。

区别方法：一看其有无分叉，芽尖分叉的为杂藻，龟背基枝藻无分叉，二看芽尖的形状，将龟种取出对着光看，毛尖从背甲上挺出，似密的针尖或胡须茬，即为正常，三看着生牢固与否，用手指轻抹龟背后，逆光检查。若芽尖密度变稀，则为杂藻，几乎不变的为龟背基枝藻。

# 第二节　绿毛龟的日常管理

绿毛龟是动、植物的共生体，日常管理中既要考虑到龟的生活习性，又要照顾到绿毛（丝状藻类）的适应性。因此，有别于龟鳖的日常管理。

## 一、容器

饲养绿毛龟的容器一般选用圆形或方形玻璃缸，江苏民间多用陶缸或木盆，也可用白色搪瓷盆和塑料水桶饲养。如果有条件，可用精致的白瓷缸、水族箱，甚至白玉盆育养，更能体现绿毛龟的富丽华贵。容器的大小依据绿毛龟的大小而定，以绿毛龟在其中能自由活动为宜，宁可偏大一些，不宜太小。

## 二、用水

（一）水质

饲养绿毛龟所用的水比养鱼所用的水质量要求低一些，一般不必刻意要求水的硬度、溶氧等。所用之水要求洁净无杂质,有机物含量少,矿物质和营养盐类含量丰富,尤其是钙质含量要高,最好是溪水、泉水、井水,其次是河水、湖水、自来水也可用。pH 在 6.5 至 8 之间,最适 7～7.5,pH 主要影响丝状绿藻的生长,脱落甚至枯死,一般常用的生活用水水质呈中性,平时可用石蕊试纸测定,偏高可用食用醋、硼砂或稀盐酸加以调整,偏酸则用小苏打($NaHCO_3$)调整。

### (二)水深

饲养绿毛龟的水体深度主要视绿毛龟的龟体大小而定,原则上以龟伸出头部能达到水面自由呼吸空气为宜。一般 150g 以下的个体,饲养水深 0.1～0.15m,150～300g 的中型个体水深 0.15～0.2m,300g 以上的大个体水深在 0.25m 左右。另外,应视绿毛龟的品种及其绿毛长短来调节饲养绿毛龟水体的深浅。水龟类的可深一些,初养或刚换养殖地方的绿毛龟的饲养水体宜浅些。

### (三)水温

龟种不同,对水温的适应能力也有所差异。如黄喉水龟能适应 0～35℃的水温,而眼斑水龟只能适应 5～30℃的水温。水温过高或过低,对龟及绿毛的生长均不利,温度高于 35℃或低于 0℃龟容易死亡。饲养绿毛龟的最适水温为 20～25℃,对龟的生长和绿毛的生长均有利。水温超过 25℃,绿毛龟的活动量增加,经常在水中爬动,龟过分活泼容易使绿毛受损,水温低于 15℃,绿毛摄食量降低,影响龟体健康。一般有条件可考虑恒温饲养绿毛龟的方法。

## 三、光照

龟藻均需光照,据室内光照对龟背基枝藻的实验表明,在水温为 22℃的条件下,光强为 0～15 Lux,光照 20d,藻丝由绿变黄,发白和坏死。光照强度为 1000～2000 Lux,光照 6h/d,藻丝生长正常,光照强度为 5000 Lux 时间为 6h/d,结果有 10%的藻丝在 10d 后发黄枯萎。因此光强太弱、太强对丝状绿藻的生长有不良影响。

因此,家庭饲养的绿毛龟只需早晨或傍晚晒 2～3h 的阳光,在室内可配置光强为 3000～4000 Lux 的灯光,每天照射 8～10h,相当于 60W 灯泡距水面 0.1m 的光强。在露天或阳台的绿毛龟,为防止过度光照引起杂藻滋生,绿毛变黑,要采取遮阴挡光措施。

## 四、饵料及投喂

### (一)饵料

绿毛龟的饵料与养殖乌龟的饵料一样,包括小鱼虾、蚯蚓、昆虫、蛋黄、瓜果、蔬菜等。

### (二)投喂

给绿毛龟喂食,不仅要考虑维持其生命,还要考虑绿毛长得漂亮,绿毛龟不需每天投喂,每 2～3d 喂一次,若投喂次数或量过多,绿毛龟生长虽快,但排泄物相应增多,换水、洗涤次数相应增加。若管理不当,绿毛易被污染发白,枯萎,逐渐稀疏脱落,因此,每次投喂量约为龟体重的 5%,2～3d 或更长时间一次。在早春,绿毛龟度过了冬眠期,体内营养物消耗过大,开始摄食时,适当投喂猪肝,以增加营养。夏季以小鱼为主,冬眠前适当增加饵料的质和量,使龟体积累一定的营养顺利过冬。

### 五、换水和洗涤绿毛

#### (一)换水

清洁的水质不仅能减少绿毛龟的病害,而且能促进绿毛的生长,因此,换水和洗涤绿毛,是绿毛龟的日常管理中最主要的方面。

1.次数

绿毛龟换水的次数不必很勤,一般春秋两季2～3d 1次,夏天应每天1次,冬天可每周或半月1次,原则上一旦发现水中有脏物时立即换水。换水间隔的长短与水温的高低、投饵的多少及饵料的种类等有关。一般地,投饵多则换水勤,投喂猪肝、肉类等较鱼虾换水勤,水温较高时换水勤,反之则换水间隔较长。

2.方法

换水时,对于一般容器养的绿毛龟,用勺子舀出容器中1/3～1/2较洁净的老水放在储水容器中,然后把缸底层脏水倒掉,擦洗干净缸体后倒入先舀出的老水,再加入备好的清水至所需深度,把清洗好的绿毛龟放回缸中,对于水族箱饲养的绿毛龟,一般用虹吸管吸去底层1/3～1/2的脏水,再加水至原刻度,也可用过滤器净化水质。

#### (二)洗涤绿毛

绿毛龟的绿毛容易沾染污物,既影响美观又不利其生长,因此要经常洗涤,洗涤绿毛时,用手抓住龟体从饲养缸中取出,不可抓毛。然后放在清水中用海绵擦拭绿毛,除去附在绿毛上的脏物。粘得较牢的脏物可用拍打的方法或用软刷子刷洗,洗到绿毛无滑腻感,并看不出明显污物后,将龟放在清水中用梳子轻轻地把绿毛理顺,挤干水分,放入洗净的缸中,一般2d洗1次,也可1d洗数次,勤洗绿毛有利于其生长。

### 六、度夏和越冬

养在室外的绿毛龟,夏季从早上9:00到下午17:00要遮阴,防止光照太强,温度太高。另外,避免温度的骤然升降,防止雷阵雨,将缸水装满后绿毛龟逃逸,室内饲养的绿毛龟晨昏需移到阳台或院落中晒2～3h太阳。

到秋末水温低于10℃时,绿毛龟进入冬眠状态,室外的绿毛龟可移入室内,或用塑料棚防雨雪,保持适当的水温。防止水体结冰,冬眠的水温保持在4～8℃为宜,若条件许可,冬季可加温饲养。

### 七、驯养

绿毛龟感觉灵敏,记忆力强,有归巢性,只要反复给予一定的信号和动作训练,时间长了,就不怕人,并可训练出追食小鱼,半身跃出水面游动,水中翻身和翻越障碍物等动作,会给人带来许多乐趣。

### 八、运输

绿毛龟生命力极强,在无水和不喂食的情况下运输30～40d也不会死亡,绿毛同样能耐久地适应不良环境。运输时内包装可用透气性好的纱布,外包装用透气的木箱、柳条筐、编织袋等。

　　在绿毛龟起运前 3d 停食。包装前将龟取出洗净,把绿毛水分挤干,理顺,并将长毛往回绑在龟背上,以免被龟蹬断。按每个纱布袋 1 只绿毛龟装好,并用线将袋口扎紧。包装好后堆放一夜,让水分自动流干,运输前按顺序将绿毛龟一只只排放在箱包中,并留有通气的空间。排放时,大个体在下,小个体在上,一般品种在下,珍贵品种在上,每箱叠放 30～50 只绿毛龟较适宜。放在车船的干净、安全、通风处,不得与重物堆放于一起,夏天不能被阳光照射,冬季防止霜冻,在气温适宜,路面较好的情况下运输,成功率较高。

# 第十章 扬子鳄的养殖

扬子鳄(*Alligator sinensis*),又称鼍(tuo),为我国特有的珍稀爬行动物。在分类上属鳄科鼍属。扬子鳄分布于长江中下游皖南的宣州、南陵、泾县、朗溪和广德五县。该地区于1982年建立了国家级扬子鳄自然保护区,在扬子鳄的研究保护和饲养上做了大量的工作。

目前世界上已知的鳄类共计21种,其中密河鳄与扬子鳄亲缘关系最近,同属。除这两种鳄外,其余的鳄多生活在亚、非、美及大洋洲的热带地区。

鳄类是恐龙的近亲,能够通过对鳄的研究了解恐龙的某些情况。除了科研用外,扬子鳄具有巨大的经济价值。鳄皮可加工制成各种漂亮的皮夹、皮包、皮箱、皮鞋和各种精巧的手工艺品,在国际市场上十分走俏。据泰国报道,鳄肉鲜嫩味佳,是该国食品中最昂贵者,《本草纲目》对扬子鳄的药用价值也有详尽的记载,如用于哮喘病的治疗。在动物园、博物馆等科普、观赏动物中常被视为珍品。

泰国、印度等东南亚国家很早就开始饲养湾鳄和食鱼鳄,美国饲养密河鳄的水平也较高,我国的扬子鳄数量稀少,为国家一经保护动物,仅相关的科研单位、动物园有饲养,近年来由于对鳄类的深入研究,种群数量有所增加,已有不少单位和个人经有关部门批准开始饲养,随着经济的发展和对鳄类驯养繁殖研究的深入,扬子鳄亦会成为一种经济价值被看好的名特养殖对象。

## 第一节 扬子鳄的生物学

### 一、外形

扬子鳄属中小型鳄类,形似大型蜥蜴,一般体长约 1.5m,最大个体近 2m,初孵幼鳄约 0.18~0.22m。身体可分头、颈、躯干、尾和四肢。吻短而平扁,长略大于宽,吻背中部略凹进而两端稍突出,上有许多雕饰纹,末端有外鼻孔一对,高出吻端,周围环以肌肉,外面的皮肤连同几块小鳞片均可活动,当鳄潜入水中,可前后弥合将外鼻孔关闭。口大,两颌有槽生锥形齿,新旧齿终生替换,新生齿在旧齿基础上垂直长出,间或可见在内侧长出,闭口时下颌齿在上颌齿的内侧,下颌第 4 齿最长大,闭口时嵌入上颌凹槽内。头顶略高,两侧有稍向外突的卵圆形眼,瞳孔纵裂,上眼睑带有几乎与眼皮一样大的鳞板,下眼睑表面粗糙,有许多颗粒状突起并有透明且能前后闭合的瞬膜,潜水时,瞬膜迅速由后眼角向前关闭,以保护眼球,夜间在灯光的照射下,鳄眼有如天上的星星,闪闪发红光,相距数百米亦清晰可见,两眼间有连续不断的眶间嵴,眼前有较弱叉形眶前嵴。耳孔在眼后两侧,细长如缝,周围亦具肌肉环司开关。从吻端到头后两侧缘呈波浪状起伏。后枕鳞卵圆形,上具锥状突起,分离排列成两横列,前列向后斜出排成弧状，中间隔开，后列 2 鳞，位于顶鳞正前方。下颌腹面近喉部两侧，有左右对称的细长缝一对，此乃臭腺的开孔。

颈短，紧连头和躯干，不能活动，颈背具顶鳞 3 横列，每列 2 鳞，彼此相接触，形大，近方形，具棱嵴。

躯干呈扁椭圆形，背鳞纵横成行列，脊嵴中央背鳞形略大且起棱，前后 17 横列，前部和后部每横列由 4 鳞组成，中间由 6 鳞组成，后部中央两行棱嵴发达成鬣，腹鳞光滑，矩形，骨化较差，老年个体骨化较好，纵行成 26～28 横列，体侧鳞片小，圆形、椭圆形和多角形，鳞彼此不紧靠，因此该部皮肤伸缩性较大，腹面后端正中有一纵列的泄殖腔孔，周围鳞片细小，环孔而列，与腹鳞截然有别。雄性泄殖腔略凸而雌性微凹，但不易区别，雌雄鉴别需靠雄体泄殖腔内单枚交接器。雌雄泄殖腔内均具一对性臭腺，开口于泄殖腔孔内部两侧的缝隙。

尾侧扁而长，强壮有力，是游泳的主要器官，其基部肥壮与躯干无明显分界。尾鳞环列，尾背中央亦具发达成鬣的棱嵴，前端 17～19 横列为双排鬣鳞，后面 18～19 横列为单排鬣鳞。

四肢短小，分列于体两侧，鳞片细小，形多样，前肢五指，游离无蹼，后肢四趾，趾间略具蹼。成体暗灰色，有些个体间有不明显的淡色横带，头部具浅色斑，腹面米黄色。但杂有深灰或浅灰色斑，老年个体色变浅，幼体深灰色，头部、体背和尾部均有黄色横带。

全长指吻端到尾尖的距离，头长指吻端到第二排枕鳞后缘的距离，尾长指第 17 排体鳞后缘，相当于泄殖腔孔前缘到尾尖的距离。扬子鳄全长、头长、尾长之间的比例关系：实测 14 条雄鳄和 25 条雌鳄的全长、头长和尾长，雄鳄最小全长为 0.685m，最大为 0.161m，结果表明头长为全长的 $0.149\pm0.014$ 倍，尾长为全长的 $0.548\pm0.028$ 倍，雌鳄最小全长为 0.655m，最大为 1.79m，结果表明头长为全长的 $0.148\pm0.019$ 倍，尾长为全长的 $0.540\pm0.017$ 倍。雌雄间头长与全长的长度比例，经 $t$ 值检验两组差异不显著，尾长与全长的长度比例两组差异仍然不显著。全长与体重的关系：共测定 87 条，最小一鳄全长为 0.71m，体重 1100g，最大一鳄全长为 1.77m，体重 20000g，平均全长 1.2725m，平均体重 6854g。

## 二、栖息环境

扬子鳄与其赖以生存的环境的关系是极其错综复杂的，它们互相联系、互相影响、互相依赖、互相制约地融合成一个有机整体。环境条件在其生活中起着重要的作用，它直接或间接地影响到动物的活动规律、行为、取食、存活和数量变化等，而扬子鳄的挖掘洞穴，集草营巢以及在物质循环和能量运转过程中，也积极地影响环境，动物长期生活于这种特定的条件下，经历了严酷的自然选择，产生了一系列的适应。

扬子鳄栖息地的自然条件，可总结为以下几个特点：

① 具备有常年积水的沟、塘、水库等自然水体，这些水体与长江支流相联系，或在洪水期与长江支流有联系，繁殖期水至少 0.5m 以上。

② 水体周围长有竹或芦苇或高大的乔木，或灌木丛，或茂密的草丛，如有乔木，洞口常开于大树根的分叉处，或开在灌木丛，茂密草丛掩盖下的下方。

③ 在水体附近有适于营巢的陆地，该处较隐蔽，有茂密的植被，能提供足够的巢材。

④ 洞穴附近有稻田或雨季积水、旱季近于干枯的低洼地带，在此生活着各种可供扬子鳄捕食的动物。

⑤ 繁殖开始时，该地的气温较高，雨水适中，湿度较大，这种气候条件能满足鳄卵的孵化要求。

# 三、洞穴

## (一)洞穴地的选择

扬子鳄在其栖息地内均建有复杂的洞穴系统,选择营造洞穴的地点与地形、土壤及植被的情况关系密切。倘若水体的一侧依山而其他三面傍田或开阔地,洞穴都建在靠山一侧。水体当中有小岛,则洞穴必建于小岛。丘陵地带的蓄水塘,常为三面环山,一边傍田,这时,洞穴多选择在进入水库、沟塘的水沟附近。如果水体四周都是开阔地带,洞穴则建在堤埂较高较宽的一侧,或者在隆起的阜丘上。同时,鳄营巢多半选择土质较疏松、有茂密的植被掩盖处。如果水体周围植物生长很差,呈裸露状态,则不在此水体建造洞穴,有时仅到此觅食,饱食后又离开。洞口周围植被生长特别茂盛,与鳄经常排出 $NH_4HCO_3$ 亦有关。

## (二)营造洞穴的行为

营造洞穴的行为是一种本能活动,初孵幼鳄未经学习即具有此种行为,在人工饲养下,如让幼鳄接触泥壁,可发现在壁的略凹处,鳄常到此爬伏挤压,有时用吻部上下摩擦,使凹陷处变深。在实验室水族箱内饲养,当其饱食后,喜欢爬到盛水的铁盘和箱壁的间隙处,或盛水的盘和盛食料的小盘的间隙处,总之,饱食后喜欢在空间较小的裂缝处休息;也观察到,有些鳄直接挖穴钻入人工堆积的沙堆里。在自然界,母鳄生活的水体里,生活着各种小动物,它们在埂壁挖掘洞穴,这些洞穴为幼鳄建造洞穴打下基础。初孵幼鳄对自然洞穴有趋向性,常在这些洞穴停留,并对其进行改建、扩大、挖深,使其适合于自己生活、居住。当然,幼鳄并非一次就可选定居住地,也可能经过多次选择,在自然界里有很多废弃洞穴可佐证。

观察扬子鳄的造穴行为,发现芦滩、竹园或山涧里的穴座,土质都很疏松。鳄用前爪掘去较坚硬的表层土壤,即芦苇或竹根所蔓延的一层,厚可达 0.33m,继而用尾,把土圈围到近旁,然后用头强力地钻进,再退出来,再钻进去,钻进退出,反复几次,即能造成所需要的洞穴。营造洞穴,从天气温暖的 5 月起,一直持续到 8 月。

人工饲养下的成鳄,与野生鳄有所不同,营造洞穴最活跃的时间是天气转凉的 9 月。

## (三)洞穴的基本构造

### 1.洞口

进出洞口近于圆形或椭圆形,基部略平。洞口高为 0.33～0.35m,宽为 0.30～0.32m。

开口于池塘或河沟的直壁上,或开口于隆起阜丘的基部,水满时,洞口为水所淹,水干则外露,其上常长有芦苇或竹林,或大的乔木,或者有茂密的灌木丛或草丛,如在乔木下,一般开口于大树根的分岔处。另一种洞口为气洞,乃是从地表直引向洞道的柱形洞,开口于地表面的口为圆形,而和洞道接触处略呈椭圆形,气洞较大,直径为 0.42～0.56m,其作用是雨季山洪暴发、水位骤涨时,动物俯伏在气洞口,以此为进出,圩区洞穴多有气洞,丘陵地带的洞穴较少见。

### 2.洞道

底壁平,上壁呈拱形,切面略呈半圆形,洞道宽为 0.39～0.41m,高约 0.31～0.36m,其内壁很光滑,由一层特别坚硬,厚度约 0.04～0.05m 的硬壁组成,与外面的疏松泥层全然不同,这可能是鳄长期挤压的结果。洞道左右上下多迥曲,与保温、避敌相适应。

### 3.室

是洞道的扩大部,略呈圆形或椭圆形,一般位于两岔道的交合处,但也有在洞道上的,大小不一,直径为 0.43～0.806m,高为 0.42～0.5m,室可能是鳄在洞穴内的转身处。

**4.卧台**

略呈椭圆形,长 0.9～1.5m,宽 0.40～0.7m,具有两岔道的穴座,卧台位于向上斜的岔道上,一般在岔道的末端或距末端不远的岔道上。冬眠期挖出的扬子鳄均伏于此。

**5.水潭**

形状不一,大小也不一样,一般比卧台要大些,距地表最深。简单型穴座无水潭,具两岔道的穴座,位于向下斜的岔道末端,少数穴座在水潭后还有短道,水潭内终年积水。

洞道的基本构造如上述,但它常随栖息环境、动物的性别和年龄不同而异。按栖息环境可分圩区洞穴和丘陵山塘洞穴。

**(四)洞穴的生物学意义**

洞道左右曲折、上下起伏,意味着外界冰冷的空气或者炎热的气流难于抵达洞的深部,因此起着保温作用。特别是严冬季节,动物分布区的低温可达－10℃,且西北风风力也很强烈,冰雪期长达三个月之久,动物只有隐匿在洞穴以度过不利的严寒季节。

其次洞口常隐蔽于茂密的植物丛中,洞道长达数十米。走向无定,有陆有水,显然对动物有着重要的保护作用。

第三,动物性腺的正常发育,要求一定的处界环境条件。通过实验,动物在不良的条件下越冬,性腺不能正常发育,而洞道内的各种环境因素的综合,能满足扬子鳄性腺发育所必需的一切条件。

## 四、活动

扬子鳄性喜静,常爬伏不动。在其最活跃季节,每天活动时间占 1/4～1/3,其余时间或在洞穴内或爬伏不动。平时活动范围不大,一般不离开洞穴数十米,觅食时离开洞穴100～200m,最多不超过 500m,繁殖期雄鳄可离开洞穴数千米。扬子鳄繁殖研究中心曾收到送来的一条鳄,经标志后饲养于中心饲养塘内,后逃脱,它向着原生活地方向爬回,中途被捕送回,两点之间直线距离约 20km。丘陵山区新建农田蓄水塘或水库,经几年后可发现有鳄迁来定居,说明了鳄的原居住地受到了某些干扰和破坏,如洞穴被毁,或食物条件恶化,或不能正常繁殖后代,它便离开原居住地,四处寻找更合适的居住地。此时其活动性较强。

由于扬子鳄是变温动物,其体温和代谢率随环境温度而改变,因而对环境温度的依赖甚为明显,一般对高温适应较强,对低温适应较差。在温度较高季节,其活动性较强;温度变低,其活动性降低或停止。影响它的季节和昼夜周期性活动,温度是最主要的因子之一。

对鳄的昼夜活动进行观察,结果发现:7～8 月是鳄活动最频繁的季节;鳄主要是在晚上活动;在气温较低的 5 月,主要是白天出来活动,随着气温的逐渐升高,变成主要在晚上活动。

一般 4～5 月苏醒出洞,此时活动性低,除了晴天出洞晒太阳以取暖外,绝大部分时间仍在洞穴内度过;6～7 月繁殖季节来临,雌雄均甚活跃,夜间求偶交配活动频繁,特别是雄鳄离开自己洞穴四处寻找雌鳄;7 月是造巢产卵活动高峰期,此时雌鳄特别忙碌;8～10 月为大量捕食活动期,雌雄鳄夜间均远离洞穴寻找食物,此时迅速长肥。11 月至次年 4 月为冬眠期。

鳄类的活动规律有其相对固定性,在人为的干扰下,基本规律仍然得到保存,但可产生一些改变。例如在人工饲养下的鳄,经一段时间的驯养后能改成白天摄食,且一到喂食时,群鳄均游向饲养员,因而白天活动时间增多。但除喂食时,6～9 月还是以夜间活动为主,尽管白天已饱食,夜间仍然活动频繁且活动范围较大。

扬子鳄最冷季节都是蛰伏在 10℃ 以上的环境里,多年观察,当平均气温下降到 16～18℃ 时,鳄活动停止,因此温度条件是决定鳄活动规律的最重要因素之一。

另外其他气候因素对鳄活动规律也有影响,如气压低而闷,鳄多出洞,晴天出洞多雨天少。鳄本身内在的生长节律,也是决定其活动规律的重要因素。繁殖活动的时间与卵孵化要求温度较高、湿度较大,孵化期较长有密切关系,能满足卵孵化的全部条件,产卵期只能是 7 月份,太早,长出的野草少,不能满足营巢所需,更主要是温度低,早期胚胎不能正常发育;太晚,后期孵化温度低,胚鳄无法孵出。捕食活动期与其食物大量出现期相一致,这样,鳄可消耗较少能量获得较多食物。

## 五、营养

### (一)食物组成及其嗜食性

扬子鳄为肉食性动物,以田螺、小鱼、虾、螺蛳、河蚌及其他水生昆虫等为食。就其食物分量,以田螺的比例最大,占总食量的 41%;其次为螺蛳,占总食量的 22%。按其取食频数做比较,田螺占总频数的 20%;螺蛳次之,占总数的 15%。此外,在每条成鳄的胃内,均有砂砾和稻穗,可能系捕食时随同食物吞入胃内,而砂砾可能具有磨碎食物的作用。另一方面,它的取食与其生活环境的食物条件有密切联系,如在池塘内,河蚌和螺蛳数量稀少,附近稻田内田螺较多,其胃内容物主要为田螺。

以各种不同食物投喂人工饲养鳄,并结合以往文献记载:其食性很广,初孵稚鳄和幼鳄以各种甲壳类为食,特别是各种小型虾类、水生昆虫幼虫及小型鱼类等。成鳄则以软体动物、田螺、各种蚌类、较大的虾类、各种昆虫、鱼类、蛙、小龟、蛇、鸟类和小型哺乳类为食。如同时投喂各种不同食物,则表现出对鱼类有较大的嗜食性。

### (二)食欲和贪食性

每年 6 月下旬到 9 月中旬,是扬子鳄分布区的高温期,此时亦是鳄大量捕食的季节。每当薄暮、落日尚有余辉、人声未静时,个别动物即出洞浮至水面游泳,至更深夜阑,动物便离开栖息水体到稻田、浅水沟或沼泽地觅食,表现出旺盛的食欲。人工饲养鳄在高温期,需求的食物量较其他时间增长数倍,苏醒初期,虽经漫长冬眠,胃内食物空虚,但食欲低下,10 月以后,亦表现食欲低下。

鳄很贪食,特别是小鳄,尽管它的消化道内已充塞食物,只要间隔几小时再给食物,它仍然大口吞食,常由于过食而引起痛风。成鳄食量亦很大,每次能吞食占体重约 10% 的食物量。这种贪食的习性与捕食期短、能迅速将食物消化并贮存有关。同时在自然条件下,食物的可得性不是时刻均具备的,一旦有机会获得食物,它就大量吞食,因此形成贪食习性。

### (三)捕食方式

它常漂浮于水中,一发现食物,迅速游近目的物,沉入水中潜游,然后露出水面审视一番。当距食物很近时,猛地向前一冲,张口咬住食物。如果食物较大无法吞进,它抬起头把食物衔出水面,利用上下颌熟练地调转食物的方向,直到将食物的头部对准它的咽部为止,在调转过程中,多次将食物压烂,然后吞食。在陆地上,只有当食物落在附近,它才轻爬几步,接近食物,头一侧向下另一侧略抬高,很快将食物咬住。除了视觉在捕食中起作用外,嗅觉和听觉也起重要作用,将鱼用草遮盖隐藏,它能很快找到并吞食。夜间用手轻拍水面,即能将它招引过来,当它发现不是食物,便迅速沉入水底游走。

## 六、繁殖

### (一)性成熟年龄及雌雄区别

人工饲养的泰国鳄3～4龄性成熟。密河鳄在人工良好的照顾和饲养下,性成熟年龄为3龄;围栏饲养的为5年10个月;饲养于围栏外的为9年10个月;野生鳄第一次繁殖可能也在10龄。扬子鳄生长缓慢,性成熟的年龄尚未研究清楚,目前已知最小的性成熟雄鳄,体长0.97m,体重2500g。最小的雌鳄体长1.1m,体重3750g,估计雄鳄性成熟年龄为5～6岁,雌性6～7岁。

扬子鳄雌雄难于鉴别,最确切的鉴别方法,可以用食指伸入鳄的泄殖腔触摸。雄性泄殖腔的后部,有一棒状交媾器,触摸时硬度有点像软骨,表面黏滑;而雌性泄殖腔内无此器官。泄殖腔的外形,雌雄有些差别。但鳄的肥瘦、捕抓时反抗的强弱,往往使泄殖腔的外形有所改变。因此据此判断雌雄,容易发生差错。

### (二)求偶

雌雄鳄平时分居两地。约于6月繁殖季节来临,雌雄均发出繁殖期所特有的叫声,其音调较高而洪亮,略似"哄!"而雌鳄应之以"呼!",其音调较低沉。一哄一呼有规律地从两个地点交替发出,此乃求偶叫声最重要的特点,多在日落后、天亮前听到。雄鳄根据雌鳄的反应声,离开自己的居住地,爬向雌鳄的居住地,爬一段距离便发出"哄!"叫声,雌鳄应之,直到两鳄相遇后,仅偶尔发出"哄!"和"呼!"的叫声,有时代之以很轻微的"哼! 哼!"声。

### (三)交配

扬子鳄在各种不同水体内,如山塘、水库等进行交配,交配季节多在每年6月上中旬,但常随气候不同而略有前后。交配时间多在夜间进行。据多年调查,出现交配最早是在19:00以后,夜里24:00左右是高峰,凌晨4:00接近尾声。因此,在野外观察其交配行为难度较大。据观察上海动物园饲养的扬子鳄,交配大都在晴天的早晨或傍晚进行,白天和夜晚未观察到,虽然在阴天雄鳄也有追逐雌鳄的表现,但雌鳄大都不接受交配。

根据人工养殖池内的观察,扬子鳄的交配行为有两种情况:

#### 1.雄主动找雌

雄性在水中一反常态极度兴奋、活跃,在水面上狂游不息,积极主动寻找异性,常从侧面游向并以吻部抵触另一鳄的头侧或吻侧。这一行为,可能与头部有臭腺的分泌物有关(交配季节臭腺特别发达)。两鳄相抵触,体轴略呈垂直向,如同性相遇,有一鳄下沉或很快分开,如为雌鳄则雄鳄轻推之,两鳄体轴夹角逐步变小,最后成平行状态,这时雄鳄开始爬跨雌鳄背部,有时出现雄性很快沉入水中,钻到雌鳄另一侧,再爬跨,爬跨动作较快。拥抱后雄鳄吻部未端可抵达雌鳄眼部或稍前,如雌鳄不交配,则其头部露出水面,体和水面略呈约30°夹角,静伏不动。这时可见雄鳄尾部由右侧弯向雌鳄腹部,左后肢抱在雌鳄的右背侧,右后肢抱住雌鳄的右腹侧,整个体后部偏向雌鳄右侧面,且从雌鳄的背部略往后缩,很快左前肢亦改抱在雌鳄右背侧,右前肢抱在雌鳄的右腹侧,此时,两后肢改为一肢抱雌鳄侧面,一肢抱腹面,雄鳄身体前部偏向雌鳄右侧,而腹部和尾部相向,雄鳄身体前后移动,然后沉入水底,很快分开,又分别浮出水面。

#### 2.雌主动找雄

这种情况主要发生于雄鳄数少,并经过多次交配而有些雌鳄未得到交配或交配次数少。

观察到两种情况:一种是雌鳄主动游向雄鳄,并以吻端抵触吻部侧面,轻推雄鳄,使雌雄体轴呈平行,然后雌下沉于雄的下方,很快头又浮出水面,形成雌在下雄在上,但两体轴略呈交叉状,要是雄性有兴趣则爬跨雌性背部,如没兴趣,雄性把体转向另一侧,使两体轴交叉成垂直状,或头尾相反向。这时雌鳄可能再度以吻端抵触雄鳄,而雄鳄往往慢慢游走。另一种是雌鳄静伏水面不动,而发出一种特殊叫声,以引诱雄鳄爬跨。

以上记叙的交配行为是在面积较小,而密度较大(雌雄鳄较多),且在手电强光照下观察到的,这和野外自然状态可能有差异,野外雄鳄交配时发出轻轻的"呼—呼"声,然后雄鳄的身体侧向雌鳄的一边,与雌鳄身体呈"×"字形交叉,雄鳄的后腹部便弯钩住雌鳄的后体,雌鳄没于水下,雄鳄弯钩时常左右摇摆,待身体稳定并张嘴露牙,发出"呼—呼"声时,交配已成功。3min后,交配结束,雌鳄浮出水面并游离。

### (四)营巢

#### 1.巢址选择

交配后10～25d开始造巢,由雌鳄单独完成。此时雌鳄四处寻找营巢地址,在山塘附近的山坳里,可发现活动时留下的痕迹和爬行时留下的一条条明显的道痕。有些较年轻的雌鳄多处扒抓地面杂草,其所到之处,地面的杂草被抓扒得很零乱,甚至于成片被压倒,但未见在此营巢,可能由于营巢条件不理想,故弃之。另一些鳄1～3d即可完成。

巢址选择有重要生物学意义。巢址的选择和确定与种群内部的性比有关。因为巢建于不同小生境,其温度条件不同,可孵出不同比例的雌雄鳄。扬子鳄可能有预感当年水位变化的能力,干旱年如鳄将巢建于高土墩上,则可能因湿度不够而难于孵出,反之多雨年份,鳄将巢建于较低凹处,卵可能被淹没而死亡。多年观察部分鳄建巢的地址相当固定,年年都在同一个地点建巢,但巢材覆盖的厚度却有差异,因此巢内孵化温度是不同的,从而对种群内部的性比起调节作用。也见到另一部分鳄,其巢址不固定,有些似乎与当年水位变化有关,另一些与水位的关系不甚明显,而与人类(包括人类所饲养的牛、狗等家养动物)的干扰关系更密切些。因此巢址的选择是很复杂的生物学问题,它是受保证种群的繁衍所制约的。气候正常年份,其巢多置于隐蔽条件较好、周围杂草稠密、地面较潮湿之处。潮湿的环境促使巢材易于腐烂发酵而产生热量,从而提高巢内温度有利于卵的孵化。

#### 2.营巢行为

营巢行为有以下几点是很突出的:①营巢之前活动频繁,在草丛中出现一条条明显的道痕。②在巢的下方地面上有一浅凹,从痕迹看,很像用吻部拱成的,有时还可见到牙痕。③巢周围的草被清除,并堆集于中央成圆锥形,收集巢材是用嘴咬住杂草,然后抬头有时略后退,这样有些草被拉断,另一些被连根拔出,也用后足抓扒。

#### 3.巢材和巢的大小

扬子鳄对巢材似无特殊的选择性,通常利用营巢附近可以利用的一些植物。例如:在竹林内营巢、巢材主要是竹叶及细竹枝,在稻田附近营巢,常利用废弃的稻草;而在丘陵山塘,则以白茅、狗尾草、菅草等为巢材。巢的外形略呈塔形,大小相差很大,巢的大小与每窝卵数的多少有关,卵数多者,巢则较大,卵数较少者,巢亦相应小些;与巢材的可获得性亦有关,巢材易于收集,则巢较大,难于收集,则巢较小。

（五）产卵与孵化

1. 产卵行为

7月上中旬是扬子鳄主要产卵时间。营巢后,大多数待产鳄不远离巢区,多伏在巢附近,临产前爬上巢顶,在巢顶中央挖一洞,蛋则产于洞中,挖洞时,雌鳄的泄殖腔孔,对着巢顶中央,后肢内收,扑的位置刚好在巢顶中央,向后外侧扒草,左右后肢轮流挖扒,直至洞挖成。挖掘洞穴速度,个体间差异颇大,有些雌鳄约半小时即可完成,另一些需经历较长时间。洞挖成后稍事休息,然后开始产卵。产卵时,对周围的刺激反应极其迟钝,人们靠近它2～3m,毫无逃跑表现。此时可见到它阵发性的深呼吸,两后肢将体后部略为抬高,尾根部抬起,尾端撑地,腹部出现由前而后强有力的收缩波,卵随即产下。从第一个卵产出到全部产完,经历的时间个体间差异颇大,有的需2～3h,另一些只需20～30min即可产毕。产完卵后又出现短时间休息,然后用后肢扒草将卵覆盖,大多数雌鳄盖好后立即爬入水中,少数雌鳄盖好后,又在巢周爬1～2圈后才下水。产卵时间多在下半夜到翌日清晨。

2. 卵形和卵数

鳄卵较大,长椭圆形、硬壳、色白,两端差别不显著。测量178枚卵,平均重量为42.1g±4.5g(30～48.5g),宽35mm±1.6mm(31.5～38.8mm),长59.7mm±3.1mm(52.9～66mm)。每窝卵数多少不等,已知最少7枚,最多52枚,一般20枚左右,产下的卵互相叠盖,排成2～3层,卵间有空隙。

3. 护卵和护幼

扬子鳄具护卵习性。不同鳄护卵行为强弱表现很不相同,有些个体表现极其强烈,刚产完卵,它不远离巢区,常在巢旁或爬伏于巢上护卵,久旱不雨,它利用到塘中沾湿的身体,带着少量水滴在巢上爬,使巢潮湿,一天有时可上下多次,亦见在巢顶上排泄尿粪;雨天巢顶上积有少量雨水,它在巢上爬动把水弄干,同时把受风雨侵袭的巢修葺一番。当人们走近距巢4～5m时,它从隐蔽处突然冲出,并发出可怖的"呼!呼!"威胁声。母性强的个体,此时会不顾一切地冲向入侵者,直至把入侵者赶走方才罢休。有些个体仅发出"呼—呼"威胁声,并不冲向入侵者,当人们继续迫近它时,它却边发出威胁声边后退。另一些雌鳄产完卵后,置后代于不顾,只管自己到处觅食。护卵习性比较明显的表现于产完卵后最初2～3周和孵化后期,特别是胎鳄在壳内发出"咕!咕!"的叫声时。扬子鳄不仅在孵化期有护卵行为,平时还有保护幼鳄的行为。扬子鳄研究中心曾将一幼鳄用绳索绑住、吊起,让其发出急促的叫声,一成鳄(雌雄不明,亦非幼鳄双亲)闻声,突然冲向幼鳄,以口将其咬住带走,待幼鳄从成鳄口中放下后,检查其身体。毫无伤痕,可见此举为典型的护幼行为。

4. 孵化

鳄不孵卵,卵由阳光和巢材腐烂产生的热量自然孵化。7～9月是扬子鳄的孵化期,正值扬子鳄分布区的高温期,同时巢常受雨淋和地表水的影响,含水量高、湿度大,因此卵是在高温高湿下孵化的,孵化时间的长短,与孵化期气温的高低、晴天占总孵化天数百分比之大小相关,温度高、晴日多,则孵化期短;反之则长。一般孵化期为60～70d,最长达88d,最短为57d。

刚产出的鳄卵中央有一不透明的白色带,在孵化过程中此带由上而下环绕卵中央,并逐步向两端扩大。因此根据白色带变化的情况,可估计鳄卵产出后的时间,如果此带停止变化,说明卵的发育已停止。

扬子鳄卵经孵化一个多月后,卵壳表面出现一些纵向裂纹,愈到孵化后期裂纹愈多且明显。

鳄卵在孵化过程中出现纵裂纹有下列生物学意义：①钙结晶的溶解为胚胎发育过程中提供需要的钙。胎鳄估计从卵壳得到的钙，比从卵内得到的多1.7～2.4倍。②增加胚胎与外界环境气体和水分的交换，有利于胚胎的正常发育。③卵壳变脆有利于胎鳄破壳和出壳。

5.出壳

胎鳄在破壳前1、2天便能发出"咕！咕！"的叫声，它的生物学意义有两方面，一方面是呼唤雌鳄前来帮助扒开巢窝，便于雏鳄出巢。另一方面，胎鳄的叫声有促进其他胎鳄破壳的作用。雏鳄的上喙顶端具卵齿，利用卵齿啄破卵壳。从破壳到出壳持续时间个体间差异颇大，由2h到3d。破壳时先啄破一小孔，休息几秒钟到2min，又啄几下，慢慢地剥落卵壳，扩大裂孔，露出吻端，又稍事休息，再顶啄，扩大裂孔，露出吻和尾尖，此时需休息较长时间。当头部一旦伸出裂孔，身体便不停地挣扎出壳。

初出壳雏鳄腹部尚留有一裂口，为一极薄的皮膜所覆盖，同时有一长约50mm的脐带，末端连着卵壳，它在巢内爬行时，卵壳亦被拖动。待卵壳被杂草等障碍物所挡，雏鳄继续往前爬，才挣断脐带，空壳留于巢内。雏鳄完全出壳后，即离巢而去，嗣后不再回巢。

（六）与繁殖有关的几个问题的讨论

1.关于野生扬子鳄幼鳄和存活率问题

曾前后统计：经过交配而产下的野生鳄卵548个，其中受精卵493个，未受精卵55个，受精率为90.0%。在野外进行实验时，将野生鳄产下的卵，仅在巢的周围用竹箔和铁丝网圈起，目的是不让成鳄进巢和防止孵出的幼鳄逃脱，其他条件不变，结果其孵化率为36%。将野生鳄卵取回，另置于住房附近的草丛中，让其自然孵化，其中2窝未能孵出幼鳄，孵化率为0，另1窝19卵，孵出雏鳄7条，孵化率为36.8%。曾获得孵化后期野生鳄卵1窝16枚，取回一周后全部孵出，孵化率100%。从上面少数例子可以看出，野生鳄卵的孵化率差异颇大。考虑到当前扬子鳄分布区人口密度较大，受人为干扰很大，绝大部分产下的卵为人类及其饲养的狗、牛等动物所毁。加上气候多变，异常气候时有发生，也影响其孵化率。因此，估计在自然条件下，其孵化率是很低的，孵出后幼鳄在野生状态下的存活率不很清楚。扬子鳄繁殖研究中心收到的1～2岁幼鳄，亦属稀有，这说明其存活率是极低下的。究其原因：一是自然界孵出的幼鳄很少，另外可能多年来使用农药，小鱼小虾极少，影响幼鳄的饵料基础，且幼鳄孵出后约一个月，严冬即降临，雏鳄得不到必需的营养，以较差的体质越冬，难于生存。

2.关于扬子鳄种群的性比问题

对扬子鳄种群性比做过调查，发现自然界里，雌性扬子鳄远比雄鳄多，经统计种群性比，雌雄比为5：1。和扬子鳄亲缘关系最近的密河鳄，其种群雌雄之比亦为5：1。Ferguson和Joanen对此进行过研究，他们从野外收集大小、重量和质量基本相近的受精卵，随机分成六个组，放在孵化条件基本相似，唯独温度不同的情况下孵化，六组的孵化温度分别为26℃、28℃、30℃、32℃、34℃和36℃，结果发现孵化温度为30℃和低于30℃的卵全孵出雌鳄，34℃和高于34℃全为雄鳄；而在32℃孵出的鳄有雌有雄，但雌鳄比雄鳄多，其比例为5：1；倘若孵化温度低于26℃或高于36℃，卵全部死亡。这个实验有力地证明：密河鳄的性别不是由父母的性染色体来决定的，而是由卵的孵化温度所决定的。扬子鳄的染色体数和密河鳄一样，染色体组型大同小异，两者的繁殖行为极相似，种群性比也相同，所有上述相同点，均暗示扬子鳄的性别可能决定于卵的孵化温度。

## 七、冬眠

### (一)冬眠季节和冬眠期形态生理特点

扬子鳄的冬眠受外界环境所制约,其中最主要的是温度,特别是受气温与越冬地的地温之间的差异所控制。外界气温或地表温度高于越冬地的地温,鳄才出来活动,反之气温或地表温度低于越冬地的地温,鳄则入眠。由于气候的变化是逐步过渡的,因此,鳄的入眠亦是逐渐进行的,9月下旬气候转凉,出来活动的次数大为减小,10月中旬以后较难见到野生鳄出来活动。对照温度条件分析,10月中旬,地下1.6m平均地温为22.44℃,这时平均气温为16.61℃较地温低,但最高气温为23.44℃,仍比它的冬眠地地温高。在外界温度较高的情况下,还可能出来活动。10月下旬情况就不同了,这时地下1.6m平均地温22.09℃,比浅层的地温和气温包括最高气温都要高,因此,10月下旬它一般不离开冬眠地。

在整个寒冷季节,扬子鳄都是在地温10℃以上度过的,且洞道左右弯曲、上下起伏、外界寒冷的空气到达不了卧台,洞内温度较高且恒定,适于越冬。

扬子鳄最早出现于4月中旬,据产区气象资料,4月中旬之前,深层地温均高于浅层地温,4月中旬以后,浅层逐渐高于深层。扬子鳄蛰眠地一般深1.8m左右,浅层较高温度传入蛰眠地,可能是刺激它出洞活动的重要原因之一。根据鳄类古代和现代的地理分布,都生活在温暖地区和炎热的赤道地区,习惯于在较高的温度下生活,对低温适应性较差,因此当较高温度传递到越冬地,它便开始爬出到洞外活动。

初入眠的鳄,体较肥壮,体内脂肪贮存量达高峰期。入眠后代谢迅速降低,曾在气温为7~9℃时,观察4条鳄的呼吸动作,连续观察3h,未见胸腹部有任何呼吸动作表现,耗氧量约为活动期的1/5~1/4倍。冬眠后期,性腺迅速发育,体内贮存的一些营养物质转化为性腺发育之所需,因此生理活动较入眠前期高。

### (二)冬眠期分期及特点

#### 1.入眠初期

从开始入眠到11月下旬。特点是蛰伏于洞穴中不外出,眼时张时闭,一般爬伏不动,间或在洞内爬动,受到刺激有明显反应,将其捕起,有反抗行为,不断发出"卟卟"的呼气声,并张口表现出攻击状,放在地上,企图爬走,但行动迟缓,不吃不喝。有时胸腹部可见到起伏的呼吸动作,但间隔时间长且无规律。11月底观察:鳄双目紧闭,静伏不动,若干扰它,则睁眼,但无逃避反应;去除干扰,则又闭目。

#### 2.昏睡期

12月到次年2月中旬。鳄双目紧闭,爬伏不动,受到刺激无反应,也观察不到任何呼吸动作。人们可以任意拨弄,它完全失去知觉,纹丝不动,宛若死鳄。

#### 3.入眠后期

2月下旬到苏醒。眼时张时闭,但绝大部分时间张眼,且有些个体的位置有变动,表明有爬动现象。在自然条件下,鳄的洞穴内,除简单型(此型可能为未建成的洞穴)水潭外,其他均有水潭,以备塘水干枯时供鳄沐浴、饮水以及冬眠期饮水之用。

人工饲养的鳄,有时可以在2月份晴天有太阳时爬出洞穴,这表明此时鳄已苏醒,但由于洞穴内保温性能差,冬眠时穴温较低,鳄苏醒后感知外界温度较高,故爬出洞穴外晒太阳,以获取太阳热能。在自然条件下,鳄能找最适地建造洞穴,穴温较高,虽于2~3月苏醒,但一般不出洞,直至4月才爬出。

# 第二节　扬子鳄的人工养殖

## 一、饲养场的建造

### (一)场址的选择

扬子鳄长期生活于长江中下游,形成了适应于分布区生活条件的各种生活习性,饲养扬子鳄成败在于能否满足它生活习性的一系列要求。根据多年的野外调查和饲养实践,下列几点是使鳄顺利生存和繁殖的必需条件:

1. 水陆兼备

鳄生活于水中,常到陆地上活动,喜在各种水体岸边掘洞营穴。场址选择首先必须有水有陆地,土壤硬度适中,适于营造洞穴。若土壤含沙量过多,洞穴容易塌陷,但硬度大不易挖掘,均不合适。水源应充足,保证鳄栖息地终年积水,塘水干涸时,虽然鳄还能生存,但其正常生理机能受到很大影响,有效循环血量不足,器官血量供应不足,代谢率普遍下降,肾滤过率降低,若长期干涸,终将导致死亡。陆地上应让杂草丛生,保证鳄营巢期有足够巢材。

2. 温度适宜

鳄喜暖怕冷,冬季其洞穴内的温度应在 10℃ 左右,在这种温度内它能安全越冬,生殖腺可正常发育,如温度过低,其正常生理机能将受破坏,影响健康,反之温度过高,越冬期体内贮存营养物质消耗太大,于健康亦不利。7、8 月和 9 月上旬是鳄卵孵化期,在此期间要求气温在 28℃ 以上,才能满足鳄卵正常孵化。

3. 环境僻静

野生鳄生活于僻静处,繁殖期很少受干扰,若受过多干扰,即使生殖腺发育正常、卵已进入输卵管,亦不能按正常程序产于巢中,而是零星地产于水中,不能孵化。幼鳄性胆怯,受到刺激常引起精神紧张,使肌肉抖动不止,进而引起生理混乱,食欲减少,体质下降,造成死亡。因此,场址应选择较僻静少干扰之处。

4. 食物丰富

鳄以各种动物为食,饲养场应有一定的饵料基地,或在其附近有足够的饵料供应。可利用鳄栖息的水体养鱼和软体动物,陆地上饲养家禽和小型哺乳类,以它们的排泄物培育浮游生物和水草作鱼类等的饵料,鱼、家禽和小型哺乳类均为鳄的饵料。

### (二)饲养场的建设

场址选定后,应将饲养场圈围,防止扬子鳄外逃和家畜进入场内干扰其正常生活,围墙可用砖、片石、水泥混凝土等建成,高度应有 2m 以上,雨季围墙附近积水,则必须入地 1.5m,以防鳄掘洞从围墙下逃出。水塘周围需栽种一些乔木或灌木丛,让鳄在这些植物掩护下营造洞穴,水塘深 0.5m 以上,塘中建小岛,供鳄爬伏晒太阳。鳄喜在小岛活动。因此饲养场建设的重点,一是有足够大的水库,贮存大量水源供饲养塘用水,水库位置应在饲养塘上方,以便引水入塘,二是饲养塘塘埂不宜陡立,有些地方应保持较大坡度,便于鳄由水中爬上岸,同时塘埂不会因水长期浸蚀而倒塌。塘中建的小岛宽度应有 4～5m,太窄不利于鳄在岛下营建洞穴。如果饲养塘较大,岛的宽度可加大,这对鳄类生活更有利。岛的形状可因地制宜,岛周也应留有坡度,近水面处可栽种一些柳树和其他小灌木,岛上杂草丛生。

（三）需要注意的几个问题

1.关于建造人工洞穴问题

扬子鳄的正常生活离不开洞穴,洞穴是它休息、冬眠必不可少的场所,自然界鳄在洞穴内度过的时间约占全年75%以上,人工饲养塘缺少洞穴,这就存在是否需要为它建造人工洞穴的问题。扬子鳄繁殖研究中心最初曾为鳄建造部分人工洞穴,越冬期大部分鳄都进入人工洞穴,但经数年后,多数鳄离开人工洞穴而自建新的洞穴,说明人工洞穴尽管仿照自然洞穴建成,但总不完全与自建洞穴相同,因此扬子鳄繁殖研究中心新建饲养塘均不再建造人工洞穴,饲养鳄逐渐适应新环境后,会自行营造洞穴,而需人们协助的,仅是塘周必须种植茂密植物,若初养鳄不建洞穴,而严冬降临,此时可将其捕起,置于临时越冬地(如防空洞、地窖),待春暖时,再放回塘中,待其适应新环境,终将自建洞穴。

2.关于使用水泥建造扬子鳄饲养塘问题

美国学者渡部摩娜根据密河鳄饲养经验,认为有些水泥在水中成很细的针状结晶,对鳄有不良的影响。扬子鳄繁殖研究中心曾用水泥和片石建造水池,底质极粗糙,鳄爬行其上,受惊很快滑入水中,致使腹部、四肢底部和尾根伤痕累累。在泰国,泰国鳄和湾鳄均饲养于水泥池内,池面光滑,鳄在池内生长良好。扬子鳄的自然栖息地,塘底多淤泥,塘周为泥埂,无坚硬物体,建造饲养塘,应尽可能仿照野外状况,但为了工程坚固和饲养的方便,在进出口及饵料台等处,可用水泥等建造,但应注意,鳄经常活动的地方必须保证表面光滑。

3.关于环境的美化问题

饲养场应优先考虑能最大限度满足鳄生活和繁衍后代的要求,在此基础上再考虑环境的美化,例如:在饲养塘的岛上建造假山、亭阁,栽种花草等,应考虑须有一定范围的茂盛杂草,让鳄休息和营巢产卵用;幼鳄饲养区,尽可能减少干扰,在进行环境美化时,可考虑在幼鳄饲养区周围多栽种些树木;中年鳄饲养区,这些鳄经人工饲养,和人们接触较多,对人们的干扰有一定的适应性,在此区域美化环境,不必受太多的限制。

# 二、人工饲养

## （一）饲养密度

野生扬子鳄喜独居,在人工饲养下,人为地强迫它聚居于较小的空间内,互相干扰,引起神经内分泌的紊乱,从而影响性腺发育。1982年在半自然饲养区,围栏内总面积为5684m²(长140m、宽40.6m),水面约1850m²,饲养150条,平均密度0.026条/m²,实际密度为0.085条/m²,常见到抢占晒阳地,抢食等现象。1983年将半自然饲养区扩大近一倍,同时捕出一批鳄到蓄养池内饲养,围栏内平均密度0.009条/m²,实际密度为0.041条/m²,互相干扰少,这为鳄的性腺正常发育创造了条件,结果于1983年产下卵并孵出幼鳄。野生密河鳄在最好的围栏条件下,密度为0.013条/m²,经过驯养的商业鳄,密度增大到0.112条/m²,经13年的试验,繁殖成功率为18%～90%。泰国鳄鱼湖饲养的泰国鳄和湾鳄饲养密度相当大,1龄以内的鳄每平方米饲养17～18条,2～5龄半成体鳄1条/m²,10龄以上繁殖用的成年鳄为0.1条/m²,扬子鳄个体较上述三种鳄都小,最合适的饲养密度有待进一步总结。

（二）饵料和投喂量

1. 饵料

扬子鳄食性广。无脊椎动物和脊椎动物均可食。在人工饲养下应保持多种食物混合饲养，在其栖息塘内投放大量田螺、草鱼、鲢鱼、鳙鱼，这些动物既可作为鳄的活饵料，又能通过食物链，清除鳄的排泄物，家禽的头、四肢、内脏、小型啮齿类、蛙均可作为饵料投喂给成鳄，饵料必须多样化，切忌单一，尽管扬子鳄对鱼有特殊的嗜食性，但只投喂鱼，鳄获得的营养成分将不够全面，对性腺发育不利。在投喂食物时，如加喂由 10 多种维生素组成的复合维生素，对密河鳄的生长发育有重要的促进作用。印度马德拉斯鳄库的鳄，单纯喂养鱼或肉，可引起上颌突出，嘴关闭时上下颌的牙齿不能正常嵌合，齿突出，脊背呈弓形，嘴和身体有溃疡等症状。

2. 投喂量

鳄类代谢率较低，且能利用外源热。因此鳄类对食物的需要量比恒温动物要少得多。根据其夜间均到水面活动的习惯，选定傍晚投喂，第二天清晨按投喂食物剩余情况，调整每日投喂量，以第二天清晨尚有少量余食为合适投喂量。按此标准计算，5～11月上旬投喂期平均每周投喂量约占鳄总体重的 6%，其中旺食期可达 10%以上，其他时间低于 6%，鳄自己捕获的自然食物未计入，以此量投喂的扬子鳄个体都偏肥胖，越冬时部分死亡，经解剖发现：鳄体内脂肪堆积偏多，有的在越冬后期死亡，肝脏下方网膜脂肪体仍然包围整个胃、肝、肠，而野生鳄此时脂肪块一般紧贴肝脏的下方，大小约占胃大弯长度的 1/3，可见鳄过于肥胖，健康状况下降，生殖腺发育较差，第一年幼鳄每周投喂量约占鳄体总量的 8.75%，第二年为 7.6%；成年鳄的投喂量要较幼鳄低。密河鳄第一年幼鳄每周投喂量占鳄体的 25%，一年后改为每周占体重的 18%。密河鳄幼鳄代谢率远较成鳄高，且正是生长阶段，因此需要较多的食物，野外捕获的成鳄每周投喂食物占体重的 7%。泰国北榄鳄鱼湖饲养的湾鳄和泰国鳄投喂量很低，成鳄每周投喂量占体重的 1%～3%。从国外的报道可以看出各国的投喂量差距颇大，这与鳄的种类、食物质量以及代谢等一系列因素有关。鳄能耐饥但又贪食，不吃食，代谢率显著降低，吃食，代谢率急剧上升。

（三）分龄饲养

幼鳄、半成鳄和成鳄生理上各有特点，应根据其特点，采用不同的科学方法，科学地饲养。

1. 幼鳄饲养

扬子鳄的死亡主要发生在 1 龄之前，因此饲养技术的关键是幼鳄饲养。

（1）雏鳄饲养方法和原理

雏鳄从破壳到出壳的时间差异颇大，快的 1h 就出壳，慢的延续 2～3d 才出壳，测定了初出壳的雏鳄 134 条，平均体重 29.9g±2.19g，其中最小 19.9g，最大 32.6g，平均体长 0.0207m±0.0089m，其中最长 0.223m，最短 0.185m；脐部都留有长约 0.0018～0.0025m 的裂缝，内为未消耗完的卵黄，因此初出壳雏鳄，6～8d 可不喂食，但应放在饲养箱内饲养。饲养箱设有水区和用泥沙铺成的陆地，任雏鳄自由活动。饲养箱的用水和清洁工作，是影响幼鳄成活率的主要因素之一，应每天冲洗一次，沉积于箱内的代谢产物和食物残渣，必须及时清洗，野生鳄生活于大水体中，其代谢产物和食物残渣在其他生物的作用下，很快被分解进入物质循环，因此不会污染自身生存的环境。而在饲养箱内，代谢产物和食物残渣不易分解，其存在和堆积毒化了环境，影响雏鳄的正常生长和健康，因此清除这些有害物质是饲养工作中至关重要的一环。在自然界母鳄能带领雏鳄捕食，人工孵化的雏鳄，孵出 7、8d 后，有的不会自行觅食，这时可用细线系幼鱼，在雏鳄前引诱，当它会捕食后，在饲养箱水区内放入活的小鱼，也可在干区用小碟盛碎肉，雏鳄即能自动捕食。雏鳄特别贪食，应注意摄食过多会引起痛风，发现拒食、精神不振，甚至腿麻痹(乃痛风症状)，要立刻停食。如果痛风症状严重，在关节和肾中有尿酸盐结晶体沉淀，肾功能丧失，会导致死亡。

雏鳄出壳后不久，天气转凉，食欲随之降低，此时应加温，饲养室气温应保持 30℃ 左右，雏鳄又可大量摄食，迅速长肥，初孵幼鳄在生理上调节能力较差，形态上许多器官仍在发育和完善过程中，对食物有特殊要求，饵料应多样化，国外在饵料中还混有多种维生素和生长素。应经常让雏鳄在室外晒太阳，待体重达 40g 以上，即可移入越冬。准备越冬前 2、3d，应停止投喂，以免温度下降导致消化机能减低乃至停止，致使未消化的食物积存于消化道引起疾病。应在消化道食物基本消化后，开始逐渐降低饲养室的温度，最初下降幅度可较小，例如每次下降 2～3℃，20℃ 以后，下降幅度可加大，例如由 20℃ 下降到 15℃，然后下降到 10℃，即可进入冬眠。雏鳄越冬可建地下越冬室，室内温度保持在 10℃ 左右，湿度保持在 80% 左右，雏鳄和成鳄一样，并不是整个越冬期都处于昏迷状态，1982 年孵出的小鳄于 12 月 21 日开始降温让它入眠，入眠后很快处于昏睡状态，持续到 1983 年 2 月 12 日首次发现小鳄在越冬室排粪，之后相继出现小鳄排粪，有些鳄将粪排在其他小鳄身上，此时小鳄爬向越冬室的内壁，抬头等内壁滴下的水滴(越冬室内壁系水泥预制板构成)，于是在越冬室放入清水，一直到出蛰，幼鳄均需喝水。饲养密度应适中。密河鳄雏鳄饲养密度为 14～15 条/m²，泰国鳄和湾鳄为 17～18 条/m²，扬子鳄为 30～50 条/m²。发现部分雏鳄能抢食，生长较快，而另一部分觅食差，生长缓慢，因此需要把生长较差、体质较弱的个体单独分养，在饲养室内保持安静，减少人为干扰，降低病原接触机会，避免幼鳄受惊和防止鼠类动物的危害，都能直接提高幼鳄成活率。

（2）人工饲养下雏鳄的生长

曾有人随机取人工孵化的雏鳄 30 条和野外自然孵化的雏鳄 5 条做实验，饲养条件和饵料一致，野外自然孵化的雏鳄生长较快。野生成鳄和饲养成鳄产出的卵，用同样方法人工孵化出的雏鳄生长基本一致。

2.半成鳄饲养

扬子鳄从 2 龄后到性成熟前，这阶段的饲养比较容易，死亡率较低，无需特殊照顾，一般可将半成鳄直接移入半自然饲养区内饲养，只要不过于拥挤，避免相互咬斗即可。饵料可在塘中放养小鱼，岛上安装诱虫灯，引诱飞虫供鳄捕食，再适当投喂家禽的四肢、头、内脏等饵料，鳄即可生长良好。越冬初期，应检查所有鳄是否都自建洞穴并进入洞穴。若发现有少数鳄无家可归，必须捕起移入越冬室越冬。越冬期间，要防止鼠类等动物进入洞穴中，危害昏睡的鳄。

3.成鳄饲养

成鳄具有繁殖后代的能力，饲养时应考虑性腺发育、求爱、交配、营巢、产卵及幼鳄孵化等与繁殖有关的生理特点。性腺发育期，成鳄需获得较全面的营养成分，食物搭配要尽可能多样化。求爱和交配期，雌雄由于性激素的刺激，活动性大，并伴有争偶现象，饲养时应考虑雌雄搭配，一般 1 雄搭配 3～5 雌为宜，同时注意水深应满足其嬉戏和交配时的要求。营巢期，须有足够植物供营巢用，在饲养区内，除野生杂草外，尚需投入大量杂草，让所有怀卵的母鳄都能得到足够的巢材，以免互相争夺、互相影响、降低产卵率。产卵期，鳄腹部鼓胀，行动不便，常趴伏在巢的附近，准备产卵，应减少干扰。整个繁殖期，食欲略为下降，此时投喂可适当减少。但产完卵后,不久即进入大量觅食期,就适当增加投喂量,繁殖鳄的最佳饲养密度,因种类不同而异,密河鳄 3 雌配 1 雄占地 0.2hm²,其中水面和陆地之比约 1∶4,水深为 1.8m;泰国鳄鱼湖饲养的湾鳄和泰国鳄,每条占地 10m²,水面和陆地之比和密河鳄相反,约为 4∶1;扬子鳄最佳饲养密度尚待总结。

## 三、鳄卵人工孵化

### (一)孵化室建造

野生扬子鳄卵是在高温高湿下孵出的,孵化室的设计和建造首先应考虑保温性能,室温不随外界气温的改变而骤然升降,在需要提高孵化温度时,能有效地提高室温,调温设备是孵化室最重要的设备之一。室内装有贮水设备和喷洒雨露设备,可保持孵化室的湿度。对四周墙壁和地面的要求是易于冲洗,便于保持室内清洁卫生。为充分利用空间,可安放多层式的孵化架。孵化室面积不宜大,否则,控温困难、成本较高,合适的面积可根据条件和需要确定。

### (二)外界环境因子对鳄卵孵化的影响

鳄卵与鸟卵不同,蛋白很黏稠,蛋黄的两端缺系带,因此人工孵化不能采用孵化家禽的方法,经多次实验,鳄卵孵化的成败与三个因素有密切关系。

#### 1.取卵

我们用于人工孵化的鳄卵有两个来源:即野生鳄产于野外的卵和人工饲养的成鳄产于半自然饲养区的卵,由于长期自然选择的结果,鳄产下的卵,绝大部分是动物极向上,因此取卵时应注意自然位置,特别注意不要翻转上下,倘若动物极朝下,早期胚胎在蛋黄的压迫下发育极其不利。我们以两窝野生卵,按其自然位置取回孵化,和 13 窝野生卵随机安放孵化,其中有些可辨认上下,则按自然位置孵化。结果,前者孵化率要较后者高 9.2%,此结果说明卵的自然位置对孵化率有影响。

如取卵时把卵的位置上下翻乱了,初产的卵可根据壳上的白色带识别上下,有白色带或白色带较宽部分孵化时应朝上,另一侧朝下。鳄胚通常位于白色带下方。对收集卵的最适时间,有不同的看法,Loveridge 和 Blake 指出:收集产后不久的卵,对孵化成功率不利。Pooley 主张收集产下不久的卵,Joanen 和 McNease 认为收集产下 4 周内的卵对孵化极有害,孵化率会降低 45%。扬子鳄繁殖研究中心的经验是应尽早地收集产下的卵,如不及时收集,产下的卵常被母鳄或其他的鳄弄破,而野生鳄卵不受其他鳄的干扰,经人工孵化的、不同时期收集的卵,均有较高的孵化率。

#### 2.湿度

鳄卵壳的显微结构中有许多小孔,水分子能透过小孔自由进出。鳄卵适应于较高的温度下孵化,水分蒸发也较快,这就要求有较高的外界环境湿度,以保证胚胎在发育过程中所必需的水分。测量野生巢其湿度在 88% 以上,人工孵化应保持相近湿度。1981 年有部分卵在孵化过程中,未经常喷水,湿度不够,卵内水分蒸发又快,结果干瘪死亡,另一些卵放在塑料盆孵化,下垫有杂草,上面再覆盖杂草,为了保持湿度,经常往杂草上淋水,结果靠近盆底的卵,则由于长时间的浸泡在水中而死亡。因此人工孵化应注意保持高湿度,但切忌让卵浸泡在水中。

#### 3.氧的供应

母鳄产下的卵相互重叠,卵间有空隙,但随着巢草的腐烂,卵间的空隙为草屑所填塞,另有一些不易腐烂的枯叶,由于淋水或雨水的作用紧贴在卵壳表面,阻塞卵壳上的小孔,这种现象在孵化的早中期对胚胎正常发育影响不大,但到后期,孵化50多天后,肺开始行使功能,此时应将包围在卵外的杂草、烂叶除去,以保证在卵壳内的胎鳄有足够的氧。野外观察,母鳄在听到卵壳内的胎鳄叫声后,常将巢略为扒开,这可能与胎鳄需氧有关。

（三）人工孵化鳄卵的方法

扬子鳄繁殖研究中心目前人工孵化鳄卵的方法,大体上仿照野外鳄卵的孵化,用竹编孵化器,下面垫上干草或由野外收回的巢材,将卵按照自然位置轻放在垫草上,再覆盖干草,置于孵化室内的孵化架上孵化,由于孵化器悬空,又系竹编,通气良好。孵化温度保持在30～32℃,最低不低于28℃,最高不超过35℃。经常用清洁水喷洒,使巢材保持潮湿,喷洒用水宜先贮存于孵化室内,使水温接近于室温,一般不直接用冷水喷洒。如巢材霉菌生长过于旺盛,可用$2 \times 10^{-6}$硫酸铜喷洒巢材,以杀死霉菌。室内安放自动温度计和毛发湿度计,每个孵化器另安有普通温度计,直接测量卵周围的孵化温度,若孵化温度下降,则应加温,反之则停止加温。为了保持室内清洁卫生。防止感染,一般禁止非工作人员进入孵化室。雏鳄出壳后,仍保留于孵化器内,让其自行扯断脐带。

（四）注意的问题

1.鳄卵壳及壳膜均较鸡的厚,倘操作不慎,或其他原因使卵壳破裂,只要壳膜完好,蛋白未外流,可用废弃的鳄卵壳或鸡卵壳稍事修补仍可孵出,但在孵化过程中需防止蚂蚁咬损,一般蚂蚁对完好的卵是无能为力的,而对破损卵常成群结队地危害。

2.鳄卵不同于鸡卵,孵化过程中不宜摇动,为了检查和观察胚胎发育情况,应轻拿轻放,不能拿出孵化室,以免因温度、湿度骤降和过分摇动而影响正常发育。如无特殊需要,从开始孵化到一个半月这段时间内,不要把覆盖在卵上的草翻开。

3.初孵出的幼鳄,腹部尚留有较大的卵黄,须将雏鳄饲养在较高的温度下（33℃左右）,提高其活动力和代谢率,以加快吸收卵黄;否则,卵黄贮存雏鳄体内过久,会变得坚硬不易被吸收利用,导致雏鳄死亡。如遇到这种情况,可用细针将卵黄戳碎,用注射器反复注入少量生理盐水,再吸出碎卵黄,或能拯救雏鳄。

# 附录 实验

## 实验一 牛蛙的形态构造

### 一、实验目的

通过对牛蛙外部形态和内部构造的观察,了解牛蛙的一般形态特征和内部构造。掌握牛蛙解剖的基本方法和两栖纲的主要特征。

### 二、实验材料

活牛蛙、解剖盘、解剖刀、骨剪、镊子、放大镜、实物展示台、广口瓶、脱脂棉、乙醚(或氯仿)。

### 三、实验内容

(一)外部形态

取一活牛蛙进行观察,蛙体短而宽,无尾,颈部不明显,全身可分为头及躯干两部,从吻端到口角为头部,其后为躯干,躯干部具附肢,体表裸露。

1.头部:位于身体前端,宽而扁平,略呈三角形,头部分布以下器官。

(1)口:位于头部最前端,宽大。

(2)外鼻孔:一对,位于头部前上方中央线两侧,与口腔相连通,鼻孔上有活瓣可关闭。

(3)眼:一对,头的两侧最高处,具上下眼睑,上眼睑小不活动,下眼睑大而能活动,眼上方有一层透明薄膜(瞬膜)遮盖全部眼球,能上下移动,两眼间距较大,眼球不能调节视距。

(4)鼓膜:位于两眼后方,圆形薄膜,十分发达,为听觉器官。

2.躯干部:牛蛙无颈部,躯干部直接与头部相连,躯干部在身体各部中外形最大。短而宽,腹部膨大,内包被全部内脏,在后端具泄殖孔。

3.四肢:位于身体外侧部,两对,后肢强大,长于前肢2.5倍,前肢短,由上臂、前臂、腕、掌及四指组成,腕部短,具四指,分开,指间无蹼,内侧第一指发达,第二指与第四指等长,比第一、三指短,指端光圆,无掌突,第一指的基部在雄性成熟后特别肥大,呈浅黑色,在繁殖季节,雄性前肢第一指内侧膨大加厚成为用以抱对的婚瘤。也称为"指垫"或"婚垫",雌性无指垫,后肢发达,由大腿、胫、跗及趾组成,大腿及胫的肌肉最发达,后肢五趾,趾间由蹼相连,直达趾尖。

4.体色:一般为绿色,腹部灰白色,有不明显暗灰色条纹,观察牛蛙因栖息环境,年龄及雌雄性别不同而呈现的不同体色。

（二）内部构造

先处死牛蛙（常用的方法有：在广口瓶内放乙醚棉球，将牛蛙投入，使其麻醉致死；用解剖针从枕骨大孔插入，捣毁脑和脊髓；用手握住其后肢，将头背部在硬物上猛击，使其震昏），然后将蛙腹面朝上，用镊子夹起泄殖腔稍前方的皮肤，剪一切口，再从切口处沿腹中线略偏左或右剪至下颌（注意：剪刀插入腹腔时，其尖要略向上挑，以免剪坏内脏），然后在肩带和腰带处转向左右横剪一段，将腹壁外翻，用大头针固定在解剖盘上，暴露内脏，进行观察。

1. 消化系统：牛蛙的消化系统由消化道及其附属的消化腺组成，消化道包括口腔、食道、胃、肠和泄殖腔等；消化腺包括肝脏和胰脏。

（1）口腔：剪开蛙的口角，拉开下颌，暴露口腔，可见舌位于口腔底部中央，肌肉质，舌根固着在下颌的前端，舌尖向后端游离分叉，舌上布有黏液腺并分泌黏液，舌能灵活地翻伸出口外捕食；沿上颌边缘有一行细而密的牙齿，即颌齿，在上颌内侧着生两簇细齿，为犁齿（犁骨齿）。一对内鼻孔位于口腔顶壁近吻端处，椭圆形，与外鼻孔相通。耳咽管孔一对，位于口腔顶壁近口角处，与中耳相通；咽在口腔的深处，向后通入食道；喉头在咽的腹面，为一圆形突起，其中央纵裂成一孔，即喉门。

（2）食道：将肝推向一侧，位于心脏和肝脏背面的短管道为食道。食道很短，前端接口咽腔，后端和胃相连。

（3）胃：胃位于体腔的左侧，由左向右稍弯曲，呈"J"字形。胃连食道的一端称贲门，外形上无明显界限。胃与小肠连接的一端称幽门，该部分显著紧缩，以此与小肠为界。

（4）肠：分小肠和大肠。小肠由十二指肠和回肠组成，小肠始于幽门，与幽门连接处弯向前方的一段为十二指肠，长度约为胃的一半，十二指肠的尽端折向后弯转弯曲的肠段称回肠，回肠后端较粗的部分为大肠，亦称直肠，向后通入泄殖腔。小肠是主要的消化器官，大肠是重吸收水分和形成粪便的场所。

（5）泄殖腔：开口于大肠末端，是排粪尿、精卵的共同通道，体外开口于泄殖孔，平时被一圈括约肌关闭。

（6）肝脏：位于体腔的前端，为红褐色，分左右两大叶和较小的中叶，左右叶之间，有一椭圆形的胆囊，呈黄绿色；胆管两条，一条与肝管连接，接收肝脏分泌的胆汁，另一条与总胆管（输胆总管）相接，胆汁由此管入总胆管，总胆管末端通入十二指肠。

（7）胰脏：位于十二指肠和胃之间的系膜上，为一条长形不规则的淡红色或淡黄色腺体，总胆管从胰脏中穿过，接受胰管通入，胰液经胰管入总胆管；将肝、胃和十二指肠向前翻折，可看到胰腺的背面。

2. 循环系统：心脏位于体腔前部，具外包膜状围心囊，与体腔完全隔离，用剪刀小心剪开围心囊，辨认出左右心房（位于心脏前端），心室（呈圆锥形）、动脉圆锥（从心脏腹面右上角发出的管子）和静脉窦（心脏背面的一个三角形囊）后，可见心脏收缩的顺序是先静脉窦收缩，其次是左右心房，最后才是心室。然后再仔细分辨大的动脉（如颈动脉、体动脉、肺皮动脉）和静脉（如前大静脉、后大静脉、肺静脉）。

3. 呼吸系统：蝌蚪用鳃呼吸，为三对羽状外鳃，外鳃萎缩消失时，逐渐出现内鳃，鳃腔以一个出水孔与体外相通，内、外鳃均有大量的毛细血管。幼蛙及成蛙为肺呼吸和皮肤呼吸。

（1）肺：位于腹腔前方、肝的背面，为一对薄壁呈粉红色的囊状物，内壁为蜂窝状，密布血管，富有弹性。

（2）鼻腔和口腔：蛙呼吸时，空气先由外鼻孔进入内鼻腔，再由内鼻孔达口腔，鼻瓣关闭咽喉底部上升而将空气压入喉门。

（3）喉气管室：由喉门向内粗短略透明的管子，后端通入肺囊。可用顿头镊子自喉门插入探视。

（4）皮肤：皮肤湿润，剥开皮肤，可见其内表面布满血管，为重要的辅助呼吸器官，尤其在冬季蛰眠期，皮肤呼吸对生命继续起着重要作用。

4.生殖系统：牛蛙为雌雄异体，体外受精（见图附－1）。

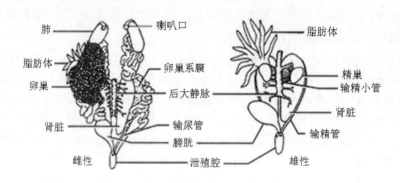

**图附－1　蛙类生殖系统示意图（仿 William et al. 1986）**

（1）雄性生殖系统：

睾丸：一对，椭圆形，浅黄色，位于肾脏的腹面，睾丸内含有许多纤细的、产生精子的精细管。

输精导管：包括输精小管、输精管和贮精囊。输精小管位于睾丸的背侧，是由睾丸内缘所发出的许多细小管道，它们通入肾脏的前端；输精小管汇合连接中肾管，它兼有输精与输尿的功能，故在此处称为输精管；输精管在进入泄殖腔之前膨大成为贮精囊。它具有贮存精液的功能，数量一对。

泄殖腔：开口于贮精囊下方，一个，泄殖孔为泄殖腔对外的开口。

脂肪体：一对，位于睾丸前方，为黄色指状体，富含脂肪，有营养精细胞的功能。营养期逐渐增大，生殖期最小。

（2）雌性生殖系统：

卵巢：一对，位于肾脏腹面，其外壁有许多皱褶，长囊状，它的形状大小因季节而有差异。中心为一空腔，内分数个小室，室中充满液体。未成熟的卵巢呈淡黄色，成熟个体在生殖季节内充满了黑色球状卵。

输卵管：位于体腔前端食道两旁，是一对白色细小而弯曲的管子，顶端游离呈喇叭状，成熟的卵子经喇叭口入输卵管。输卵管后端膨大成囊状的子宫。

泄殖腔：一个，子宫向下开口于泄殖腔的背侧。泄殖孔为泄殖腔通向体外的开口。

脂肪体：一对，位于卵巢前方，亦为黄色指状突起。

## 四、作业

1.绘牛蛙的生殖系统示意图，并注明各部名称。

2.如何鉴别牛蛙雌雄？

# 实验二　我国主要经济蛙类的识别

## 一、实验目的

通过对主要经济蛙类标本的观察,利用检索表认识重要经济蛙类,掌握主要经济蛙类的鉴别性特征;熟悉其生态类群、开发现状与潜能。了解两栖动物的主要类别及特征。

## 二、实验材料

解剖盘、镊子、放大镜和蛙类浸制标本。

## 三、实验内容

(一)无尾目外部形态描述术语(见图附-2)

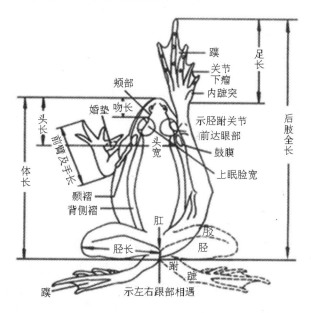

**图附-2　蛙的外形及各部的量度**

体长:自吻端至体后端

头长:自吻端至上下颌关节后缘

头宽:左右颌关节间之距离

吻长:自吻端至眼前角

鼻间距:左右鼻孔间的距离

眼间距:左右上眼睑内侧缘间最窄距离

上眼睑宽:量上眼睑最宽处

眼径:与体轴平行的眼的长度

鼓膜:量最大的直径

前臂及手长:自肘关节至第三指末端

前臂宽:量最宽的臂径

后肢体长:自体后端正中部位至第四趾末端

胫长:胫部两端间的长度

足长:自内跖突近端至第四趾末端

**(二)重要经济蛙类的识别**

无尾目(Anura)我国常见种类的分科检索如下:

1 舌为盘状,周围与口腔黏膜相连,不能自如伸出 ··············· 盘舌蟾科(Discoglossidae)

舌不成盘状,舌端游离,能自如伸出 ························································· 2

2 肩带弧胸型 ································································································ 3

肩带固胸型 ································································································ 5

3 上颌无齿;趾端不膨大;趾间具蹼;耳后腺存在;体表具疣 ········· 蟾蜍科(Bufonidae)

上颌具齿 ································································································ 4

4 趾端尖细,不具黏盘;耳后腺存在 ································· 锄足蟾科(Pelobatidae)

趾端膨大,成黏盘状;耳后腺缺,大部分树栖性 ··························· 雨蛙科(Hylidae)

5 上颌无齿;趾间几无蹼;鼓膜不显 ······························· 姬蛙科(Microhylidae)

上颌具齿;趾间具蹼;鼓膜明显 ·········································································· 6

6 趾端形直,或末端趾骨呈"T"字形 ······························· 蛙科(Ranidae)

趾端膨大呈盘状,末端趾骨呈"Y"字形 ························· 树蛙科(Rhacophoridae)

1. 盘舌蟾科 Discoglossidae:皮肤粗糙,具大小瘰疣或较光滑。舌为盘状,后端无缺刻,周缘与口腔黏膜相连,不能自由伸出;瞳孔纵置,心形或三角形;外侧蹠间具蹼;无外蹠突。配对时,抱握胯部。我国只有铃蟾属 Bombina。

铃蟾属 Bombina:背部皮肤极粗糙;腹面光滑,整个腹面有醒目的色斑。瞳孔三角形或心形或圆形;指短,指间一般无蹼,趾蹼发达或不发达,外侧蹠间具蹼。

*大蹼铃蟾 Bombina microdeladigitore*

鉴别特征:皮肤极粗糙,背部上方之瘰粒组成"×"形,趾蹼大;生活时背面为银灰浅棕色,两肩之间有一绿色斑块;腹面黑色和橘红色大斑明显,雄性胸侧有刺团。

2. 锄足蟾科 Pelobatidae:皮肤光滑或具有大小疣粒;舌卵圆,后端游离,一般有缺刻;瞳孔大多纵置;指趾末端不呈吸盘状;指间和外侧蹠间无蹼;一般趾间无蹼或蹼不发达;关节下瘤多不明显,或趾下有肤棱。配对时,抱握胯部。我国共有 8 属 63 种,多分布于秦岭以南地区。

*峨眉髭蟾 Vibrissaphora boringii*

地方名:胡子蛙、干气蟆或黑气蟆(峨眉山)

鉴别特征:头极扁宽;眼球上半蓝绿色,雄性上颌缘有 10~16 枚黑色锥状角质刺,雌性在此部位有米色小点。

3. 蟾蜍科 Bufonidae:皮肤粗糙高度角质化,肩带弧胸型,上颌无齿;趾端不膨大;趾间具蹼;耳后腺存在;体表具疣,能分泌毒素。

*中华蟾蜍 Bufo gargarizans*

地方名:癞疙疱、癞蛤蟆、癞肚子。

鉴别特征:皮肤极粗糙,背面密布大小不等的圆形瘰粒,有耳后腺。头部无黑色骨质棱,腹面黑斑极显著。

4. 雨蛙科 Hylidae：体较小，背多青绿色，四肢细长，趾末端膨大成吸盘，趾末 2 个趾节间有间介软骨，上颌有犁骨齿，舌卵圆形前端分叉可活动，骨膜明显，椎体前凹型，无肋骨，肩带弧胸型，雄性有单个内声囊，大部分树栖性。

无斑雨蛙 *Hylaarborea*

地方名：绿蛤蟆、绿猴、雨呱呱、邦狗。

鉴别特征：背面纯绿，体侧及前后肢上都没有黑色斑点，也无深色细线纹；颞褶隆起；足长于胫。

三港雨蛙 *Hyla tsinlingensis*

地方名：小姑鲁门、雨鬼。

鉴别特征：体背面纯绿色，体侧及股胫部有黑斑；一条深色纹从吻端通过眼直达体侧后端，颞部下另有一条深色纹不相会合，颞褶上无疣粒。

5. 蛙科 Ranidae：皮肤光滑或有疣粒；肩带固胸型，椎体参差型，荐椎横突柱状，舌一般长椭圆形，后端缺刻深或浅，能自由伸出；外蹠突有或无，指、趾末端形式不一，成体有以陆栖、水栖、穴居、树栖为主的多种多样的栖居习性。

峨眉林蛙 *Rana omeimontis*

鉴别特征：与日本林蛙相近，其主要区别在于该种体形较大，雄蛙体长 60.1(56.7～63.7)mm，雌蛙 66.7(61.7～70.3)mm；趾间蹼发达，雄性第一至第三趾外侧和第五趾内侧之蹼达趾端，其缺刻浅，雌性略逊；雄性婚垫甚发达，基部两团大，分界明显，密布白刺粒；雄性背面一般为黄色。

黑斑侧褶蛙 *Pelophylax nigromaculata*

地方名：青蛙、三道眉、田鸡、黑斑蛙

鉴别特征：背绿或后端棕色，有许多黑斑；背侧褶较宽，背侧褶间有 4～6 行短肤褶。雄性有一对颈侧外声囊。

金线侧褶蛙 *Pelophylax plancyi*

地方名：青蛙、金线蛙

鉴别特征：体背绿色，背侧褶及股后方有黄色纹；背侧褶较宽；内蹠突极发达成刃状，与第一趾游离缘形成一清楚的角度，其长度为第一趾长的 2/3。雄性有一对咽侧内声囊。

沼蛙 *Hylarana guentheri*

地方名：水狗

鉴别特征：指端钝圆，不膨大亦无横沟；趾端钝圆，有横沟；背侧褶显著。雄性前肢基部有肾脏形臂腺；有一对咽侧下外声囊。

仙琴水蛙 *Hylarana daunchina*（Chang）

地方名：弹琴蛙、仙姑弹琴蛙

鉴别特征：背侧褶细窄；趾端有吸盘及横沟。雄性有一对咽侧下外声囊，体侧肩上方有扁平大腺体，鸣声悦耳"登、登、登"如哆、咪、嗦三个音节。蝌蚪下唇齿外侧一排略短于第二排；有筑泥窝习性，卵平铺于窝内。

虎纹蛙 *Hoplobatrachus rugulosus*

地方名：田鸡、水鸡

鉴别特征：体形大；皮肤粗糙，背部有长短不一、排列不很规则的肤棱，一般断续成纵行排列；下颌前部有两个齿状骨突；趾间全蹼。

大绿臭蛙 *Odorrana livida*

鉴别特征:指端有宽的吸盘与横沟,趾端吸盘略小;生活时体背纯绿色。有很不明显的背侧褶。雄性体小,有一对咽侧下外声囊。

棘腹蛙 *Paa boulengeri*

地方名:石坑、石蛙、梆梆鱼、石蹦

鉴别特征:体大而肥壮;皮肤较粗糙,背面有若干成行排列的窄长疣;趾间全蹼。雄性前肢特别粗壮,胸腹部布满大小黑刺疣。

棘胸蛙 *Paa spinosa*

地方名:石鳞、高坑子、石蛤蟆、石虾蟆、山鸡、山蚂拐、山蛙、石板蛙。

鉴别特征:体形与棘腹蛙相似。本种雄性仅胸部有分散的大黑刺。

双团棘胸蛙 *Paa yunnannensis*

地方名:石蹦

鉴别特征:鼓膜可见,但不显著;有跗褶,背面深灰棕色,近胯部无眼状斑;雄性胸部具一对刺团。有单咽下内声囊。

隆肛蛙 *Paa quadrana*

鉴别特征:体扁平;趾间满蹼。雄性肛部周围有一个近长方形的大囊状泡起。蝌蚪体形大;唇齿式Ⅱ:6～6(或7～7)／Ⅱ:1～1。

理县湍蛙 *Amolops lifanensis*

鉴别特征:有犁骨齿,无背侧褶,第一指端无马蹄形横沟;背部有斑点;皮肤光滑无小白疣刺,体背面为连续不规则的棕黑色花云斑,鼓膜不显著;生活时背面一般呈黄蓝灰色,杂以黑色或黑棕色斑;生活于海拔较低的中型山溪内。

6.树蛙科 Rhacophoridaae:指、趾末端形成大吸盘,有马蹄形横沟,末端骨节呈"Y"或"T"形,后肢具半蹼,椎体参差型或前凹型,肩带固胸型,形态习性接近雨蛙,但亲缘关系接近蛙科,多树栖。我国已知6属43种左右,分布于秦岭以南。

斑腿泛树蛙:*Polypedates leucomystax*

地方名:树蛙、三角上树蛙

鉴别特征:指间无蹼,胫跗关节前达眼与鼻孔之间;多数标本前背有"Y"形花斑,股后均有较细密的网状花斑。雄性具咽侧下内声囊。

大泛树蛙 *Polypedates dennysi*

地方名:犁头蛙、青蛙将军、咕噜蟆、清明拐。

鉴别特征:体形大,体长在100mm以上;指间蹼发达,但不为全蹼,蹼缘缺刻较深;背面常有小刺粒。体背面呈绿色,一般背上有少数不规则的棕黄色斑点,体侧下方一般有成行或呈点状乳白色斑点。

7.姬蛙科 Microhylidae:肩带固胸型,舌端不分叉,椎体前7枚为前凹型,第8枚为双凹型,体小,体形各异,头小体短胖,有的呈球状或蟾状;树栖类型的指、趾末端膨大。外蹠突有或无;在上颚部位有2～3个腭褶。

饰纹姬蛙 *Microhyla ornata*

鉴别特征:体小;指端圆、无吸盘;趾间仅有蹼迹;从两眼之间向背部至胯部有规则的对称斜行深棕色纹。

（三）引进蛙类

1.引进蛙类分种检索

1 吻部窄尖；第四趾略长于邻近趾，趾间为满蹼；鸣声似猪的呼噜声 ……………………
………………………………………………………… 猪蛙 *Rana（Aquarana）grylio*

吻部钝圆；第四趾远长于邻近趾，趾间蹼略逊，即蹼仅达第四趾的末端关节 ………… 2

2 背部皮肤较粗糙；体背面绿黑色；上下唇缘有浅色斑；鸣声洪亮 ……………………
…………………………………………………… 河蛙 *Rana（Aquarana）heckscheri*

背部皮肤光滑；体背面纯绿或具深色斑；上下唇缘无浅色斑；鸣声似牛叫 ………………
…………………………………………………… 牛蛙 *Rana（Aquarana）catesbeiana*

2.三种蛙的主要特征

牛蛙 *Rana（Aquarana）catesbeiana*

鉴别特征：体大，鼓膜与眼径等大或略大；无背侧褶、趾间全蹼。鸣声似牛叫。雄性有一对内声囊。

猪蛙 *Rana（Aquarana）gryli*

主要特征：成体体长 80～150mm，大者可达 180mm；背面皮肤较光滑，橄榄色或黑褐色，腹面多有色斑；头窄而吻部较尖；趾间满蹼，蹼均达趾端；第四趾短，略长于第三、第五趾。常栖息于湖岸边或沼泽地，性胆怯，易受惊逃避。雄蛙浮于水面，鸣叫声似猪的呼噜声，故有猪蛙之称。该蛙原产于美国的南卡罗来纳州南部至佛罗里达州和得克萨斯州得东南部。

河蛙 *Rana（Aquarana）heckscheri*

主要特征：成体体长 80～127mm，大者可达 180mm；背面皮肤较粗糙，绿黑色；上下唇缘有浅色斑；腹面有显著得灰色斑；大腿后方有云斑。雄蛙咽喉部有黄色和灰白色相间的花斑。常栖息于河岸和塘边及沼泽地内；成蛙生性迟钝，不善逃逸。雄蛙鸣声洪亮。该蛙原产于美国的南卡罗来纳州至佛罗里达州的北部和中部及密西西比州的南部。

## 四、作业

1.现存两栖类有哪几个目？说出各目的重要特征和代表。

2.举例说明蛙的三种生态类群的主要特征。

3.怎样区别牛蛙、猪蛙和河蛙？

# 实验三　中华鳖的构造

## 一、实验目的

掌握鳖的外形特征以及内部构造特点。

## 二、实验材料

活鳖、解剖盘、解剖刀、骨剪、镊子、放大镜、实物展示台、广口瓶、脱脂棉、乙醚（或氯仿）等。

## 三、实验内容

中华鳖（*Trionyx sinensis*）又名甲鱼、团鱼，几乎分布我国各地，并已广泛养殖，是我国重要的特种经济动物。

### （一）外部形态观察

鳖的形态似龟，躯体扁平，呈椭圆形或圆形似"烙饼"状，背部灰绿色或灰褐色或灰黄色，腹面呈灰白色或黄白色，体背面分布许多不甚明显疣粒，裙边疣粒较明显，眼后缘有一纵行黑色条纹，体色与其生活环境相适应。其外部形态分为头、颈、躯干、四肢、尾部四个部分。

1. 头部：头略呈三角形，前端稍扁，后部近似圆筒形。头的前端有尖而光滑的吻，吻部向前延伸为管状吻突，吻突长约等于眼径。上颌长度超出下颌，上下颌均无齿，被以唇瓣状的皮肤皱褶和角质喙，角质喙边缘锋利，俗称"全牙"，具肉质唇。吻的基部为口，口裂较宽，呈半月形，后延到眼的后缘。有发达的肌肉质舌头，但不能伸展，仅起辅助吞食作用。吻突前端有两对鼻孔，眼小，有眼睑和瞬膜，两眼间相距极短，为 6.6～9.2m。

2. 颈部：鳖颈部粗长，近圆筒形，伸缩肌特别发达，善于伸缩。头和颈部可完全缩入壳内，缩入壳内时，颈椎呈"U"形弯曲。

3. 躯干部：宽短扁平，背部近圆形或椭圆形，外为骨板形成的硬壳所保护，硬壳有稍凸起的背甲和扁平的腹甲组成，背甲和腹甲均由真皮形成的骨质性骨板组成，其骨板外层为来源于表皮的革质皮肤所覆盖。背甲与腹甲之间通过韧带组织相连，两者一起形成一个硬壳保护腔，包围着内脏器官。另外，背甲边缘具有肥厚柔软的结缔组织，称为裙边，其上有疣粒。

4. 尾部：尾较短，略扁锥形。雌性和雄性的尾部长度不同（这是鉴定性别的标志之一）。尾的腹面基部有泄殖孔。

5. 四肢：四肢粗短，略呈扁平状，后肢又比前肢粗。四肢均为五趾，趾间有发达的蹼膜，内侧三趾有钩形利爪，突出于蹼膜之外，第四和第五趾爪不明显或退化，藏于蹼膜之中。

### （二）内部解剖观察

抓鳖时一定要防止被咬。鳖尾与后肢间有两个软凹窝，较安全的捉鳖方式便是将拇指和食指、中指分别卡住鳖的这两个软凹窝，快速转移到准备的容器中，以避免被咬和被其后肢抓伤。

用滴管将乙醚或氯仿滴入鳖喉门，或将蘸有氯仿的脱脂棉球置入其泄殖腔深处，使其麻醉。在动物解剖台上将其头部和四肢固定。用剪刀沿鳖的背、腹甲之间剪开，去掉腹甲，暴露出内脏。

鳖内部结构可分为消化、骨骼、肌肉、呼吸、循环、神经、排泄和生殖等系统。

1. 循环系统：

打开心包膜即可看到心脏由一心室和两心房组成。心室位于腹侧，后端稍尖，前方圆。心房在心室前方，静脉窦横在心室背方，壁薄。由心室发出 3 条动脉弓，肺动脉弓和左体动脉弓由心室右侧发出，右体动脉弓由心室左侧发出。肺动脉弓分为两支肺动脉入肺，左右体动脉弓再在背面后方合并成背大动脉，向后行。

2. 消化系统：

鳖的消化系统包括消化器官和消化腺两大部分，消化器官包括口、口腔、咽、食道、胃、小肠、大肠以及泄殖腔和泄殖孔。消化腺由肝脏、胰脏、脾脏及胆囊、肠腺组成。

（1）口：位于头部腹面，上下腭有锐利的角质喙及唇状的皮肤皱褶，咬肌坚强。口腔内有舌，舌小，呈三角形，舌上有倒生的锥形小乳突。

（2）咽：位于口腔后面，为一宽而短的管道，咽壁上有许多颗粒状的小乳突，黏膜上富有微血管。

（3）食道和胃：食道紧接咽，内壁有 8 条纵形的皱褶，向管腔突出如嵴。后部略为膨大处为"U"形的胃呈囊状。胃的前后端较狭小，分别为贲门和幽门，食道和胃壁的肌肉发达，有较大的扩展性。

（4）小肠：分十二指肠和回肠两部分，前者较粗短，后者较细长，盲肠不明显。

（5）大肠：分为结肠和直肠。

（6）泄殖腔：为直肠末端膨大部分，泄殖腔背面前方有一开口接直肠，腹面在膀胱颈旁有一输尿管的开口，输尿管后还有一对输精管或输卵管的开口。泄殖孔纵列开口于尾基部的腹面。

（7）消化腺：鳖的消化腺很发达。肝脏很大，分左右两叶，呈深褐色，储存有黄绿色的脂肪体，在肝脏中埋藏有一个暗绿色的胆囊，呈圆形。胰脏位于横行的十二指肠前、后侧，为浅红色不规则长形腺体。胆囊和胰腺分别通过胆管和胰管通入十二指肠。

3.呼吸系统：

鳖的肺较大，是一对黑色的薄膜囊，紧贴背甲的内侧，靠腹壁及附肢肌肉的活动改变体内压力从而使肺扩张、压缩起到呼吸作用。鳖的口咽、膀胱壁黏膜上都有丰富的微血管，当它们在不断地吸水和排水时，都能从水中获得氧气并排出二氧化碳起到辅助呼吸的作用。鳖的上、下颚的群毛状突起，也能行使呼吸的功能，冬眠时鳖能通过副膀胱与水体进行气体交换。

4.泌尿和生殖系统：

（1）泌尿系统

肾脏：位于体腔背壁，肺的后端，一对，呈红褐色，扁平椭圆形，周围略有缺刻，多叶状，为鳖的主要泌尿器官。

输尿管：白色，从肾脏腹面发出，直达泄殖腔。

膀胱：位于泄殖腔腹面。

肾上腺：肾脏腹面，为橙红色细长腺体。

（2）生殖系统

雌性生殖系统（见图附－3）

卵巢：一对位于体腔背壁，以系膜牵附在体腔背壁的腹膜上。

输卵管：一对，白色，位于卵巢旁，其后端通入泄殖腔，在泄殖腔的腹壁内侧，有一个小突起，称作阴蒂，输卵管长而大，前端膨大为喇叭口，位于体腔背中线。

子宫：在输卵管后端，开口于泄殖腔。

雄性生殖系统（见图附－4）

精巢：一对，位于体腔背壁的后方，肾脏的前方，呈浅黄色，长卵圆形。

附睾：位于精巢旁，由白色小管迂回盘绕而成。

输精管：从附睾发出，开口于泄殖腔。

阴茎海绵体：一对，紫黑色，位于泄殖腔的两侧，球形。

阴茎：棒状，位于海绵体中。

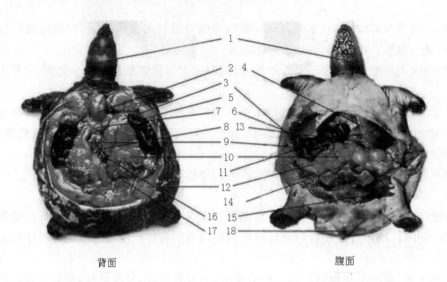

背面　　　　　　　　　　　　　腹面

1.头颈 2.食道 3.肝 4.前臂肌 5.肺 6.胆囊 7.胃 8.大肠 9.小肠 10.卵巢
11.心脏 12.脂肪块 13.胰腺 14.膀胱 15.股经肌 16.脾脏 17.肛囊 18.肛门

**图附－3　雌性生殖系统**(引自 http://www.ktzhb.com/cpview.asp? nid＝284)

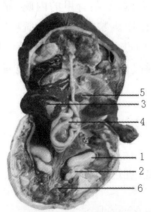

1.精巢 2.附睾 3.肝脏
4.肠道 5.胃 6.输精管

**图附－4　雄性生殖系统**

# 四、作业

1.绘中华鳖的内部构造图,并注明各部名称。

2.如何区别中华鳖的雌雄?

# 实验四　我国主要淡水龟鳖类的识别

## 一、实验目的

通过主要龟鳖类标本的观察,熟悉其鉴别性特征。了解龟鳖目的主要类群和生活习性。

## 二、实验材料

解剖盘、镊子、放大镜、剥制标本和浸制标本。

## 三、实验内容

(一)龟鳖目 Testudinata 分科检索表

1 前肢扁平如桨;海生 ………………………………………………………………… 2

　前肢不呈桨状;非海生 …………………………………………………………… 3

2 体表覆以角质盾片,指、趾末端有爪 ………………………… 海龟科 Cheloniidae

　体表覆以光滑的革质皮肤;体背有 7 行纵棱;指,趾末端无爪 …………………

　…………………………………………………………… 棱皮龟科 Dermocheldae

3 骨质壳不完整;吻向前突出,如管状;体背腹甲覆以革质皮肤,无盾片 ………… 4

　骨质壳完整;吻不突出成管状;体背腹甲覆以角质盾片 …………………………… 5

4 背甲一般不到 70cm,趾间有蹼 ……………………………… 鳖科 Trionychidae

　背甲超过 70cm,其四肢略呈鳍状,前肢有两枚爪甲 …… 两爪鳖科 Carettochelyidae

5 头大,嘴成钩状 ……………………………………………………………………… 6

　头不大,嘴不成钩状 ……………………………………………………………… 7

6 体型较小,体长一般不超过 30cm ………………………… 平胸龟科 Platysternidae

　体型较大,体长 40~80cm ………………………………… 鳄龟科 Chelydridae

7 头部收缩时,颈部只能弯向一侧藏于甲内 ………………………………………… 8

　头部收缩时,颈部能缩入甲内 …………………………………………………… 9

8 体长 15~25cm;无中腹板;喉间盾不达腹甲前缘 …………… 露颈龟科 Chelydidae

　体长大于 30cm;有中腹板;喉间盾常达腹甲前缘 ………… 侧颈龟科 Pelomedusidae

9 腹甲前后均可向背侧活动,能将甲壳完全封闭 ………… 动胸龟科 Kinosternidae

　腹甲不能活动,甲壳不能完全封闭 ……………………………………………… 10

10 头背有成对的鳞片;四肢粗壮,圆柱形;无蹼 ……………… 陆龟科 Testudinidae

　头背无成对的鳞片;四肢较平扁;通常具蹼 …………………………………… 11

11 体型较大,背甲超过 50cm;有 2~4 枚下缘板 …………… 泥龟科 Dermatemydidae

　体型较小,背甲不超过 50cm;无下缘板 ………………………… 龟科 Emydidae

(二)常见龟鳖种类的识别

现存 250 余种,13 科。我国有 37 种,5 科。

1.鳖科 Trionychidae:表面被以革质皮肤,无角质盾片;腹甲退化,背腹甲以结缔组织相连,边缘结缔组织厚实,常称裙边;颈长,头、颈均能缩入甲内。

**中华鳖 *Pelodiscus sinensis***

别名:甲鱼、水鱼、团鱼、王八、元鱼

特征:背青灰色或橄榄色,背盘卵圆形,长 100～250mm。头、体均被柔软的皮肤,无角质盾片。头前端瘦削,吻长,鼻孔位于吻端。背盘中央有棱脊,盘面有由小瘰粒组成的纵棱,每侧 7～10 条。腹乳白色或灰白色。

**山瑞鳖 *Palea steindachner***

别名:瑞鱼、山瑞、团鱼

特征:体大,背盘长 100～300mm。前缘平,后缘圆。头较大,头背皮肤光滑。头前部瘦削,吻突出,形成吻突。鼻孔开口于吻突端。吻突长略与眼径长相等。通体被柔软皮肤,无角质盾片,颈基两侧各有一团大瘰粒,背甲前缘有一排明显的粗大疣粒。四肢较扁,指、趾间满蹼,均具 3 爪。尾短,雄性尾尖超出裙边。背橄榄色或棕橄榄色,腹部肉色,有不规则的污斑。幼体头背有土黄色横斑。

2.海龟科 Cheloniidae:体形宽扁,似心形。头大,颈短,头和四肢都不能缩入壳内。背甲和腹甲间以韧带连接。四肢桨状。

**海龟 *Chelonia mydas***

别名:绿海龟、石龟、黑龟、菜龟

特征:体型较大,体重可达 200kg 以上。吻短而圆,上颌不钩曲。头顶前额鳞 1 对。背甲橄榄色或棕色,长 715～1080mm,具有放射状黄白色花纹,背甲后缘略呈锯齿状。四肢桨形,指(趾)各有 1～2 爪。

**玳瑁 *Eretmochelys imbricate***

别名:十三鳞、文甲、海龟

特征:成体长 750～850mm,体重可达 50kg。吻侧扁,上颌钩曲。头顶前额鳞 2 对。背甲棕色,盾片 13 块,呈覆瓦状排列,缘盾呈锯齿状。中央有一纵沟。四肢桨状,指(趾)各具 2 爪。

3.龟科 Platysternidae:龟壳扁平,背甲和腹甲间以韧带连接。头大,上喙呈鹰嘴状。头、颈、尾和四肢都不能缩入壳内。

**平胸龟 *Platysternon megaphalum***

别名:鹰嘴龟、大头龟、鹦鹉龟

特征:龟壳扁平,头大颈短,背甲棕色,长 65～150mm,宽 55～113mm,呈长椭圆形,腹甲短小,前缘平切,后缘缺刻。头顶部及侧面覆盖大块硬壳,上颌呈钩状,似鹰嘴状。四肢棕色,覆有鳞片,指(趾)间具蹼。尾长,覆有环形鳞片。

4.科 Emydidae:头背覆以皮肤,或在枕部具细鳞。背甲略隆起。背腹甲通过缘盾以骨缝或韧带相连。头、颈、尾和四肢能完全缩入壳内。指、趾间多少具蹼。多为水栖、半水栖生活。

**乌龟 *Chinemys reevesii***

别名:金龟、草龟、泥龟、金钱龟(幼体)、墨龟(雄性)

特征:成体甲长 73～170mm,宽 52～116mm。雄性背甲近黑色,雌性背甲棕褐色;背甲较扁平,有 3 条纵棱。腹甲棕黄色,雄性色深,各盾片有黑褐色大斑块。吻短。头侧及喉部有暗色镶边的黄纹及黄斑,并向后延伸至颈部,雄性不明显。指(趾)间均全蹼,具爪。尾短小。

**大头乌龟 *Chinemys megalocephala***

别名：大头龟

特征：雌性体型较大，背甲长 180～250mm，宽 130～150mm。雄性体型较小。背甲棕色或稍带黑色，中央有 3 条脊棱，盾片平滑。腹甲黑棕色，后缘缺刻较深。头较大，喙较坚厚。头侧有蠕虫状纹，眼后至颈侧上方具有黄绿色纵纹。指（趾）间具蹼。尾短。数量稀少。

马来闭壳龟 *Cuora amboinensis*

别名：安步闭壳龟、马来箱龟

特征：背甲隆起，呈黑褐色，有明显的脊棱，成体背甲长 200mm 左右。头部有鲜明的黄色纵纹。腹部黄色，每枚盾片的后外缘均有一暗棕色圆形斑。其前、后甲以韧带相连，可完全闭合于背甲。指（趾）间全蹼。尾中等长。

百色闭壳龟 *Cuora mccordi*

别名：圆背箱龟

特征：成体背甲红棕色、较隆起，长 130mm 左右，中线有一低脊棱。腹甲边缘黄色，有 1 块几乎覆盖大部分腹甲的黑斑；腹甲前后两半以韧带相连，可完全闭合于背甲。前肢被大鳞，后肢被小鳞。指（趾）间具蹼。头部黄色，有一条镶黑边的橘黄色眶后纹。为我国特有种。

潘氏闭壳龟 *Cuora pani*

别名：潘氏箱龟

特征：背甲淡褐色，较低平，中线上隐有脊棱，长 120mm（雌性稍小）。腹甲缘盾腹面黄色，盾片接缝伴有黑色宽纹，前后两部分以韧带相连，能完全与背甲闭合。头大小适中，背面平滑。前肢 5 爪，后肢 4 爪，指（趾）间蹼发达。为我国特有种，数量极其稀少。

黄缘盒龟 *Cuora flavomarginata*

别名：断板龟、夹蛇龟、黄板龟、黄缘闭壳龟

特征：头部光滑，吻前端平，上喙有明显的勾曲。头顶部呈橄榄色，眼后有 1 条黄色"U"形弧纹，眼大，鼓膜清晰，背甲绛红色或棕红色，隆起较高，中央嵴棱明显，呈淡黄色，每块盾片上同心环纹较清晰。腹甲黑褐色，背甲与腹甲间、胸盾与腹盾间借韧带相连，腹甲前后边缘均为半圆形，且无缺刻。四肢呈灰褐色，略扁平，上有鳞片。指、趾间具半蹼，尾短。

齿缘摄龟 *Cyclemys dentate*

别名：版纳摄龟、八角棱龟、锯背圆龟

特征：通体棕褐色。背甲长 210mm 左右。头顶部皮肤光滑无鳞。背甲卵圆形，背棱突出，每块盾片有放射状图案后缘呈锯齿状。背甲与腹甲以韧带相连，不能完全向上闭合背甲。腹甲黑褐色，具暗色线纹。四肢稍扁，均具 5 爪，指（趾）间具蹼。

锯缘摄龟 *Pyxidea mouhotii*

别名：方龟、八角龟、锯缘龟、平背龟

特征：背甲高而平，黄褐色，具 3 条脊棱，背甲长 139～176mm，背甲与腹甲、腹甲与前叶之间以韧带相连，前叶可闭合于背甲；后缘呈锯齿状，前缘无齿，后缘具八齿，腹部淡棕黄色或黄色，腹盾的外缘有时有暗色斑。前肢 5 爪，后肢 4 爪，指（趾）间具半蹼。

地龟 *Geoemyda spengleri*

别名：泥龟、金龟、十二角龟、十二棱龟、黑胸叶龟

特征：体型较小，成体背甲长仅 120～160mm，宽 78mm。背部黄褐色，较低平，有 3 条明显的脊棱，前后缘锯齿状，共十二枚，故称"十二棱龟"。腹甲棕黑色，两侧有浅黄色斑纹。头小，眼大外突，上喙钩曲。四肢棕色，有鳞片，指（趾）间具蹼，尾细短。

四眼斑龟 *Sacalia quadriocellata*

别名:六眼龟、四眼斑水龟

特征:背甲褐色,长 122～135mm。头顶部皮肤光滑无鳞,头顶两侧有 2 对前后紧密排列的眼斑,每个眼斑有一黑点。背甲平扁,颈部有明显的黄色纵纹。腹甲平坦。四肢扁平,指(趾)间具全蹼,爪尖细而扁。

中华花龟 *Ocadia sinensis*

别名:花龟、斑龟、珍珠龟

特征:背甲栗褐色,略隆起,长约 200mm。腹甲棕黄色,每一盾片有黑斑块,前缘平切,后缘缺刻深。头部较小,上颌中央呈"A"状缺刻。头、颈、四肢具数条黄绿色镶嵌的细条纹,指(趾)间具蹼。

黄喉拟水龟 *Mauremys mutica*

别名:黄龟、石龟

特征:背甲平扁,灰棕色或棕黄色,长 118～138mm,具 3 条纵棱。头部光滑无鳞。眼后沿鼓膜上、下各有一条黄色纵纹,喉部黄色。腹甲黄色,每一盾片后缘中间有一方形大黑斑。四肢黑褐色,指(趾)间具全蹼,有爪。尾细短。

5.陆龟科 Testudinidae:背甲隆起高。头顶具对称大鳞。背腹甲通过甲桥以骨缝牢固连结。四肢粗壮,圆柱形。指、趾具爪,无蹼。

缅甸陆龟 *Indotestudo elongate*

别名:枕头龟、象龟、陆龟

特征:背甲淡黄色,长约 200 ㎜,具黑色斑块;背甲高隆,前后缘不呈锯齿状。腹甲淡黄色,有黑色斑,后部缺刻较深。头部淡黄色,上颌略呈钩状。四肢粗壮,覆有鳞片、尾短。

## 四、作业

1.区别我国产龟鳖目各科的主要特征。

2.雌雄鳖的主要鉴别特征。

# 实验五　鳖卵的人工孵化

## 一、实验目的

掌握鳖受精卵的鉴别方法,人工孵化所需要的生态条件。

## 二、实验材料

鳖卵、河沙、喷雾器、塑料盒、干湿温度计、禽用照卵器或台灯。

## 三、实验内容

(一)受精卵的鉴别:

1.观察卵壳的一端有一圆形的白点,直径约 1mm,为胚胎孵化的部位,白点周围清晰,圆滑,并随时间的进展而慢慢扩大成圆形白色区域,直至卵中线稍偏下为止,在日光下观察卵内部呈红黄色。此为发育的受精卵。

2.若圆形白色区有暗斑,或不规则的白色斑块,且白色区域不能继续扩大,卵内部浑浊,具有腥臭味,此为死亡胚胎。

3.若在卵壳上不出现圆形白色区,此为未受精卵。

## (二)生态条件

1.温度:适宜的温度为 22～37℃,最适温度 30～35℃。孵化过程中,温度要保持相对恒定,每天温度变化最好不超过 3℃。

2.湿度:81%～82%。

3.沙床的含水量:适宜的沙子含水量为 5%～15%,最适沙床的含水量 7%～8%。判断沙床湿度适宜与否的简易方法:用手紧握沙子成团,但不出水,松手立即散开为好。

4.盖沙深度与通气状况:卵上盖沙深度以 0.05m 为宜,通气要良好。

## (三)孵化管理及方法:

1、恒温恒湿箱孵化:用搪瓷盆或木质的盛卵器(长、宽各 0.4m,高 0.15m)作孵化容器,先在盆底垫铺 0.02～0.03m 厚的湿润沙子,在上面排放 2～3 层受精卵后,再覆盖 0.03m 厚的细沙,放入箱中,将温箱温度调到 34～36℃,相对湿度调到 81%～82%。

注意:当天收集的受精卵应放在同一孵化箱孵化,在孵化箱中还应插入标牌,标明卵数,放卵日期,并在记录本上写明标号,卵数,日期及孵化湿度。

## (四)稚鳖整齐出壳及收集

1.整齐出壳:

(1)根据鳖卵的孵化积温值 36000h·℃推算出壳日期。

(2)观察白色卵壳的胚胎颜色,如呈黑色,可以进行人工诱发出壳。

(3)将临出壳的受精卵放入盘中,慢慢倒入 20～30℃清水直到完全浸泡卵壳为止,注意,水温和孵化沙床的温度要基本一致。

(4)如果 4～15min 之后,稚鳖还未出壳,立即捞出继续孵化。

2.收集:

将出壳的稚鳖放入盘内暂养 1～2d,适当投饵,按 100 只稚鳖投 1 个鸡蛋黄,每天投饵 2 次,待稚鳖活动能力增强后,再转移到稚鳖池中培育。

# 四、作业

1.鳖受精卵的鉴别方法。

2.鳖卵人工孵化的生态条件。

3.鳖卵孵化日常管理的注意事项。

# 参 考 文 献

[1]赵尔宓.中国濒危动物红皮书——两栖类和爬行类.北京:科学出版社,1998

[2]刘承钊.中国无尾两栖类.北京:科学出版社,1961

[3]段彪.实用美国蛙养殖技术.重庆:重庆出版社、重庆大学出版社、西南师范大学出版社,
   1999

[4]李鹄明,王菊凤.经济蛙类生态学及养殖工程.北京:中国林业出版社,1995

[5]王慧.张玲.牛蛙养殖一月通.北京:中国农业大学出版社,1998

[6]曾中平.牛蛙养殖技术.北京:金盾出版社,1999

[7]潘红平,陈伟超.怎样科学办好牛蛙养殖场.北京:化学工业出版社,2012

[8]李利人,王廉章.中国林蛙养殖高产技术.北京:中国农业出版社,1997

[9]刘学龙.林蛙养殖(第二版).北京:中国农业出版社,2006

[10]刘玉文,刘梅冰.中国林蛙养殖及饲料生产技术.北京:科学技术文献出版社,2001

[11]吴莉芳,张东鸣,王桂芹,等.中国林蛙半人工养殖主要技术.渔业现代化,2000,2:19~20

[12]霍洪亮,李东风.中国林蛙人工养殖技术要点.淡水渔业,2002,32(2):30~31

[13]于立忠,孔样文,李文池.中国林蛙繁殖生态的研究.辽宁林业科技,2000(2):32~34

[14]车轶,崔勇华,陈松乐,等.中国林蛙越冬管理与繁殖技术.水产养殖,1999(5):10

[15]李太元,金吉东,刘学龙,等.林蛙红腿病病原分离及鉴定.黑龙江畜牧兽医,2002,12:
   32~33

[16]李清文.中国林蛙常见疾病防治.现代农业科技,2010,10:332~333

[17]陆国琦,何锐如,谢艳丽,等.棘胸蛙(石蛤)养殖技术.广州:广东科技出版社,2001

[18]徐阳飞.棘胸蛙养殖技术.北京:金盾出版社,2003

[19]丁松林,郑宝成.棘胸蛙繁育特性研究.四川动物,2009,28(4):602~604

[20]谢海妹,袁久尧.棘胸蛙养殖关键技术研究.浙江海洋学院学报(自),2007,26(4):457~
   460

[21]龙连玉.棘胸蛙的人工生态养殖技术.淡水渔业,2002,32(1):31~33

[22]王云娣,章秋虎,王继法,等.棘胸蛙无公害养殖技术.科学养鱼,2005,3:26~27

[23]邓德芳.棘胸蛙红腿病防治初探.现代农业科技,2009,6:200,207

[24]陈云祥.大鲵实用养殖技术.北京:金盾出版社,2009

[25]宋鸣涛.中国大鲵的食性.动物学杂志,1994,29(4):38~42

[26]阳爱生,刘国钧,刘运清,等.大鲵人工繁殖的初步研究.淡水渔业,1979,9(2):1~5

[27]彭克美,陈喜斌,冯悦平.中国大鲵的形态学观察和内脏解剖学研究.湖北农业科学,
   1993,(5):41~45

[28]张红星,王开锋,权清传,等.中国大鲵的繁殖生态暨行为学观察研究.陕西师范大学学报
   (自),2006,34(1):70~75

[29]罗庆华.野生大鲵繁殖洞穴生态环境的初步研究.动物学杂志,2007,(3):45~46

[30]艾为明,敖鑫如.人工繁殖大鲵性腺组织学观察.水利渔业,2006,(5):42~43

[31]王桂芹,张东鸣,吴莉芳.大鲵非寄生性疾病及其防治.淡水渔业,2001,31(1):41～42

[32]谭永安,刘鉴毅,陈溢安,等.中国大鲵子二代的健康养殖及病害防治.水利渔业,2005,25(1):21～22

[33]赵尔宓.中国龟鳖动物的分类与分布研究.四川动物,15卷增刊,1997,1～26

[34][日]川崎义一,包吉墅译.鳖的习性和养殖新法.水利渔业,1986,(1～6)

[35]由文辉,王培潮,华燕.鳖卵壳的结构研究.两栖爬行动物学研究,1993,1～2辑:1～4

[36]刘筠,陈淑群,侯陵,等.温度等生态因素对鳖胚胎发育的影响.湖南师范学院学报(自),1982,(1):67～73

[37]刘筠,刘楚吾,陈淑群,等.鳖性腺发育的影响.水生生物学集刊,1984,8(2):145～151

[38]侯陵.中华鳖(*Triongyx. sinensis*)胚胎发育研究.湖南师范大学学报(自),1984,(4):59～66

[39]蔡含筠.鳖的人工培育.动物学杂志,1983,18(5):37～38

[40]张幼敏,李茵明.鳖的养殖新技术及其综合利用.水利渔业.1993,增刊(总第66期)

[41]曹杰英,张全成.鳖种繁育技术初探.淡水渔业,1990,20(5):23～25

[42]莫伟仁,陈萍君.鳖的人工养殖综合技术.淡水渔业,1990,20(1):30～31

[43]徐兴川,陈延林.龟鳖养殖实用大全.北京:中国农业出版社,2004

[44]王卫民,樊启学.养鳖技术.北京:金盾出版社,1994

[45]张其林,杨治国.养鳖新技术图说.郑州:河南科学技术出版社,1994

[46]章剑.人工控温快速养鳖.北京:中国农业出版社,1999

[47]麦有华,彭晓明.池塘鱼鳖混养健康养殖试验.内陆水产,2008(9):39～41

[48]段彪.浅谈鳖卵运输及不鳖苗孵化.水利渔业,1998(4):39

[49]段彪,袁重桂,胡锦矗.中华鳖卵孵化生态的探讨.广州师范学院学报(自),2005,21(5):8～11

[50]段彪.怎样养甲鱼.重庆:西南师范大学出版社,2009

[51]徐在宽,费志良,潘建林.龟鳖无公害养殖综合技术.北京:中国农业出版社,2002

[52]谢忠明.龟鳖养殖技术.北京:中国农业出版社,1999

[53]于清泉.养龟技术.北京:金盾出版社,2000

[54]张景春.养龟与疾病防治.北京:中国农业出版社,2004

[55]安宁.龟的养护及疾病防治精要.北京:中国农业出版社,2002

[56]章剑.龟饲料与龟病防治专家谈.北京:科学技术文献出版社,2001

[57]伍惠生,江明浩.绿毛龟.北京:农业出版社,1990

[58]陈壁辉,花兆合,李炳华.扬子鳄.合肥:安徽科技出版社,1985

[59]张雪松,夏同胜,叶日全.一龄内扬子鳄的饲养和管理技术的改进.动物学杂志,2002,37(2):49～51

[60]陈壁辉,王朝林.扬子鳄的人工繁殖.两栖爬行学报,1984,3(2):49～54

[61]汪仁平,周应健,王朝林,等.扬子鳄生活习性与环境温度的关系.动物学杂志,1998,33(2):32～35

[62]梁宝东,潘洪唐.温、湿度对扬子鳄卵孵化的影响.四川动物,1990,9(3):27～28

[63]田婉淑,江耀明.中国两栖爬行动物鉴定手册.北京:科学出版社,1986